城镇供水行业职业技能培训系列丛书

供水调度工
基础知识与专业实务

南京水务集团有限公司　主编

中国建筑工业出版社

图书在版编目（CIP）数据

供水调度工基础知识与专业实务/南京水务集团有限
公司主编. —北京：中国建筑工业出版社，2018.2（2024.6重印）
（城镇供水行业职业技能培训系列丛书）
ISBN 978-7-112-23156-0

Ⅰ.①供…　Ⅱ.①南…　Ⅲ.①城市供水-调度-技术
培训-教材　Ⅳ.①TU991.6

中国版本图书馆 CIP 数据核字(2019)第 005382 号

本书为丛书之一，以供水调度工本岗位应掌握的知识为指导，坚持理论联系实际的原则，从基本知识入手，系统地阐述了本岗位应掌握的基础理论与基本知识、专业知识与操作技能以及安全生产知识，为了更好地贯彻实施《城镇供水行业职业技能标准》，进一步提高供水行业从业人员职业技能，南京水务集团有限公司主编了《城镇供水行业职业技能培训系列丛书》。

本书可供城镇供水行业从业人员参考。

责任编辑：何玮珂　李玲洁　杜　洁
责任校对：姜小莲

城镇供水行业职业技能培训系列丛书
供水调度工基础知识与专业实务
南京水务集团有限公司　主编

*

中国建筑工业出版社出版、发行（北京海淀三里河路 9 号）
各地新华书店、建筑书店经销
北京科地亚盟排版公司制版
建工社（河北）印刷有限公司印刷

*

开本：787×1092 毫米　1/16　印张：16½　字数：409 千字
2019 年 4 月第一版　2024 年 6 月第三次印刷
定价：59.00 元
ISBN 978-7-112-23156-0
(33219)

《城镇供水行业职业技能培训系列丛书》
编审编委会

主　　编：周克梅

主　　审：张林生　许红梅

委　　员：周卫东　陈振海　陈志平　竺稽声　金　陵　祖振权

　　　　　黄元芬　戎大胜　陆聪文　孙晓杰　宋久生　臧千里

　　　　　李晓龙　吴红波　孙立超　汪　菲　刘　煜　周　杨

主编单位：南京水务集团有限公司

参编单位：东南大学

　　　　　江苏省城镇供水排水协会

本书编委会

主　　编：黄元芬

副 主 编：王晓军

参　　编：吕　靖　王　卫　潘荣茂　戎　融

3

《城镇供水行业职业技能培训系列丛书》
序　　言

城镇供水，是保障人民生活和社会发展必不可少的物质基础，是城镇建设的重要组成部分，而供水行业从业人员的职业技能水平又是供水安全和质量的重要保障。1996 年，中国城镇供水协会组织编制了《供水行业职业技能标准》，随后又编写了配套培训丛书，对推进城镇供水行业从业人员队伍建设具有重要意义。随着我国城市化进程的加快，居民生活水平不断提升，生态环境保护要求日益提高，城镇供水行业的发展迎来新机遇、面临更大挑战，同时也对行业从业人员提出了更高的要求。我们必须坚持以人为本，不断提高行业从业人员综合素质，以推动供水行业的进步，从而使供水行业能适应整个城市化发展的进程。

2007 年，根据原建设部修订有关工程建设标准的要求，由南京水务集团有限公司主要承担《城镇供水行业职业技能标准》的编制工作。南京水务集团有限公司，有近百年供水历史，一直秉承"优质供水、奉献社会"的企业精神，职工专业技能培训工作也坚持走在行业前端，多年来为江苏省内供水行业培养专业技术人员数千名。因在供水行业职业技能培训和鉴定方面的突出贡献，南京水务集团有限公司曾多次受省、市级表彰，并于 2008 年被人社部评为"国家高技能人才培养示范基地"。2012 年 7 月，由南京水务集团有限公司主编，东南大学、南京工业大学等参编的《城镇供水行业职业技能标准》完成编制，并于 2016 年 3 月 23 日由住房和城乡建设部正式批准为行业标准，编号为 CJJ/T 225—2016，自 2016 年 10 月 1 日起实施。该《标准》的颁布，引起了行业内广泛关注，国内多家供水公司对《标准》给予了高度评价，并呼吁尽快出版《标准》配套培训教材。

为更好地贯彻实施《城镇供水行业职业技能标准》，进一步提高供水行业从业人员职业技能，自 2016 年 12 月起，南京水务集团有限公司又启动了《标准》配套培训系列丛书的编写工作。考虑到培训系列教材应对整个供水行业具有适用性，中国城镇供水排水协会对编写工作提出了较为全面且具有针对性的调研建议，也多次组织专家会审，为提升培训教材的准确性和实用性提供技术指导。历经两年时间，通过广泛调查研究，认真总结实践经验，参考国内外先进技术和设备，《标准》配套培训系列丛书终于顺利完成编制，即将陆续出版。

该系列丛书围绕《城镇供水行业职业技能标准》中全部工种的职业技能要求展开，结合我国供水行业现状、存在问题及发展趋势，以岗位知识为基础，以岗位技能为主线，坚持理论与生产实际相结合，系统阐述了各工种的专业知识和岗位技能知识，可作为全国供水行业职工岗位技能培训的指导用书，也能作为相关专业人员的参考资料。《城镇供水行业职业技能标准》配套培训教材的出版，可以填补供水行业职业技能鉴定中新工艺、新技术、新设备的应用空白，为提高供水行业从业人员综合素质提供了重要保障，必将对整个供水行业的蓬勃发展起到极大的促进作用。

中国城镇供水排水协会

2018 年 11 月 20 日

《城镇供水行业职业技能培训系列丛书》
前　言

　　城镇供水行业是城镇公用事业的有机组成部分，对提高居民生活质量、保障社会经济发展起着至关重要的作用，而从业人员的职业技能水平又是城镇供水质量和供水设施安全运行的重要保障。1996年，按照国务院和劳动部先后颁发的《中共中央关于建立社会主义市场经济体制若干规定》和《职业技能鉴定规定》有关建立职业资格标准的要求，建设部颁布了《供水行业职业技能标准》，旨在着力推进供水行业技能型人才的职业培训和资格鉴定工作。通过该标准的实施和相应培训教材的陆续出版，供水行业职业技能鉴定工作日趋完善，行业从业人员的理论知识和实践技能都得到了显著提高。随着国民经济的持续、高速发展，城镇化水平不断提高，科技发展日新月异，供水行业在净水工艺、自动化控制、水质仪表、水泵设备、管道安装及对外服务等方面都发展迅速，企业生产运营管理水平也显著提升，这就使得职业技能培训和鉴定工作逐渐滞后于整个供水行业的发展和需求。因此，为了适应新形势的发展，2007年原建设部制定了《2007年工程建设标准规范制订、修订计划（第一批）》，经有关部门推荐和行业考察，委托南京水务集团有限公司主编《城镇供水行业职业技能标准》，以替代96版《供水行业职业技能标准》。

　　2007年8月，南京水务集团精心挑选50名具备多年基层工作经验的技术骨干，并联合东南大学、南京工业大学等高校和省住建系统的14位专家学者，成立了《城镇供水行业职业技能标准》编制组。通过实地考察调研和广泛征求意见，编制组于2012年7月完成了《标准》的编制，后根据住房城乡建设部标准司、人事司及市政给水排水标准化技术委员会等的意见，进行修改完善，并于2015年10月将《标准》中所涉工种与《中华人民共和国执业分类大典》（2015版）进行了协调。2016年3月23日，《城镇供水行业职业技能标准》由住建部正式批准为行业标准，编号为CJJ/T 225—2016，自2016年10月1日起实施。

　　《标准》颁布后，引起供水行业的广泛关注，不少供水企业针对《标准》的实际应用提出了问题：如何与生产实际密切结合，如何正确理解把握新工艺、新技术，如何准确应对具体计算方法的选择，如何避免因传统观念陷入故障诊断误区，等等。为了配合《城镇供水行业职业技能标准》在全国范围内的顺利实施，2016年12月，南京水务集团启动《城镇供水行业职业技能培训系列丛书》的编写工作。编写组在综合国内供水行业调研成果以及企业内部多年实践经验的基础上，针对目前供水行业理论和工艺、技术的发展趋势，充分考虑职业技能培训的针对性和实用性，历时两年多，完成了《城镇供水行业职业技能培训系列丛书》的编写。

　　《城镇供水行业职业技能培训系列丛书》一共包含了10个工种，除《中华人民共和国执业分类大典》（2015版）中所涉及的8个工种，即自来水生产工、化学检验员（供水）、供水泵站运行工、水表装修工、供水调度工、供水客户服务员、仪器仪表维修工（供水）、供水管道工之外，还有《大典》中未涉及但在供水行业中较为重要的泵站机电设备维修工、变配电运行工 2 个工种。

本系列《丛书》在内容设计和编排上具有以下特点：（1）整体分为基础理论与基本知识、专业知识与操作技能、安全生产知识三大部分，各部分占比约为 3∶6∶1；（2）重点介绍国内供水行业主流工艺、技术、设备，对已经过时和应用较少的技术及设备只作简单说明；（3）重点突出岗位专业技能和实际操作，对理论知识只讲应用，不作深入推导；（4）重视信息和计算机技术在各生产岗位的应用，为智慧水务的发展奠定基础。《丛书》既可作为全国供水行业职工岗位技能培训的指导用书，也能作为相关专业人员的参考资料。

《城镇供水行业职业技能培训系列丛书》在编写过程中，得到了中国城镇供水排水协会的指导和帮助，刘志琪秘书长对编写工作提出了全面且具有针对性的调研建议，也多次组织专家会审，为提升培训教材的准确性和实用性提供了技术指导；东南大学张林生教授全程指导丛书编写，对每个分册的参考资料选取、体量结构、理论深度、写作风格等提出大量宝贵的意见，并作为主要审稿人对全书进行数次详尽的审阅；中国生态城市研究院智慧水务中心高雪晴主任协助编写组广泛征集意见，提升教材适用性；深圳水务集团，广州水投集团，长沙水业集团，重庆水务集团，北京市自来水集团、太原供水集团等国内多家供水企业对编写及调研工作提供了大力支持，值此《丛书》付梓之际，编写组一并在此表示最真挚的感谢！

《丛书》编写组水平有限，书中难免存在错误和疏漏，恳请同行专家和广大读者批评指正。

南京水务集团有限公司

2019 年 1 月 2 日

前　言

随着社会和供水行业的不断发展，现代供水企业对员工综合素质和职业技能提出了更高的要求。供水调度是对整个生产过程的指挥，是实现生产控制的重要手段，调度工作的好坏，直接影响着生产成本和企业信誉，因此应逐步从传统的经验调度向科学调度转变。

2016 年 3 月 23 日，住房和城乡建设部发布了《城镇供水行业职业技能标准》CJJ/T 225—2016，自 2016 年 10 月 1 日起实施。为贯彻落实该标准中的"供水调度工职业技能标准"，提高城镇供水行业调度工的职业技能水平，编写组按照标准要求，结合调度工种特点，组织编写了本教材，以满足供水行业调度工培训和鉴定的需要。

做好调度工作，调度人员需具备较全面的理论知识和操作技能，因此本书中编入了水、电、自控、调度、安全等多学科基本知识，适时增加了新工艺、新技术和新设备的应用，注重强化调度实际操作技能的提升。本书共分为基础理论与基本知识、专业知识与操作技能以及安全生产知识共三篇，以供水调度工应掌握的知识为指导，坚持理论联系实际的原则，在广泛吸取本行业先进理论的基础上，融合了编者们多年从事岗位实践的经验，从基本知识入手，系统阐述基本原理和技能，适合本岗位新入职及各等级员工的培训和鉴定使用。

本书编写过程中，东南大学张林生教授对本书提出宝贵意见和建议，在此表示诚挚的感谢！

本书编写组水平有限，书中难免存在疏漏和错误，恳请广大读者和同行专家们批评指正。

供水调度工编写组

2018 年 9 月

目　　录

第一篇　基础理论与基本知识

第1章 水力学基础理论

1.1 水静力学基础

1.1.1 静水压强及其特性

（1）静水压强

所谓液体的静止或相对静止，是指液体质点间不存在相对运动，也就是说静止液体中不存在切向力，所以只有垂直于受压面（也称作用面）的压力。作用在作用面整个面积上的压力称为总压力或压力，作用在单位面积上的压力是压力强度，简称压强。用数学式表达为：

$$p = \frac{F}{S} \tag{1-1}$$

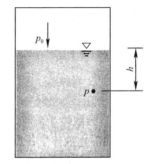

式中　p——静水压强，Pa；

　　　F——静水压力，N；

　　　S——受力面积，m^2。

（2）静水压强的特性

1）静止液体中某一点的静水压强垂直并指向受压面。

2）静止液体中任何一点上各个方向的静水压强大小均相等，或者说其大小与作用面的方位无关（图1-1）。

图1-1　盛水容器中的压强

1.1.2 静水压强的基本方程式

（1）静水压强的基本方程

静水压强是随水深的增加而增加的，根据静力学平衡方程可以得到静水压强基本方程式：

$$P = P_0 + \gamma h \tag{1-2}$$

式中　P——静止液体内某点的压强，Pa；

　　　P_0——液面压强，Pa；

　　　γ——水的重度，N/m^3；

　　　h——液面到该点的距离，称淹没深度，m。

静水压强基本方程式，表明仅在重力作用下，液体中某一点的静水压强等于液面压强加上水的重度与该点淹没深度的乘积。

（2）静水压强的规律

从基本方程式可以看出下面一些规律：

1）若表面压强 P_0 以某种方式使之增大，则此压强可不变大小地传至液体中的各个部分，这就是帕斯卡原理，静止液体中的压强传递特性是制作油压千斤顶、水压机等机械的原理。

2）在重力作用下的静止均质液体中，自由表面下深度 h 相等各点，压强相等。压强相等各点组成的面称为等压面。自由表面是水深等于零的各点所组成的等压面，重力作用下静止液体中的等压面都是水平面。同样，两种不相混杂液体的分界面也是水平面。

3）密度不同，产生的压强也就不同，一个容器，装满清水（密度 $1000kg/m^3$）或装满汞（密度 $13600kg/m^3$）或装满海水（密度 $1020\sim1030kg/m^3$），对于容器底压强不相同。基本方程在一定范围内也适用于气体。

1.1.3　静水压强的度量与测量

（1）压强的度量

压强值的大小，可按不同的基准计量。由于计量基准不同，同一点的压强可用不同的值来描述。

1）绝对压强与相对压强

绝对压强是以不存在任何气体分子的完全真空为零点计量的压强值，用符号 P_{abc} 表示。相对压强则是以当地大气压为零点计量的压强值，用符号 P 表示。绝对压强和相对压强之差为当地大气压强 P_a。

两种计量值的关系可用下式描述：

$$P_{abc} = P_a + P \tag{1-3}$$

实际上，绝大多数的生产与生活都处在当地大气压的环境下，采用相对压强计算可不必考虑大气压的作用，使计算简化。工程中一种压强测量仪表——压力表，因测量元件处于大气压作用之下，所测得的压强值是该点的绝对压强超过大气压强的部分，即相对压强，故相对压强又称为表压强。

2）真空

当绝对压强小于当地大气压时，相对压强出现负值，这种状态称为真空。真空的大小用真空压强，或者真空值来度量，以符号 P_v 表示。真空压强与相对压强、绝对压强的关系是：

$$P_v = P_a - P_{abc} = -P \tag{1-4}$$

真空压强又可看成是相对压强的负值，故又称负压。离心式水泵和虹吸管能把水从低处吸到一定的高度，就是利用真空这个道理。

（2）压强的计量单位

1）以应力单位表示

应力单位是压强的定义单位，即用单位面积上受力的大小来表示，它的国际单位制是帕斯卡（Pa），$1Pa=1N/m^2$。

2）以大气压表示

工程中曾习惯用大气压的倍数来表示压强的大小。以海平面的大气压强作为大气压的基本单位，称为标准大气压，记为 atm，$1atm=101325Pa$。

工程中为了简化计算，一般采用工程大气压，记为 at，$1at=9800Pa$ 或 $1at=0.1MPa$。

3）以水柱高表示

压强的大小还可以用液柱高度表示。常用的有米水柱（mH_2O）或毫米汞柱（mmHg）。

以上三种压强计量单位的换算关系见表 1-1。

表 1-1　压强单位换算表

压强单位	Pa	mmH_2O	mH_2O	mmHg	at	atm
换算关系	9.8	1	0.001	0.0735	10^{-4}	9.67×10^{-5}
	9800	1000	1	73.5	0.1	0.0967
	133.33	13.6	0.0136	1	0.00136	0.0132
	98000	10000	10	735	1	0.967
	101325	10332	10.332	760	1.033	1

（3）压强的测量

1）测压管

测压管是最简单的液压计，将两端开口的玻璃管，一端接在和被测点同一水平面的容器壁孔，观读测压管高度就是和该点压强相应的液柱高度，或按 $P = \gamma h$ 计算出其相对压强。测压管不宜太长，所以测压范围不宜超过 2m 水柱。

2）U 形水银测压计

压强较大的，可用 U 形汞压强计测定。

3）压差计（比压计）

工程实践中有很多情况只需要测两点压强之差，就可采用压差计。

4）金属压力表

测量较大压强，可用金属压强表，它携带方便，装置简单。

5）真空计

真空计有液体真空计和金属真空计两种，水泵吸水管可用金属真空表量测真空值。

1.2　水动力学基础

（1）恒定流和非恒定流

流场中各空间液体质点的运动要素（速度、压强、密度等）都不随时间变化的流动称为恒定流，反之称为非恒定流。

在工程实践中，多数系统正常运行时是恒定流，或虽为非恒定流，但运动参数随时间的变化缓慢，仍可近似按恒定流处理。

（2）流线

流线可定义某一确定时刻流场中的空间曲线，线上各质点在该时刻的速度矢量都与之相切（图 1-2）。

一般情况下流线不相交，流线也不能是折线，而是光滑的曲线或直线。恒定流时各空间点上液体质点的速度矢量不随时间变化，所以流线的形状和位置也不随时间变化。

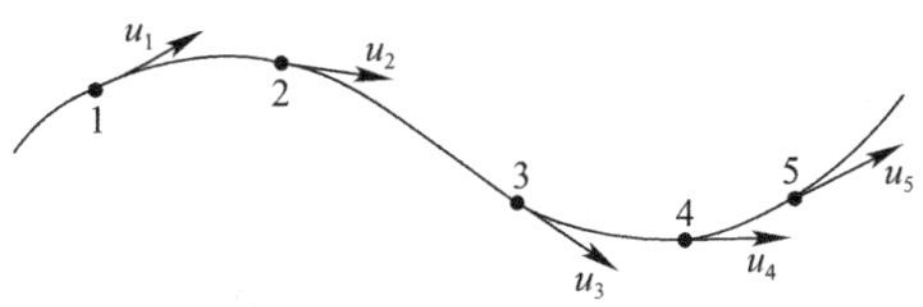

图 1-2　某时刻流线图

液体质点在某一时段的运动轨迹称为迹线。流线和迹线是两个不同的概念，但在恒定流中，流线不随时间变化，与迹线重合。

（3）均匀流和非均匀流

流线为平行直线的流动称为均匀流，否则为非均匀流。

（4）过水断面、流速、流量

过水断面是指垂直于液流方向的液流断面，用符号 A 表示，单位为 m^2。单位时间内通过某一过水断面液体的体积称为流量，用符号 Q 表示，单位为 m^3/s。

液流中质点运动的速度称为流速，用符号 u 表示，单位为 m/s。由于过水断面上的流速分布不均匀，故采用断面平均流速作为工程上所说的流速，用符号 v 表示。

$$v = \frac{Q}{A} \tag{1-5}$$

（5）管流和明渠流，有压流和无压流

管流没有自由表面的液流，例如满管流动的液流，叫有压流。

明渠流有自由表面的液流，例如排水管中不满管时的水流，渠道和河道中的水流又叫无压流。

1.2.1　恒定流连续性方程

连续性方程是水动力学三个基本方程之一，是质量守恒原理的水力学表达式。

水流运动是宏观的机械运动，水流一般是不可压缩的，可视为一种连续介质，水流是恒定流时，在两断面间水流体积不会改变，即流量不变，这就是质量守恒定律，也就是恒定流连续性方程。其表达式为

$$Q_1 = Q_2 = 常数 \tag{1-6}$$
$$或 \ v_1 A_1 = v_2 A_2 = 常数$$

式中　Q_1、v_1、A_1——进口过水断面的流量、流速和断面面积；

$\qquad$ Q_2、v_2、A_2——出口过水断面的流量、流速和断面面积。

连续性方程的运用条件：

1）水流必须是连续的，中间没有空隙；

2）水流必须是不可压缩的（水锤现象除外）；

3）水流必须是恒定流，非恒定流不能用；

4）河渠式管道有分叉时，仍遵循连续性原理，但表达式应改为：

$$Q_1 = Q_2 + Q_3 \tag{1-7}$$
$$或 \ v_1 A_1 = v_2 A_2 + v_3 A_3$$

1.2.2　恒定流能量方程

恒定流能量方程也称伯努利方程，是水动力学三个基本方程之二，是物体机械能转换的水力学体现。

对于理想液体，引入限定条件：液体恒定流动、作用在液体上的质量力只有重力、液体不可压缩，则在两断面间液体的能量不变，即单位重量液体具有的机械能不变，这就是能量守恒定律，也就是恒定流能量方程。其表达式为：

$$z_1 + \frac{p_1}{\gamma} + \frac{v_1^2}{2g} = z_2 + \frac{p_2}{\gamma} + \frac{v_2^2}{2g} \qquad (1\text{-}8)$$

式中，z 为单位重量液体相对于基准面所具有的位置势能，简称位能；同时又表示液流上某点到基准面的位置高度，称位置水头。

$\frac{p}{\gamma}$ 为单位重量液体所具有的压强势能，简称压能；同时又表示该点的测压管高度，称压强水头。

$z + \frac{p}{\gamma}$ 为单位重量液体所具有的总势能；同时又表示该点测压管液面到基准面的总高度，称测压管水头。

$\frac{v^2}{2g}$ 为单位重量液体所具有的动能；同时又表示该点的流速高度，称流速水头。

$z + \frac{p}{\gamma} + \frac{v^2}{2g}$ 为单位重量液体具有的总机械能，也称总水头。

对于实际液体，由于具有黏性，运动时产生流动阻力。克服阻力做功，使液体的一部分机械能不可逆地转化为热能而散失。因此，实际液体流动时，单位重量液体具有的机械能沿程减少。若考虑由过水断面 1 运动至过水断面 2 所消耗掉的机械能，根据能量守恒原理，可得到实际液体元流的伯努利方程为：

$$z_1 + \frac{p_1}{\gamma} + \frac{v_1^2}{2g} = z_2 + \frac{p_2}{\gamma} + \frac{v_2^2}{2g} + h_1 \qquad (1\text{-}9)$$

式中 h_1——单位重量液体的机械能损失，又称水头损失。

1.3 水头损失与压力管道

1.3.1 水流流态——层流与紊流

液体的流动，有两种形态。

水流沿着一定的路线前进，在流动过程中，上下层各部分水流互不相混，这种流动形态叫作层流。

水流沿一定的路线前进，在流动过程中，水流质点互相掺混，运动路线很不规则，这种运动形态叫作紊流。

水流的这两种流动形态，是可以互相转换的。为了鉴别这两种水流形态，把两类水流形态转换时的流速称为临界流速。

实验表明，当层流转变为紊流和紊流转变为层流时，两种状态的临界流速是不等的。层流转变为紊流的临界流速较大，称为上临界流速；而紊流转变为层流的临界流速较小，称为下临界流速。上临界流速与实验环境等有关，不稳定，实验中采用下临界流速作为层流与紊流的临界值。

液体流动形态的转变，取决于液体流速 v 和管径 d 的乘积与液体运动粘滞系数 ν 的比值 $\frac{vd}{\nu}$，此比值称为雷诺数，以 Re 表示。

$$Re = \frac{vd}{\nu} \qquad (1-10)$$

实验表明，各种液体在同一形状的边界中流动，液体流动形态转变时的雷诺数是个常数，称为临界雷诺数 Re_c，一般取 $Re_c=2300$。流态判别时，计算出实际流动液体的雷诺数与临界雷诺数比较即可。

$Re < Re_c = 2300$，流态为层流；

$Re > Re_c = 2300$，流态为紊流；

$Re = Re_c = 2300$，流态为临界流。

上述比较以圆管直径作为特征长度，适用于圆管满流。对于非圆管流动以及圆管非满流，可采用水力半径作为特征长度取代其中的圆管管径。现定义水力半径：

$$R = \frac{A}{\chi} \qquad (1-11)$$

式中　R——水力半径，m；

　　　A——过水断面面积，m^2；

　　　χ——过水断面上液体与固体壁面接触的周界长，称湿周，m。

对于采用水力半径作为特征长度的流动进行流态判别时，计算出实际流动液体的雷诺数与临界雷诺数比较即可。

$Re < Re_c = 575$，流态为层流；

$Re > Re_c = 575$，流态为紊流；

$Re = Re_c = 575$，流态为临界流。

1.3.2　水头损失的计算

水流在流动过程中，机械能的消耗是不可避免的，也就是说水头损失是不可避免的。产生水头损失的根源是因为在水流运动时，流层间就会产生阻止相对运动的内摩擦力，即水流切应力。液体为保持流动，必须克服这种阻力而做功，因而就消耗了机械能。具体地说，机械能的消耗，即能量损失的大小，取决于水流切应力的大小和流层间的相对运动。

（1）水头损失的分类

根据边界条件的不同，把水头损失 h_l 分为两类。

1）沿程水头损失

在边壁沿程无变化的均匀流流段上，产生的流动阻力称为沿程阻力或摩擦阻力。沿程阻力做功而引起的水头损失称为沿程水头损失。沿程水头损失均匀分布在整个流段上，与流段的长度成比例，又称为长度损失。流体在等直径直管中流动的水头损失就是沿程水头损失，以 h_f 表示。

2）局部水头损失

在边壁沿程急剧变化、流速分布发生变化的局部区段上，集中产生的流动阻力称为局部阻力。由局部阻力引起的水头损失，称为局部水头损失。发生在管道入口、变径管、弯管以及阀门等各种管件处的水头损失，称为局部水头损失，以 h_m 表示。

通常情况下，整个管道的总水头损失 h_l 等于各管段的沿程水头损失和所有局部水头损失的总和，即：

$$h_1 = \sum h_f + \sum h_m \tag{1-12}$$

（2）水头损失的计算

水头损失的计算是建立在经验的基础上的。达西（法国工程师，1803～1858 年）与魏斯巴赫（德国水力学家，1806～1871 年）于 19 世纪中叶在总结与归纳前人工作的基础上，提出了圆管沿程水头损失的计算：

$$h_f = \lambda \frac{l}{D} \frac{v^2}{2g} \tag{1-13}$$

式中　λ——沿程阻力系数；

　　　l——管长，m；

　　　D——管径，m；

　　　v——断面平均流速，m/s；

　　　g——重力加速度，m/s^2。

之后又有人在大量实验的基础上，提出了局部水头损失的计算：

$$h_m = \zeta \frac{v^2}{2g} \tag{1-14}$$

式中　ζ——局部阻力系数。

1.3.3　压水管中的水锤

（1）压水管中的水锤

有压管流中，由于诸如阀门突然启闭或水泵机组突然停机等某种原因使水流速度发生突然变化，同时引起管内压强大幅度波动的现象，称为水锤。

（2）水锤发生的原因

以管道末端阀门突然关闭为例说明。

阀门关闭前水流流动恒定，当阀门突然关闭时，紧靠阀门的水层突然停止流动，流速变为零，造成阀门处水层的压强增加，其中的压强增量就称为水锤压强。

增大后的水锤压强使停止流动的水层受到压缩，周围管壁膨胀。后续水层在进占前一层因体积压缩、管壁膨胀而余出的空间后停止流动，并发生与前一层完全相同的现象，这种现象逐层发生，以波的形式由阀门传向管道进口。

（3）水锤的传播过程

水锤以波的形式传播，称为水锤波。

第一阶段为水锤以增压波的形式从阀门向管道进口传播，设阀门在初始时间瞬时关闭，增压波从阀门向管道进口传播，传到之处水流停止运动，压强增加。未传到之处，流速和压强仍保持不变。那么在第一阶段末时，水锤波传到管道进口，全管处于增压状态。

第二阶段为水锤以减压波的形式从管道进口向阀门传播。当第二阶段开始时，管内压强大于进口外侧静水压强，于是在压强差的作用下，管道内紧靠进口的水向水池倒流，压强恢复，于是该层又与相邻的一层出现压强差，这样水自管道进口起逐层向水池倒流。这个过程相当于第一阶段的反射波。第二阶段末时，减压波传至阀门断面，全管压强恢复。

第三阶段为水锤以减压波的形式从阀门向管道进口传播。当第二阶段开始时，水因惯性作用，继续向水池倒流。因阀门处无水补充，紧靠阀门的一层水停止流动，流速变为零，压强降低，随之后续各层逐层停止流动，流速变为零，压强降低。在第三阶段末时，减压波传至管道进口，全管处于减压状态。

第四阶段为水锤以增压波的形式从管道进口向阀门传播。当第四阶段开始时，因管道进口外侧静水压强大于管内压强，在压强差的作用下，水流向管内流动，压强自进口起逐层恢复。在第四阶段末时，增压波传至阀门断面，全管恢复为阀门关闭前的状态。此时因惯性作用，水继续流动，受到阀门阻止后，再次发生增压波从阀门向管道进口传播，重复上述四个阶段。

至此，水锤的传播完成了一个周期。在一个周期内，水锤波由阀门传到进口，再由进口传至阀门，共往返两次。往返一次所需时间，称为相或相长。在水波的传播过程中，管道各断面的流速和压强皆随时间变化，水锤过程属非恒定流。

（4）直接水锤和间接水锤

在实际关阀过程中，显然有一个过程，而并非像前面所说的阀门瞬时关闭。但如果关阀时间小于一个相长，最早发出的水击波的反射波回到阀门以前，阀门就已全关闭，这时阀门处的水锤压强和阀门瞬时关闭相同，这种水锤称为直接水锤。

如果关阀时间大于一个相长，则在阀门开始关闭时发出的水击波的反射波，在其完全关闭前，已返回阀门断面，随之变为负的水锤波向管道进口传播。由于负水锤压强和阀门继续关闭所产生的正水锤压强相叠加，使阀门处最大水锤压强小于直接水锤压强，这种情况发生的水锤称为间接水锤。

（5）防止水锤危害的措施

通过研究水锤发生的原因及影响因素，可找到防止水锤危害的措施。

1）限制管中流速。水锤压强与管道中流速成正比，减小流速，便可减小水锤压强，因此一般给水管网中流速小于 3m/s。

2）控制阀门关闭或开启时间，以避免直接水锤，也可降低间接水锤压强。

3）缩短管道长度或采用弹性模量较小的管道。缩短管长，即缩短水锤波相长，可使直接水锤变为间接水锤。也可降低间接水锤压强，采用弹性模量较小的管材，使水锤波传播速度减缓，从而降低直接水锤压强。

4）设置安全阀或减压设施，进行水锤过载保护。

第 2 章　水质标准与水质分析

2.1　水环境质量标准

我国的水环境质量标准是根据不同水域及其使用功能来分别制定的。根据所控制的对象，水环境质量标准主要有：地表水环境质量标准、地下水质量标准、海水水质标准、农田灌溉水质标准、饮用水标准等。

2.1.1　地表水环境质量标准

我国现行《地表水环境质量标准》GB 3838—2002 于 2002 年 4 月 28 日发布，并于 2002 年 6 月 1 日实施。该标准是第三次修订，1983 年为首次发布，1988 年为第一次修订，1999 年为第二次修订。该标准按照地表水环境功能分类和保护目标，规定了水环境质量应控制的项目及限值以及水质评价、水质项目的分析方法和标准的实施与监督。

《地表水环境质量标准》GB 3838—2002 将标准项目分为：地表水环境质量标准基本项目、集中式生活饮用水地表水源地补充项目、集中式生活饮用水地表水源地特定项目。标准项目共计 109 项，其中地表水环境质量标准基本项目 24 项，集中式生活饮用水地表水源地补充项目 5 项，集中式生活饮用水地表水源地特定项目 80 项。

我国的水环境质量按水域功能分区管理。因此，水环境质量标准都是按照不同功能区的不同要求制定的，高功能区高要求，低功能区低要求。《地表水环境质量标准》GB 3838—2002 依据地表水水域环境功能和保护目标将其划分为 5 类功能区，具体如下：

Ⅰ类：主要用于源头水、国家自然保护区；

Ⅱ类：主要用于集中式生活饮用水地表水源地一级保护区、珍稀水生生物栖息地、鱼虾类产场、仔稚幼鱼的索饵场等；

Ⅲ类：主要用于集中式生活饮用水地表水源地二级保护区、鱼虾类越冬场、洄游通道、水产养殖区等渔业水域及游泳区；

Ⅳ类：主要用于一般工业用水区及人体非直接接触的娱乐用水区；

Ⅴ类：主要用于农业用水区及一般景观要求水域。

对应地表水上述 5 类水域功能，将地表水环境质量标准基本项目标准值分为 5 类，不同功能类别分别执行相应类别的标准值。水域功能类别高的标准值严于水域功能类别低的标准值。同一水域兼有多类使用功能的，执行最高功能类别对应的标准值。

2.1.2　地下水质量标准

《地下水质量标准》GB/T 14848—2017 于 2018 年 5 月 1 日实施，该标准规定了地下水的质量分类，地下水质量监测、评价方法和地下水质量保护。

依据我国地下水质量状况和人体健康风险，参照生活饮用水、工业、农业等用水质量要求，依据各组分含量高低（pH 除外），分为五类。Ⅰ类：地下水化学组分含量低，适用于各种用途；

Ⅱ类：地下水化学组分含量较低，适用于各种用途；

Ⅲ类：地下水化学组分含量中等，以 GB 5749—2006 为依据，主要适用于集中式生活饮用水水掘及工农业用水；

Ⅳ类：地下水化学组分含量较高，以农业和工业用水质量要求以及一定水平的人体健康风险为依据，适用于农业和部分工业用水，适当处理后可作生活饮用水；

Ⅴ类：地下水化学组分含量高，不宜作为生活饮用水水源，其他用水可根据使用目的选用。

2.2　生活饮用水卫生标准

生活饮用水卫生标准是水环境质量标准的一种，是从保护人群身体健康和保证人类生活质量出发，对饮用水中与人群健康相关的各种因素（物理、化学和生物），以法律形式作的量值规定，以及为实现量值所作的有关行为规范的规定，经国家有关部门批准，以一定形式发布的法定卫生标准。下面将对我国现行《生活饮用水卫生标准》GB 5749—2006进行介绍，并与国际相关标准进行比较。

2.2.1　我国现行《生活饮用水卫生标准》GB 5749—2006

自新中国成立以来，我国的水质标准进行了不断的完善与修正，由 1959 年标准的 17项指标，到 1985 年标准的 35 项指标，发展到现行《生活饮用水卫生标准》GB 5749—2006 的 106 项。该标准于 2007 年 7 月 1 日起全面实施，规定了生活饮用水水质卫生要求、生活饮用水水源水质卫生要求、集中式供水单位卫生要求、二次供水卫生要求、生活饮用水卫生安全产品卫生要求、水质监测和水质检验方法；适用于城乡各类集中式供水的生活饮用水，也适用于分散式供水的生活饮用水。

《生活饮用水卫生标准》GB 5749—2006 中，水质指标分为微生物指标、毒理指标、感官性状和一般化学指标、放射性指标 4 类；其中，水质指标又分为常规和非常规两大类。饮用水中消毒剂常规指标包括 4 项：氯气及游离氯制剂（游离氯，mg/L）、一氯胺（总氯，mg/L）、臭氧（O_3，mg/L）、二氧化氯（ClO_2，mg/L）。

生活饮用水水质应符合下列基本要求，保证用户饮用安全。

1）生活饮用水中不得含有病原微生物；

2）生活饮用水中化学物质不得危害人体健康；

3）生活饮用水中放射性物质不得危害人体健康；

4）生活饮用水的感官性状良好；

5）生活饮用水应经消毒处理。

2.2.2　国际相关标准

目前，全世界具有国际权威性、代表性的饮用水水质标准有三部：世界卫生组织

（WHO）的《饮用水水质准则》、欧盟（EC）的《饮用水水质指令》以及美国环保局（USEPA）的《美国饮用水水质标准》，其他国家或地区的饮用水标准大都以这三种标准为基础或重要参考，来制定本国国家标准。

2.3 水质分析简介

2.3.1 水质分析主要方法

（1）滴定分析法

滴定分析法是将一种已知准确浓度的试液（滴定剂），通过滴定管滴加到被测物质的溶液中，直到所加的试剂溶液与被测物质按确定的化学计量关系恰好完全反应为止（化学计量点），根据所用试剂溶液的浓度和消耗的体积，计算被测物质浓度或含量的方法。滴定分析以测量试液的体积为基础，又被称为容量分析法。

许多滴定体系本身在达到化学计量点时，外观上并没有明显的变化，为了确定化学计量点的到达，常在滴定体系中加入一种辅助试剂，借助其颜色的明显变化（突变）指示化学计量点的到达。这种能够通过颜色突变指示化学计量点到达的辅助试剂称为指示剂。当观察到指示剂的颜色发生突变而终止滴定时，称为滴定终点。

化学反应的种类很多，但适用于滴定分析的化学反应必须具备定量、快速、可指示三个条件。

滴定分析法是化学分析中重要的一类分析方法，按利用化学反应的不同，滴定方法又可以分为四种类型：酸碱滴定法、配位滴定法（络合滴定法）、氧化还原滴定法、沉淀滴定法；根据滴定方式的不同，滴定分析还可以分为：直接滴定法、返滴定法、置换滴定法和间接滴定法等。

1）酸碱滴定法

① 原理

利用酸和碱的中和反应的一种滴定分析方法，基本反应是：

$$H^+ + OH^- \rightleftharpoons H_2O$$

此反应进行很快，瞬间即可达到平衡。

酸碱滴定法测定的不仅仅是强酸和强碱，实际中，经常测定的是弱酸、弱碱，常见的有：醋酸（HAc）、草酸（$H_2C_2O_4$）、碳酸（H_2CO_3）、磷酸（H_3PO_4）、氢氧化铵（NH_4OH）。除此之外，凡能与酸或碱起反应的物质如碳酸钠（Na_2CO_3）、碳酸氢钠（$NaHCO_3$）、硫酸铵［$(NH_4)_2SO_4$］等，或者通过间接方法，能与酸或碱起反应的物质都可以用中和法来测定。

在强酸滴定弱酸中，例如：NaOH 滴定 HAc，反应生成强碱弱酸盐醋酸钠（NaAc），在化学计量点时，因为溶液中弱酸盐的水解，而产生 OH^- 离子，使溶液呈弱碱性。同样在强酸滴定弱碱中，则因为生成的强酸弱碱盐的水解作用而使化学计量点时的溶液呈酸性，所以酸碱滴定的化学计量点，不一定与中性点一致，不同的滴定反应，在化学计量点时的 pH 值并不相同。

由于酸碱滴定时一般是利用酸碱指示剂的颜色突然变化来指示滴定的终点，因此必须根据在化学计量点时溶液的 pH 值来选择指示剂。不同的指示剂在不同的 pH 值范围内变色，所以指示剂的选择在酸碱滴定中非常关键。

② 酸碱指示剂

指示剂的变色原理：酸碱滴定法所使用的指示剂多数是弱的有机酸或弱的有机碱，会随着溶液 pH 值的改变而呈现出不同的颜色。指示剂的变色是由于电离时结构的改变而产生的。例如，在酸性溶液中，甲基橙组成红色阳离子，溶液呈现红色，在碱性溶液中，甲基橙组成黄色阴离子，溶液呈现黄色。

指示剂的变色范围：不同的指示剂，其变色范围不同，指示剂明显由一种颜色到另一种颜色改变的 pH 值范围，称为指示剂的"变色范围"（表 2-1）。

表 2-1　常见酸碱指示剂的颜色变化

指示剂	酸碱的表观颜色变化		pH 值的变化范围
	酸形色	碱形色	
甲基橙	红	黄	3.1～4.4
甲基红	红	黄	4.2～6.3
石蕊	红	蓝	5.0～8.0
酚酞	无色	红	8.0～10.0

在实际滴定中不一定从酸形到碱形或从碱形到酸形变化颜色，有时可以看到中间色调即酸形与碱形的混合色。例如：甲基橙在其变色范围内可以看到红色与黄色之间的橙色。影响指示剂变色范围的因素，除了人的肉眼敏感力外，还有指示剂浓度、用量、滴定时的温度，这些需要在实际的操作过程中积累经验，才能充分掌握。

指示剂的选择：由于酸碱滴定时一般是利用酸碱指示剂的颜色突然变化来指示滴定的终点，因此必须根据在化学计量点时溶液的 pH 值来选择指示剂。不同的指示剂在不同的 pH 值范围内变色，所以选择合适的指示剂在酸碱滴定中非常关键。在各种酸碱滴定情况下，选择所应用的指示剂，应以使滴定误差最小为原则，一般使滴定误差在±0.1%以内。

在整个滴定过程中，H^+ 离子活度的变化很大，所以用 pH 值表示，滴定过程中 pH 值随着标准溶液加入的量或中和百分比的变化，用曲线来表示，称为滴定曲线。

指示剂的用量：指示剂用量越少，终点越明显，测定结果也较为准确。通常是每 50ml 被滴定的溶液，指示剂（0.1%）用量不超过两滴，指示剂用量过多，则会因浓度过高使终点变色不明显，测定准确度反而更差。

2）沉淀滴定法

沉淀滴定法是基于沉淀反应的容量分析方法。

① 沉淀反应原理

沉淀反应是两种物质在溶液中反应生成溶解度很小的难溶电解质，以沉淀的形式析出。例如，物质的量相等的硝酸银和氯化钠溶液混合即会发生下列反应：

$$AgNO_3 + NaCl == AgCl \downarrow + NaNO_3$$

当反应达到平衡时，即沉淀生成的速度与沉淀溶解的速度相等时，溶液便成为氯化银的饱和溶液。由于氯化银的溶解度极小，此时溶液中银离子和氯离子的浓度都很低。根据质量作用定律，在饱和溶液中各离子浓度的关系为：

$$[Ag^+]\ [Cl^-] = K_{SP}$$

即在饱和溶液中，难溶电解质的离子浓度的乘积，当温度一定时是一常数，这个常数标志着此物质溶解度的大小，称之为溶度积，以 K_{SP} 表示。

根据物质的溶度积，可以判断沉淀的生成或溶解。

当溶液中某难溶电解质的离子浓度乘积大于其溶度积值时，就能生成沉淀；当溶液中某难溶电解质的离子浓度乘积等于其溶度积值时，溶液达到饱和；当溶液中离子浓度乘积小于其溶度积值时，溶液未达到饱和，不能析出沉淀。

② 沉淀滴定法

沉淀滴定法对沉淀反应的要求：沉淀反应生成的沉淀有一定的组成、沉淀生成的速度较快、沉淀的溶解度很小，以及有确定的化学计量点。沉淀滴定法中，确定终点有着各种不同的方法，以银量法为例，因为终点确定的方法不同，而分为摩尔法、佛尔哈德法和法扬司法，都可以用于 Cl^-、Br^-、I^-、CNS^-、Ag^+ 等离子的测定。

3）配位滴定法

配位滴定反应必须满足的条件：①形成的配位化合物必须很稳定；②配位反应速度足够快；③在滴定过程中，多种配位化合物产生时，各种配位化合物的不稳定常数差别较大。

有机配位剂，特别是氨羧络合剂在容量分析中应用，配位滴定的方法发展很快，成为容量分析的重要方法之一。水质分析中，常用氨羧配位滴定法测定水中二价和三价的金属离子。

① 氨羧配位剂

氨羧配位剂是以氨基二乙酸 $[-N(CH_2COOH)_2]$ 为基础的衍生物，其通式为 $[R-N(CH_2COOH)_2]$。如果 R 被 $-CH_2COOH$ 代替，即得氨基三乙酸，可称为氨羧配位剂 I。如果 R 被 $[-(CH_2)-N(CH_2COOH)_2]$ 代替，即可得乙二胺四乙酸，可称为氨羧配位剂 II，简称 EDTA。EDTA 是白色结晶状化合物，以简式 $Na_2H_2Y\cdot2H_2O$ 表示，在水质检测实验中，是最常用的氨羧配位剂。

② 配位滴定指示剂

EDTA 配位滴定中常见的指示剂有金属指示剂、酸碱指示剂、氧化还原指示剂等几类。其中经常用的是金属指示剂。金属指示剂是一种酸性有机化合物，它本身也是一种配位剂，能与金属离子生成配位化合物，而配位化合物的颜色与指示剂原来的颜色不一样。例如：在 pH=10 时，用 EDTA 滴定 Mg^{2+} 离子，以铬黑 T（$HInd^{2-}$）为指示剂。

由此可见，金属指示剂要求如下：a. 指示剂、指示剂与金属离子形成的配位化合物必须有不同的颜色，颜色的变化明显灵敏。b. 指示剂与金属离子生成的配位化合物，应该有足够的稳定性，滴定终点变化敏锐。c. 指示剂与金属离子生成的配位化合物的稳定性，应小于 EDTA 金属络合盐的稳定性，两者的不稳定常数应相差 100 倍，才能在化学计量点时，显示出指示剂颜色。d. 金属指示剂的变色范围，应在 EDTA 和金属离子形成配位化合物所选择的 pH 值范围内。

③ 配位滴定法

水质检测中，分为下列两种方法：

直接测定法。被测定物质的离子能够生成稳定的配位化合物，并且可以找到适当的指示剂，则用配位剂标准溶液直接滴定，根据标准溶液的消耗量计算被测物质的含量。例如水中硬度的测定。

间接测定法。某些离子与 EDTA 不能生成稳定的配位化合物，如 Na^+ 离子，或者根本不生成配位化合物，如硫酸根（SO_4^{2-}）、磷酸根（PO_4^{3-}）等离子；有些虽然生成稳定的配位化合物，但没有适当的指示剂，这些情况下，可以使用间接滴定法检测。

4）氧化还原滴定法

① 氧化还原反应的原理

电子由一种原子或离子转移到另一种原子或离子上去，失去电子的过程称为氧化，获得电子的过程称为还原。因为电子不能独立存在于溶液中，所以氧化还原反应中，氧化过程和还原过程必然同时存在，即一种原子（或离子）被氧化的同时，必然伴随着另一种离子（或原子）被还原。

在反应中得到电子的物质，称为氧化剂，它能使其他物质氧化而本身被还原。在反应中失去电子的物质，称为还原剂，它能使其他物质还原而本身被氧化。

② 氧化还原滴定法

氧化还原滴定法，是利用氧化还原反应的滴定方法，可以用于测定各种变价元素和化合物的含量。

在氧化还原滴定中，确定化学计量点的指示剂主要有以下几类：

自身指示剂：标准溶液就是指示剂。例如高锰酸钾法，因为高锰酸根离子的颜色很深，而还原后的 Mn^{2+} 离子在稀溶液中无色，少许过量的高锰酸钾就可以使溶液显出淡粉红色，指示出滴定终点。

特效指示剂：例如碘量法，用淀粉作为指示剂，淀粉遇碘（I_2）呈现蓝色。到达化学计量点时，I_2 被还原成 I^- 或 I^- 被氧化成 I_2，溶液即从蓝色变为无色或从无色变为蓝色。

氧化还原指示剂：氧化还原指示剂，大都是结构复杂的有机化合物，具有氧化还原的性质，氧化态和还原态具有不同的颜色。

③ 高锰酸钾法

高锰酸钾（$KMnO_4$）是一种很强的氧化剂，在酸性、中性、碱性溶液中都能发生氧化作用。利用高锰酸钾法时，可用直接法测定还原性物质。如果用返滴定法测定不稳定的还原性物质时，可以加入过量的标准高锰酸钾溶液，再用还原剂标准溶液滴定；也可以用间接法测定氧化性物质，加入过量的还原剂标准溶液，然后用标准高锰酸钾溶液返滴定。

重铬酸钾法：重铬酸钾（$K_2Cr_2O_7$）是一种较强的氧化剂，比高锰酸钾的氧化性稍弱。优点：重铬酸钾容易提纯，可以直接配制成标准溶液，溶液稳定容易保存。缺点：氧化性比高锰酸钾稍低，而且有些还原剂与作用速率小，不适合直接滴定。

碘量法：碘（I_2）属于较弱的氧化剂，它可以与较强的还原剂作用。而碘离子（I^-）属于中强的还原剂，可以与一般氧化剂作用，产生的碘可以用硫代硫酸钠或其他还原剂滴定。前一种方法为直接法，后一种方法为间接法，一般总称为碘量法。

（2）重量分析法

重量分析法是经典的化学分析方法之一，是用适当的方式将试样中的待测组分与其他组分分离，转化为一定的称量形式，最后用称量的方法测定该组分含量的定量分析方法。

重量分析法通过使用分析天平准确称量来获得分析结果，与滴定分析法相比，具有不需要与基准试剂或标准物质进行比较的特点，获得结果的途径更为直接，所以重量分析法准确度高，对于常量组分测定的相对误差一般不超过±0.1%。但重量分析法的操作步骤一般较多而且烦琐，消耗时间较长，难以满足快速分析的要求，对于低含量组分的测定误差较大。因此，重量分析法适用于常量分析，此外，重量分析法还用于标准方法及仲裁分析中。

重量分析法大多用于无机物的分析中，根据被测组分与其他组分分离的方法不同，可以分为：沉淀法、气化法、电解法。沉淀法是利用沉淀反应使待测组分生成溶解度很小的微溶化合物沉淀出来，沉淀经过滤、洗涤、烘干或灼烧后转化为称量形式，称其质量，计算待测组分的含量。在水质分析中，一般采用沉淀法。目前在水质分析中常用的重量分析法有：溶解性总固体的测定、水处理相关滤层中含泥量测定、滤料的筛分等。

（3）比色分析方法

比色分析方法是利用被测的组分，在一定条件下，与试剂作用产生有色化合物，然后测量有色溶液的深浅，并与标准溶液相比较，从而测定组分含量的分析方法，其广泛用于微量及恒量组分的测定，有较高的灵敏度。

1）基本原理

在水质分析中，各种溶液会显示各种不同的颜色，是由于溶液中的物质对光的吸收具有选择性。在可见光中，通常所说的白光是由许多不同波长的可见光组成的复合光，由红、橙、黄、绿、青、蓝、紫这些不同波长的可见光按照一定的比例混合的。研究表明，只需要把两种特定颜色的光按照一定的比例混合，例如：绿光和紫红光混合，黄光和蓝光混合，都可以得到白光。这种按照一定比例混合后得到白光的两种光称为互补光，互补光的颜色称为互补色。当一束阳光（白光）照射某一种溶液时，如果该溶液的溶质不吸收任何波长的可见光，则组成白光的各色光将全部透过溶液，透射光依然是白光，溶液呈现无色；如果溶质有选择地吸收了某种颜色的可见光，则会只有其余颜色的光透过溶液，透射光中除了仍然两两互补的那些可见光组成白光，还有未能配对的被吸收光的互补光，溶液就会呈现该互补光的颜色。例如：当白光通过 $CuSO_4$ 溶液时，Cu^{2+} 选择吸收黄色光，使透过光中的蓝色光失去了互补光，于是 $CuSO_4$ 溶液呈现蓝色。

2）目视比色法

目视比色法是用肉眼来观测溶液对光的吸收，观测颜色的深浅。用被测定溶液与已知浓度的溶液比较，来确定被测组分的含量，水质分析中常用标准系列法，又称色阶法。

将一系列待测组分的标准溶液加入一组相同规格的比色管中，再分别加入等量的显色剂和其他试剂，定容制成一套标准色阶。将待测样品溶液在相同的条件下显色，然后与标准色阶比较，可以确定其含量。操作时需要在比色管底部衬白，然后从正上方向下观测以增加有效光程。目视比色法所需仪器设备简单，操作方便，适合大批量的水样分析，但主要缺点为许多有色物质颜色不稳定，配制标准系列浪费时间，同时人的眼睛观察颜色亦会有主观误差，故准确度不高，相对误差较大。

3）分光光度法

① 分光光度计组成

分光光度计主要由光源、分光系统、测量池、信号接收器、记录器五个部分构成（图 2-1）。

图 2-1　单光束分光光度计原理图

光源。分光光度计所用的光源，应在尽可能宽的波长范围内给出强度均匀的连续光谱，具有足够的辐射强度、良好的辐射稳定性等特点。

分光系统。分光系统（又称单色器）是一种可以把光源辐射的复合光按照波长的长短色散，并能很方便地从其中分出所需单色光的光学装置。

吸收池。吸收池（又称比色皿）的透光面由无色透明的光学玻璃或石英制成，用于盛装试液和参比溶液。

信号接收器。信号接收器是把透过吸收池后的透射光强度转换成电信号的装置，又称为光电转换器。

记录器。分光光度计中常用的记录器为较为灵敏的检流计，用于测量光电池受到光照射后产生的光电流。

② 分光光度分析的定量方法

校准曲线法：根据光的吸收定律，配制一系列适当浓度的标准溶液（5 个点以上），显色后分别测定吸光度，以吸光度 A 为纵坐标，标准溶液浓度 C 为横坐标作图，得到校准曲线。然后把待测试样显色反应后，测得吸光度，在工作曲线上查得被测组分的浓度。只要分光光度计稳定无故障，操作条件不变化，就不需要每次水样分析都绘制新的工作曲线。

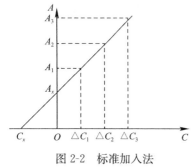

图 2-2　标准加入法

标准加入法：先测定浓度为 C_x 的未知样的吸光度，向未知样加入一定量的标样，配成浓度系列 $C_x + \triangle C_1$，$C_x + \triangle C_2$，…，测得吸光度 A_1、A_2，作图如下：以 A_x 为纵轴，分别画出 $\triangle C_1$、$\triangle C_2$ 对应的 A_1、A_2 各点，连成直线延长，与横轴交点 C_x 即是待测样浓度（图 2-2）。该方法优点：可以消除基体干扰因素的影响，适用于组成复杂、干扰因素较多的样品；但工作量较大，不适合大批量的样品测定。

③ 分光光度计分类

分光光度计按照测定波长范围可以分为：可见光分光光度计、紫外分光光度计和红外分光光度计。从结构上分为单光束分光光度计、双光束分光光度计，从测量过程中提供的波长数可以分为单波长、双波长分光光度计。

（4）电化学分析法

电化学分析法是应用电化学原理和实验技术建立的一类分析方法总称，在水质分析中主要有电位分析法、电导分析法等。

1）电位分析法

电位分析法是基于电化学原理和物质的电化学性质而建立起来的电化学方法，在被测溶液中插入指示电极与参比电极，通过测量两电极间电位差而测定溶液中某组分含量的方法。电位分析法主要分为两类：直接电位法和电位滴定法。直接电位法是根据指示电极与参比电极间的电位差与被测离子浓度间的函数关系直接测出该离子的浓度。电位滴定法是通过滴定过程中指示电极的电位变化来确定滴定终点，可以实现分析自动化。

2）电导分析法

以测量溶液导电能力为基础的分析方法称为电导分析法。其中，直接根据溶液电导大小确定待测物质的含量，称为直接电导法。根据滴定过程中滴定液电导的突变来确定终点的方法称为电导滴定法。在水质分析中，用直接电导法测量水的电导率。水中可溶性盐类大多数以水合离子存在，离子在外加电场的作用下具有导电作用，其导电能力的强弱可以用电导率来表示。

2.3.2　水质分析常用仪器仪表

（1）浊度检测仪

浊度是指光线透过水中悬浮物所发生的阻碍程度。水中的悬浮物一般是泥土、砂粒、微细的有机物和无机物、浮游生物、微生物和胶体物质等。水的浊度不仅与水中悬浮物质的含量有关，而且与它们的大小、形状及折射系数等有关。泥土、粉砂、微细有机物、无机物、浮游生物等悬浮物和胶体物都可以使水质变得浑浊而呈现一定浊度，水质分析中规定：1L 水中含有 1mg SiO_2 所构成的浊度为一个标准浊度单位，简称 1 度。通常浊度越高，溶液越浑浊。现代仪器显示的浊度是散射浊度单位 NTU。

以 HACH 1720E 浊度仪为例，它的工作原理是通过把来自传感器头部总呈平行的一束强光引导向下进入浊度仪本体中的试样。光线被试样中的悬浮颗粒散射，与入射光线中心线呈 90°方向散射的光线被浸没在水中的光电池检测出来，散射光的量正比于试样的浊度。

（2）余氯/总氯分析仪

余氯是指水中投氯，经一定时间接触后，在水中余留的游离性氯和结合性氯的总称。氯投入水中后，除与水中细菌、微生物、有机物、无机物等作用消耗一部分氯量外，还剩下一部分氯量，这部分氯量就叫作余氯。余氯可分为：化合性余氯（指水中氯与氨的化合物，有 NH_2Cl、$NHCl_2$ 及 $NHCl_3$ 三种，以 $NHCl_2$ 较稳定，杀菌效果好），又叫结合性余氯；游离性余氯指水中的 OCl^-、$HOCl$、Cl_2 等，杀菌速度快，杀菌力强，但消失快，又叫自由性余氯；总余氯即化合性余氯与游离性余氯之和。余氯/总氯分析仪是测量水中余氯/总氯的仪表，也是水处理工艺中非常重要的数据之一。

以哈希 CL17 型余氯分析仪为例，它是采用微处理器控制，是设计用于连续监测样品流路中余氯含量的过程分析仪。可监测余氯和总氯浓度。仪器使用 DPD 比色方法，指示剂和缓冲液被引入样品中，产生红色，其颜色深浅与余氯浓度成正比。

（3）pH 检测仪

pH 值是用来度量物质中氢离子的活性，这一活性直接关系到水溶液的酸碱性。pH 值是水溶液最重要的理化参数之一。pH 计是一种常用的仪器设备，主要用来精密测量液体介质的酸碱度值。pH 计被广泛应用于环保、污水处理、科研、自来水等领域。

测量 pH 值的方法很多，主要有化学分析法、试纸法、电位法。以 HACH pH 检测仪为例，它主要以电位法测得 pH 值。特点是稳定性好，工作可靠，有一定的测量精度，环境适应能力强，抗干扰能力强，具有模拟里量输出、数字通信、上下限报警和控制功能等。

（4）溶解氧分析仪

溶解在水中的分子态氧称为溶解氧，水中溶解氧的含量与空气中氧的分压、水的温度都有密切关系。在自然情况下，空气中的含氧量变动不大，故水温是主要的因素，水温越低，水中溶解氧的含量越高。水中溶解氧的多少是衡量水体自净能力的一个指标。

溶解氧的在线测量方法分为电极法和荧光法。其中，荧光法更为普及且维护方便。荧光法溶解氧仪是基于物理学中特定物质对活性荧光的猝熄原理。传感器前端的荧光物质是特殊的铂金属卟啉复合了允许气体通过的聚酯箔片，表面涂了一层黑色的隔光材料以避免日光和水中其他荧光物质的干扰。调制的绿光照到荧光物质上使其激发，发出红光。

由于氧分子可以带走能量（猝熄效应），所以激发红光的时间和强度与氧分子的浓度成反比。仪器采用了与绿光同步的红光光源作为参比，测量激发红光与参比光之间的相位差，并与内部标定值比对，从而计算出氧分子的浓度，经过温度补偿输出最终值。

（5）氨氮分析仪

氨氮是指水中以游离氨（NH_3）和铵离子（NH_4^+）形式存在的氮。氨氮在线分析仪是为测量水中（饮用水/地表水/工业生产过程用水/污水处理）的铵根离子（NH_4^+）浓度而设计的在线分析仪，对水质中氨氮的实时监测是具有重要意义的。

氨氮在线分析仪的工作原理分为两类，一类是比色法测量，包括后发展而来的分光光度法，另一类是电极法测量。以 HACH AMTAX inter2 氨氮在线分析仪器为例，它属于比色法测量，采用水杨酸-次氯酸测量原理，通过双光束、双滤光片光度计测量水中 NH_4^+ 离子浓度。通过参比光束的测量，仪器消除了样品中浊度、电源的波动、元器件的老化等因素对测量结果的干扰，从而提高了测量精度。

（6）COD 在线分析仪

COD 的中文名称是化学需氧量。它是一种常用的评价水体污染程度的综合性指标，是指利用化学氧化剂将水中的还原性物质（如有机物）氧化分解所消耗的氧量。它反映了水体受还原性物质污染的程度。由于有机物是水体中最常见的还原性物质，因此，COD 在一定程度上反映了水体受有机物污染的程度。

化学需氧量（COD）的测定，随着测定水样中还原性物质以及测定方法的不同，其测定值也有不同。目前应用最普遍的是酸性高锰酸钾氧化法与重铬酸钾氧化法。以 HACH 203ACOD 分析仪为例，其测量方法为高锰酸钾法，水样加入硫酸使呈酸性后，加入一定量的高锰酸钾溶液，并在沸水浴中加热反应一定的时间。剩余的高锰酸钾加入过量草酸钠溶液还原，再用高锰酸钾溶液回滴过量的草酸钠，通过计算求出高锰酸盐指数。

第 3 章 给水工程基本知识

3.1 给水系统概述

3.1.1 给水系统的分类及组成

（1）给水系统分类

给水系统是保证城市、工矿企业等用水的各项构筑物和输配水管网组成的系统。根据系统的性质，可分类如下：

1）按水源种类，分为地表水给水系统（江河、湖泊、蓄水库、海洋等）和地下水给水系统（浅层地下水、深层地下水、泉水等）；

2）按供水方式，分为自流系统（重力供水）、水泵供水系统（压力供水）和混合供水系统；

3）按使用目的，分为生活用水、生产给水和消防给水系统；

4）按服务对象，分为城市给水和工业给水系统，在工业给水中，又分为循环系统和复用系统。

（2）给水系统的组成

给水系统由相互联系的一系列构筑物和输配水管网组成。它的任务是从水源取水，按照用户对水质的要求进行处理，然后将水输送到用水区，并向用户配水。为了完成上述任务，给水系统通常由下列工程设施组成：

1）取水构筑物，用以从选定的水源（包括地表水和地下水）取水；

2）水处理构筑物，是将取水构筑物的来水进行处理，以期符合用户对水质的要求。这些构筑物常集中布置在水厂范围内；

3）泵站，用以将所需水量提升到要求的高度，可分为抽取原水的一级泵站、输送清水的二级泵站和设于管网中的增压泵站等；

4）输水管渠和管网，输水管渠是将原水送到水厂的管渠，管网则是将处理后的水送到各个给水区的全部管道；

5）调节构筑物，包括各种类型的贮水构筑物，例如高地水池、水塔、清水池等，用以贮存和调节水量。

3.1.2 设计用水量定额及其计算方法

（1）设计用水量的组成

城市给水系统的设计年限，应符合城市总体规划，近远期结合，以近期为主。一般近期宜采用 5～10 年，远期规划年限宜采用 10～20 年。给水系统设计时，首先需确定该系统在设计年限内达到的用水量。

设计用水量由下列各项组成：

1）综合生活用水，包括居民生活用水和公共建筑及设施用水。居民生活用水指城市中居民的饮用、烹调、洗涤、冲厕、洗澡等日常生活用水；公共建筑及设施用水包括娱乐场所、宾馆、浴室、商业、学校和机关办公楼等用水，但不包括城市浇洒道路、绿化和市政等用水。

2）工业企业生产用水和工作人员生活用水。

3）消防用水。

4）浇洒道路和绿地用水。

5）未预计水量及管网漏失水量。

（2）用水量定额

用水量定额是确定设计用水量的主要依据，它可影响给水系统相应设施的规模、工程投资、工程扩建的期限、今后水量的保证等方面，所以必须慎重考虑，应结合现状和规划资料并参照类似地区或工业的用水情况，确定用水量定额。

1）居民生活用水

城市居民生活用水量由城市人口、每人每日平均生活用水量和城市给水普及率等因素确定。这些因素随城市规模的大小而变化。

影响生活用水量的因素很多，设计时，如缺乏实际用水量资料，则居民生活用水定额和综合用水定额可参照《室外给水设计规范》GB 50013—2006 的规定。

2）工业企业生产用水和工作人员生活用水

工业企业生产用水一般是指工业企业在生产过程中，用于冷却、空调、制造、加工、净化和洗涤方面的用水。在城市给水中，工业用水占很大比例。生产用水中，冷却用水是大量的，特别是火力发电、冶金和化工等工业。空调用水则以纺织、电子仪表和精密机床生产等工业用水较多。

设计年限内生产用水量的预测，可以根据工业用水的以往资料，按历年工业用水增长率来推算未来的水量；或根据单位工业产值的用水量、工业用水量增长率与工业产值的关系，或单位产值用水量与用水重复利用率的关系加以预测。

工业企业内工作人员生活用水量和淋浴用水量可按《工业企业设计卫生标准》GBZ 1—2010 来确定。工作人员生活用水量应根据车间性质决定，一般车间采用每人每班 25L，高温车间采用每人每班 35L。

3）消防用水

消防用水只在火灾时使用，历时短暂，但从数量上说，它在城市用水量中占有一定的比例，尤其是中小城市，所占比例大。消防用水量、水压和火灾延续时间等，应按照现行的《建筑设计防火规范》GB 50016—2014 等执行。

4）其他用水

浇洒道路和绿化用水量应根据路面种类、绿化面积、气候和土壤等条件确定。浇洒道路用水量一般为每平方米路面每次 1～1.5L。大面积绿化用水量可采用 1.5～2.0L/(d·m²)。

城市的未预见水量和管网漏失水量可按最高日用水量的 15%～25% 合并计算。

（3）用水量变化

无论是生活或生产用水，用水量经常在变化。生活用水量随着生活习惯和气候而变化，如假期比平日高，夏季比冬季用水多；从我国大中城市的用水情况可以看出，在一天内又以早晨起床后和晚饭前后用水最多。又如工业企业的冷却用水量，随气温和水温而变化，夏季多于冬季。

用水量定额只是一个平均值，在设计时还需考虑每日、每时的用水量变化。在设计规定的年限内，用水最多一日的用水量，叫做最高日用水量，一般用以确定给水系统中各类设施的规模。在一年中，最高日用水量与平均日用水量的比值，称为日变化系数 K_d，根据给水区的地理位置、气候、生活习惯和室内给水、排水设施程度，其值约为 1.1～1.5。在最高日内，每小时的用水量也是变化的，变化幅度和居民数、房屋设备类型、职工上班时间和班次等有关。最高一小时用水量与平均时用水量的比值，称为时变化系数 K_h，其值约为 1.3～1.6。大中城市的用水比较均匀，K_h 值较小，可取下限，小城市可取上限或适当加大。

（4）用水量计算

城市总用水量计算时，应包括设计年限内该给水系统所供应的全部用水居住区综合生活用水、工业企业生产用水和职工生活用水、消防用水、浇洒道路和绿地用水以及未预见水量和管网漏失水量，但不包括工业自备水源所需的水量。

城市或居住区的最高日生活用水量为：

$$Q_1 = qNf \tag{3-1}$$

式中　q——最高日生活用水量定额，$m^3/(d \cdot 人)$；

　　　N——设计年限内计划人口数；

　　　f——自来水普及率，%。

整个城市的最高日生活用水量定额应参照一般居住水平定出，如城市各区的房屋卫生设备类型不同，用水量定额应分别选定。一般地，城市计划人口数并不等于实际用水人数，所以应按实际情况考虑用水普及率，以便得出实际用水人数。

除居住区生活用水量外，还应考虑工业企业职工的生活用水和淋浴用水量 Q_2，以及居住区生活用水量中未计及的浇洒道路和大面积绿化所需的水量 Q_3。

城市管网同时供给工业企业用水时，工业生产用水量为：

$$Q_4 = qB(1-n) \tag{3-2}$$

式中　q——城市工业万元产值用水量，$m^3/万元$；

　　　B——城市工业总产值，万元。

除了上述各种用水量外，再增加相当于最高日用水量 15%～25% 的未预见水量和管网漏水量。

因此，设计年限内城市最高日用水量为：

$$Q_d = (1.15 \sim 1.25)(Q_1 + Q_2 + Q_3 + Q_4) \tag{3-3}$$

从最高日用水量可得最高时设计用水量：

$$Q_h = \frac{1000 \times K_h Q_d}{24 \times 3600} \tag{3-4}$$

式中　K_h——时变化系数；

　　　Q_d——最高日设计用水量。

如上式中令 $K_h = 1$，即得最高日平均时的设计用水量。

3.1.3　给水系统管网流量和压力的关系

（1）给水系统中的流量关系

给水系统中所有构筑物都是以最高日用水量为基础进行设计。

1）取水构筑物、一级泵站

城市的最高日设计用水量确定后，取水构筑物和水厂的设计流量将随一级泵站的工作情况而定，如果一天中一级泵站的工作时间延长，则每小时的流量将越小。大中城市水厂的一级泵站一般按三班制即 24h 均匀工作来考虑，以缩小构筑物规模和降低造价。小型水厂的一级泵站才考虑一班或二班制运转。

取水构筑物、一级泵站和水厂等按最高日的平均时流量计算，即：

$$Q_1 = \frac{\alpha Q_d}{T} \tag{3-5}$$

式中，α 是考虑水厂本身用水量的系数，以供沉淀池排泥、滤池冲洗等用水，其值取决于水处理工艺、构筑物类型及原水水质等因素，一般在 1.05～1.10 之间。T 为一级泵站每天工作小时数。

2）二级泵站、水塔（高地水池）、管网

二级泵站、从泵站到管网的输水管、管网和水塔等的计算流量，应按照用水量变化曲线和二级泵站工作曲线确定。

二级泵站的计算流量与管网中是否设置水塔或高地水池有关。当管网内不设水塔时，任何小时的二级泵站供水量应等于用水量。这时二级泵站应满足最高日最高时的水量要求，否则就会存在不同程度的供水不足现象。因为用水量每日每小时都在变化，所以二级泵站内应有多台水泵并且大小搭配，以便供给每小时变化的水量，同时保持水泵在高效率范围内运转。

管网内不设水塔或高地水池时，为了保证所需的水量和水压，水厂的输水管和管网应按二级泵站最大供水量也就是最高日最高时用水量计算。

管网内设有水塔或高地水池时，二级泵站的设计供水线应根据用水量变化曲线拟定。拟定时应注意下述几点：①泵站各级供水线尽量接近用水线，分级数一般不应多于三级，以便于水泵机组的运转管理；②分级供水时，应注意每级能否选到合适的水泵，以及水泵机组的合理搭配，并尽可能满足目前和今后一段时间内用水量的增长需要。

（2）给水系统中的压力关系

给水系统应保证一定的水压，使能供给足够的生活用水或生产用水。城市给水管网需保持最小的服务水头为从地面算起 1 层为 10m，2 层为 12m，2 层以上每层增加 4m。泵站、水塔或高地水池是给水系统中保证水压的构筑物，因此需了解水泵扬程和水塔（或高地水池）高度的确定方法，以满足设计的水压要求。

1）水泵扬程确定

水泵扬程 H_p 等于静扬程和水头损失之和：

$$H_p = H_0 + \sum h \tag{3-6}$$

静扬程 H_0 需根据抽水条件确定。一级泵站静扬程是指水泵吸水井最低水位与水厂的前端处理构筑物（一般为混合絮凝池）最高水位的高程差。水头损失 $\sum h$ 包括水泵吸水管、压水管和泵站连接管线的水头损失。

一级泵站的扬程为：

$$H_p = H_0 + H_s + H_d \tag{3-7}$$

式中　H_0——静扬程，m；

　H_s、H_d——由最高日平均时供水量加水厂自用水量确定的吸水管、压水管和泵站到絮凝池管线中的水头损失，m。

二级泵站是从清水池取水直接送向用户或先送入水塔，而后流进用户。

无水塔的管网由泵站直接输水到用户时，静扬程等于清水池最低水位与管网控制点所需水压标高的高程差。所谓控制点是指管网中控制水压的点。这一点往往位于离二级泵站最远或地形最高的点，只要该点的压力在最高用水量时可以达到最小服务水头的要求，整个管网就不会存在低压区。

水头损失包括吸水管、压水管、输水管和管网等水头损失之和。综上所述，无水塔时二级泵站扬程为：

$$H_p = Z_c + H_c + h_s + h_c + h_n \tag{3-8}$$

式中　Z_c——管网控制点 C 的地面标高和清水池最低水位的高程差，m；

　H_c——控制点所需的最小服务水头，m；

　h_s——吸水管中的水头损失，m；

　h_c、h_n——输水管和管网中水头损失，m。

h_s、h_c 和 h_n 都应按水泵最高时供水量计算。

在工业企业和中小城市水厂，有时建造水塔，这时二级泵站只需供水到水塔，而由水塔高度来保证管网控制点的最小服务水头。这时静扬程等于清水池最低水位和水塔最高水位的高程差，水头损失为吸水管、泵站到水塔的管网水头损失之和。

二级泵站扬程除了满足最高用水时的水压外，还应满足消防流量时的水压要求，控制点应选在设计时假设的着火点。

2）水塔高度确定

大城市一般不设水塔，因城市用水量大，水塔容积小了不起作用，如容积太大造价又太高，况且水塔高度一经确定，不利于今后给水管网的发展。中小城市和工业企业则可考虑设置水塔，既可缩短水泵工作时间，又可保证恒定的水压。水塔在管网中的位置，可靠近水厂、位于管网中间或靠近管网末端等。不管哪类水塔，它的水柜底高于地面的高度均可按下式计算：

$$H_t = H_c - h_n - (Z_t - Z_c) \tag{3-9}$$

式中　H_c——控制点 C 要求的最小服务水头，m；

　h_n——按最高时用水量计算的从水塔到控制点的管网水头损失，m；

　Z_t——设置水塔处的地面标高，m；

　Z_c——控制点的地面标高，m。

从上式看出，建造水塔处的地面标高 Z_t 越高，则水塔高度 H_t 越低，这就是水塔建在高地的原因。离二级泵站越远、地形越高的城市，水塔可能建在管网末端而形成对置水塔的管网系统，这种系统的给水情况比较特殊，在最高用水量时，管网用水由泵站和水塔同时供给，两者各有自己的给水区，在给水区分界线上，水压最低。

3.2　给水管网

3.2.1　管网和输水管布置

输水和配水系统是保证输水到给水区内并且配水到所有用户的全部设施。它包括输水管渠、配水管网、泵站、水塔和水池等。

对输水和配水系统的总要求是：供给用户所需的水量，保证配水管网足够的水压，保证不间断给水。

输水管渠指从水源到城市水厂或者城市水厂到相距较远管网的管线或渠道。管网是给水系统的主要组成部分，它和输水管渠、二级泵站及调节构筑物（水池、水塔等）有密切的联系。

给水管网的布置应满足以下要求：

1）按照城市规划平面图布置管网，布置时应考虑给水系统分期建设的可能，并留有充分的发展余地；

2）管网布置必须保证供水量安全可靠，当局部管网发生事故时，断水范围应减到最小；

3）管线遍布在整个给水区内，保证用户有足够的水量和水压；

4）力求以最短距离敷设管线，以降低管网造价和供水能量费用。

尽管给水管网有各种各样的要求和布置，但不外乎两种基本形式：树状网和环状网。

树状网一般适用于小城市和小型工矿企业，这类管网从水厂泵站或水塔到用户的管线均布置成树枝状。树状网的供水可靠性较差，因为管网中任一段管线损坏时，在该管段以后的所有管线就会断水；在树状网的末端，因用水量已经很小，管中的水流缓慢，甚至停滞不流动，因此水质容易变坏，有出现浑水和红水的可能。

环状网中，管线连接成环状，这类管网当任一段管线损坏时，可以关闭附近的阀门使之与其他管线隔开，然后进行检修，水还可从另外管线供应用户，断水的地区可以缩小，从而供水可靠性增加；环状网还可以大大减轻因水锤作用产生的危害，而在树状网中，则往往因此而使管线损坏。但是环状网的造价明显比树状网高。

3.2.2　管段流量、管径和水头损失

（1）沿线流量和节点流量

管网图形由许多管段组成。沿线流量是指供给该管段两侧用户所需流量。节点流量是从沿线流量折算得出的，并且假设是在节点集中流出的流量。在管网水力计算过程中，首先需求出沿线流量和节点流量。

1）沿线流量

城市给水管线，因干管和分配管上接出许多用户，沿管线配水，情况比较复杂，如图 3-1 所示，沿线有数量较多的用户用水 q_1，q_2，……，也有分配管的流量 Q_1，Q_2，……。

因此，计算时往往加以简化，即假定用水量均匀分布在全部干管上，由此算出干管线单位长度的流量，叫作比流量。

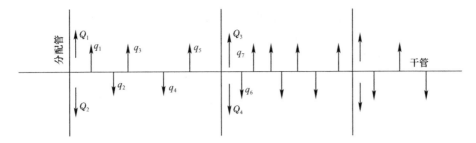

图 3-1 干管配水情况

$$q_s = \frac{Q - \sum q}{\sum l} \tag{3-10}$$

式中　q_s——比流量，L/(s·m)；

　　　Q——管网总用水量，L/s；

　　　$\sum q$——大用户集中用水量总和，L/s；

　　　$\sum l$——干管总长度，m，不包括穿越广场、公园等无建筑物地区的管线；只有一侧配水的管线，长度按一半计算。

从公式（3-10）看出，干管的总长度一定时，比流量随用水量增减而变化，最高用水时和最大转输时的比流量不同，所以在管网计算时应分别计算。从比流量求出各管段沿线流量如下：

$$q_1 = q_s l \tag{3-11}$$

式中　q_1——沿线流量，L/s；

　　　l——该管段的长度，m。

整个管网的沿线流量总和$\sum q_1$，等于$q_s\sum l$。从公式（3-11）可知，$q_s\sum l$值等于管网供给的总用水量减去大用户集中用水总量，即等于$Q - \sum q$。

2）节点流量

管网中任一管段的流量，由两部分组成：一部分是沿该管段长度L配水的沿线流量q_1，另一部分是通过该管段输水到以后管段的转输流量q_t。转输流量沿整个管段不变，而沿线流量由于管段沿线配水，所以管段中的流量顺水流方向逐渐减小，到管段末端只剩下转输流量。如图 3-2 所示，管段 1-2 起端 1 的流量等于转输流量q_t加沿线流量q_1，因此从管段起点到终点的流量是变化的。

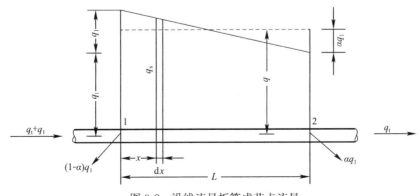

图 3-2 沿线流量折算成节点流量

按照用水量在全部干管上均匀分配的假定求出沿线流量,只是一种近似的方法。如上所述,每一管段的沿线流量是沿管线分配的。对于流量变化的管段,难以确定管径和水头损失,所以有必要将沿线流量转化成从节点流出的流量。这样,沿管线不再有流量流出,即管段中的流量不再沿管线变化,就可根据该流量确定管径。

沿线流量转化成节点流量的原理是求出一个沿线不变的折算流量 q,使它产生的水头损失等于实际上沿管线变化的流量 q_x 产生的水头损失。

图 3-2 中的水平虚线表示沿线不变的折算流量 q 为:

$$q = q_t + \alpha q_1 \tag{3-12}$$

式中,α 叫作折算系数,是把沿线变化的流量折算成在管段两端节点流出的流量,即节点流量的系数。为便于管网计算,通常统一采用 $\alpha=0.5$。

因此管网任一节点的节点流量为:

$$q_i = \alpha\sum q_1 = 0.5\sum q_1 \tag{3-13}$$

即任一节点 i 的节点流量 q_i 等于与该节点相连各管段的沿线流量 q_l 总和的一半。

城市管网中,工业企业等大用户所需流量,可直接作为接入大用户节点的节点流量。工业企业内的生产用水管网,水量大的车间用水量也可直接作为节点流量。这样,管网图上只有集中在节点的流量,包括由沿线流量折算的节点流量和大用户的集中流量。一般在管网计算图的节点旁引出箭头,注明该节点的流量,以便于进一步计算。

(2)管段计算流量

任一管段的计算流量实际上包括该管段两侧的沿线流量和通过该管段输送到以后管段的转输流量。求出节点流量后,就可以进行管网的流量分配,分配到各管段的流量已经包括了沿线流量和转输流量。

单水源的树状网中,从水源(二级泵站、高地水池等)供水到各节点只有一个流向,因此任一管段的流量等于该管段以后(顺水流方向)所有节点流量的总和,例如图 3-3 中管段 3-4 的流量为:

$$q_{3-4} = q_4 + q_5 + q_8 + q_9 + q_{10}$$

管段 4-8 的流量为:

$$q_{4-8} = q_8 + q_9 + q_{10}$$

可以看出,树状网的流量分配比较简单,各管段的流量易于确定,并且每一管段只有唯一的流量值。

环状网的流量分配比较复杂。任一节点的流量包括该节点流量和流向以及流离该节点的几条管段流量,所以环状网流量分配时,必须保持每一节点的水流连续性,也就是流向任一节点的流量必须等于流离该节点的流量,以满足节点流量平衡的条件,用式表示为:

$$q_i + \sum q_{ij} = 0 \tag{3-14}$$

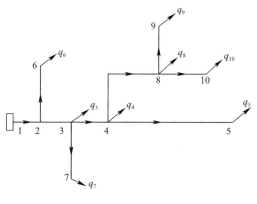

图 3-3 树状网流量分配

式中 q_i——节点 i 的节点流量，L/s；

q_{ij}——从节点 i 到节点 j 的管段流量，L/s。

以下假定离开节点的管段流量为正，流向节点的为负。

以图 3-4 的节点 5 为例，离开节点的流量为 q_5、q_{5-6}、q_{5-8}，流向节点的流量为 q_{2-5}、q_{4-5}，因此根据公式（3-14）得：

$$q_5 + q_{5-6} + q_{5-8} - q_{2-5} - q_{4-5} = 0$$

同理，节点 1 为：

$$-Q + q_1 + q_{1-2} + q_{1-4} = 0$$
$$或 \quad Q - q_1 = q_{1-2} + q_{1-4}$$

可以看出，对节点 1 来说，即使进入管网的总流量 Q 和节点流量 q_1 已知，各管段的流量，如 q_{1-2} 和 q_{1-4} 等值，还可以有不同的分配，也就是有不同的管段流量。以图 3-4 中的节点 1 为例，如果在分配流量时，对其中的一条，例如管段 1-2 分配很大的流量 q_{1-2}，而另一管段 1-4 分配很小的流量 q_{1-4}，因 $q_{1-2} + q_{1-4}$ 仍等于 $Q - q_1$，即保持水流的连续性，这时敷管费用虽然比较经济，但明显和安全供水产生矛盾。因为当流量很大的管段 1-2 损坏

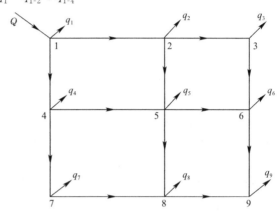

图 3-4　环状网流量分配

需要检修时，全部流量必须在管段 1-4 中通过，使该管段的水头损失过大，从而影响到整个管网的供水量或水压。

环状网流量分配时，应同时照顾经济性和可靠性。经济性是指流量分配后得到的管径，应使一定年限内的管网建造费用和管理费用为最小。可靠性是指能向用户不间断地供水，并且保证应有的水量、水压和水质。很明显，经济性和可靠性之间往往难以兼顾，一般只能在满足可靠性的要求下，力求管网最为经济。

环状网流量分配的步骤如下。

1）按照管网的主要供水方向，初步拟定各管段的水流方向，并选定整个管网的控制点。控制点是管网正常工作时和事故时必须保证所需水压的点，一般选在给水区内离二级泵站最远或地形较高之处。

2）为了可靠供水，从二级泵站到控制点之间选定几条主要的平行干管线，这些平行干管中尽可能均匀地分配流量，并且符合水流连续性，即满足节点流量平衡的条件。这样，当其中一条干管损坏，流量由其他干管转输时，不会使这些干管中的流量增加过多。

3）和干管线垂直的连接管，其作用主要是沟通平行干管之间的流量，有时起一些输水作用，有时只是就近供水到用户，平时流量一般不大，只有在干管损坏时才转输较大的流量，因此连接管中可分配较少的流量。

由于实际管网的管线错综复杂，大用户位置不同，上述原则必须结合具体条件，分析水流情况加以运用。

环状网流量分配后即可得出各管段的计算流量，由此流量即可确定管径。

（3）管径计算

确定管网中每一管段的直径是输水和配水系统设计计算的主要课题之一。管段的直径应按分配后的流量确定。因为：

$$q = Av = \frac{\pi D^2}{4} v \qquad (3-15)$$

式中 A——水管断面积，m^2。

所以，各管段的管径按下式计算：

$$D = \sqrt{\frac{4q}{\pi v}} \qquad (3-16)$$

式中 D——管段直径，m；

q——管段流量，m^3/s；

v——流速，m/s。

从上式可知，管径不但和管段流量有关，而且和流速的大小有关，如管段的流量已知但是流速未定，管径还是无法确定，因此要确定管径必须先选定流速。

为了防止管网因水锤现象出现事故，最大设计流速不应超过 $2.5 \sim 3m/s$。在输送浑浊的原水时，为了避免水中悬浮物质在水管内沉积，最低流速通常不得小于 0.6m/s，可见技术上允许的流速幅度是较大的。因此，需在上述流速范围内，根据当地的经济条件，考虑管网的造价和经营管理费用，来选定合适的流速。

从公式（3-16）可以看出，流量一定时，管径和流速的平方根成反比。流量相同时，如果流速小些，管径相应增大，此时管网造价增加，可是管段中的水头损失却相应减小，因此水泵所需扬程可以降低，经常的输水电费可以节约。相反，如果流速大些，管径虽然减小，管网造价有所下降，但因水头损失增大，经常的电费势必增加。因此，一般采用优化方法求得流速或管径的最优解，在数学上表现为求一定年限 t（称为投资偿还期）内管网造价和管理费用（主要是电费）之和为最小的流速，称为经济流速，以此来确定管径。

由于实际管网的复杂性，加之情况在不断变化，例如流量在不断增长，管网逐步扩展，许多经济指标如水管价格、电费等也随时变化，要从理论上计算管网造价和年管理费用相当复杂且有一定的难度。在条件不具备时，设计中也可采用平均经济流速（表 3-1）来确定管径，得出的是近似经济管径。

表 3-1 平均经济流速

管径（mm）	平均经济流速（m/s）
$D = 100 \sim 400$	$0.6 \sim 0.9$
$D \geqslant 400$	$0.9 \sim 1.4$

一般大管径可取较大的平均经济流速，小管径可取较小的平均经济流速。

（4）水头损失计算

给水管网任一管段两端节点的水压和该管段水头损失之间有下列关系：

$$H_i - H_j = H_{ij} \qquad (3-17)$$

式中 H_i、H_j——从某一基准面算起的管段起端 i 和终端 j 的水压，m；

H_{ij}——管段 i、j 的水头损失，m。

在管网计算中，主要考虑沿管线长度的水头损失，至于配件和附件如弯管、渐缩管和阀门等的局部水头损失，因和沿管线长度的水头损失相比很小，通常忽略不计，由此产生的误差极小。

一般可利用给水、排水设计手册中现成的水力计算表，这样可以减轻计算工作量。

3.2.3 管网水力计算

（1）树状网计算

多数小型给水和工业企业给水在建设初期往往采用树状网，以后随着城市和用水量的发展，可根据需要逐步连接成为环状网。树状网的计算比较简单，通常是已知管道沿线地形、各管段长度和端点要求的自由水头，在求出管段流量后，确定管道的各段直径及水塔高度。

计算时，首先按经济流速在已知流量下选择管径。然后利用式：

$$h_{fi} = a_i l_i Q_i^2$$

在已知流量 Q、直径 D 及管长 l 的条件下，计算出各管段的水头损失。最后计算干线中从水塔到管网控制点的总水头损失（管网的控制点指在管网中，水塔至该点的总水头损失、地形标高差和要求最小服务水头三项之和中数值最大的点）。水塔高度 H 可按下式求得：

$$H_t = \sum h_f + H_s + z_0 - z_t = \sum a_i l_i Q_i^2 + H_s + z_0 - z_t \tag{3-18}$$

式中　H_s——控制点的最小服务水头，m；

　　　z_0——控制点的地形标高，m；

　　　z_t——水塔处的地形标高，m；

　　　$\sum h_f$——从水塔到管网控制点的总水头损失。

（2）管网平差基本原理及平差方法

计算环状管网时，通常是已确定了管网的管线布置和各管段的长度，并且管网各节点的流量为已知。因此，环状管网的水力计算乃是决定各管段的通过流量 Q、各管段的管径 D，并从而求出各管段的水头损失 h_f。

研究任一环状的管网，可以发现管网上管段数目 n_p、环数 n_l 和节点数目 n_j 存在下列关系：

$$n_p = n_l + n_j - 1$$

如上所述，管网中的每段管均有 Q 和 D 两个未知数。因此，进行环状管网水力计算时，未知数一共为 $2n_p = 2(n_l + n_j - 1)$ 个。

根据环状网的流动特点，水力计算应满足如下两个条件：

第一为连续性条件，即节点流量平衡：

$$\sum Q_i = 0 \tag{3-19}$$

第二为等机械能条件，即任一闭合的环路中，由一节点沿不同方向至另一个节点的水头损失应相等。若设同一环内顺时针方向水流所引起的水头损失为正值、逆时针方向的水头损失为负值，则该环内二者总和应等于零，即：

$$\sum h_f = \sum a_i l_i Q_i^2 = 0 \tag{3-20}$$

根据第一个条件，可以列出 $(n_j - 1)$ 个方程式 $\sum Q_i = 0$，除最后一个节点外，每一个节点均有独立的方程。再根据第二个条件，可以列出 n_l 个方程式 $\sum h_f = \sum a_i l_i Q_i^2 = 0$。因此，对环状管网可列出 $(n_l + n_j - 1)$ 个方程式。但未知数却有 $2(n_l + n_j - 1)$ 个，说明问题将有任意解。因此实际计算时，通常用经济流速确定各管段直径，从而使所求的未知数减少一半。这样，未知数与方程式数目一致，方程可解。环状管网计算实际上是对方程式（3-19）和方程式（3-20）联立求解。环状网在初步分配流量时，已经符合连续性方程式（3-19）的要求。但在选定管径和求得各管段水头损失以后，每环往往不能满足方程式（3-20）的要求。因此解环方程的环状网计算过程，就是在按初步分配流量确定的管径基础上，重新分配各管段的流量，反复计算，直到同时满足连续性方程组和能量方程组时为止，这一计算过程称为管网平差。

然而，这样求解非常繁杂，工程上多用逐步渐近法。首先，按各节点供水情况初拟各管段水流方向，并根据公式（3-19）进行流量初分配；其次，按所分配流量，用经济流速确定管径，再计算各管段的水头损失；最后，验算每一环的水头损失是否满足公式（3-20），如不满足，需对所分配的流量进行调整，重复以上步骤，逐次逼近，直至各环满足第二个水力条件，或闭合差 $\Delta h_f = \sum h_f$ 小于规定值。

3.2.4　分区给水系统

分区给水一般是根据城市地形特点将整个给水系统分成几区。每区有独立的泵站和管网等，但各区之间有适当的联系，以保证供水可靠和调度灵活。分区给水的原因，从技术上是使管网的水压不超过水管可以承受的压力，以免损坏水管和附件，并可减少漏水量；经济上的原因是降低供水能量费用，在给水区很大、地形高差显著或远距离输水时，有可能考虑分区给水问题。

图 3-5 表示给水区地形起伏、高差很大时采用的分区给水系统。其中图 3-5（a）是由同一泵站内的低压和高压水泵分别供给低区和高区用水，这种形式叫作并联分区。它的特点是各区用水分别供给，比较安全可靠；各区水泵集中在一个泵站内，管理方便；但因到高区的水泵扬程高，需用耐高压的输水管，增加了输水管长度和造价等。图 3-5（b）中，高、低两区用水均由低区泵站 2 供给，但高区用水再由高区泵站 4 加压，这种形式叫作串联分区。大城市的管网往往由于城市面积大、管线延伸很长，而导致管网水头损失过大。为了提高管网边缘地区的水压，而在管网中间设加压泵站或水库泵站加压，也是串联分区的一种形式。

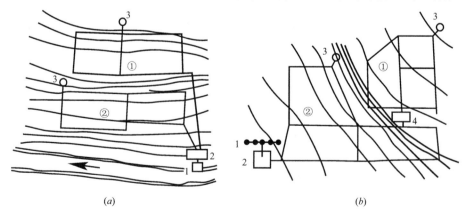

（a）　　　　　　　　　　　　　　　（b）

图 3-5　分区给水系统
（a）—并联分区；（b）—串联分区
①—高区；②—低区；1—取水构筑物；2—水处理构筑物和二级泵站；3—水塔或水池；4—高区泵站

3.3 取水工程概论

3.3.1 地表水主要取水构筑物

（1）地表水取水构筑物位置的选择

取水构筑物是水厂的门户，是确保水厂正常生产的首要部位，要求在任何情况下，能安全可靠地汲取质好量足的原水，因而，地面水取水构筑物位置的选择是否恰当，直接影响取水的水质和水量、取水的安全可靠性、投资施工及运行管理等。因此，正确合理选择取水位置是十分重要的环节，必须认真做好。要考虑以下一些基本要求：

1）具有稳定的河床和河岸，靠近主流，有足够的水深；

2）设在水质较好的地方；

3）具有良好的地质、地形及施工条件；

4）靠近主要用水地区；

5）应注意河流上人工构筑物或天然障碍物的影响；

6）避免冰凌的影响；

7）应与河流的综合利用相适应。

（2）地表水取水构筑物的分类

地表水取水构筑物应根据取水量、水质要求、取水河段的水文特征、河床岸边地形和地质条件进行选择，同时还必须考虑到对取水构筑物的技术要求和施工条件，经过技术和经济综合比较后确定。

地表水取水构筑物，按构造形式大致可分成三类：固定式取水构筑物、移动式取水构筑物和山区浅水河流取水构筑物。

1）固定式取水构筑物

固定式取水构筑物，按取水点位置和构造特点，一般可分成以下几种情况。

① 按位置可分为：岸边式、河床式（包括桥墩式）和斗槽式。

② 按结构类型可分为：合建式（图3-6、图3-7）、分建式和直接吸水式。

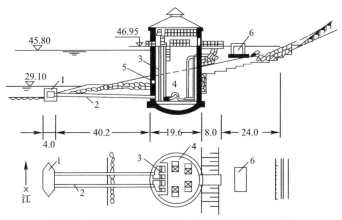

图 3-6 自流管取水构筑物（集水间与泵房合建）

1—取水头部；2—自流管；3—集水间；4—泵房；5—进水孔；6—阀门井

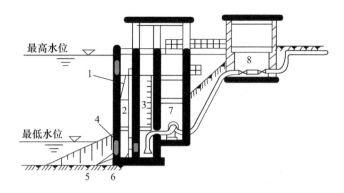

图 3-7 合建式岸边取水构筑物

1—进水间；2—进水室；3—吸水室；4—进水孔；5—格栅；6—格网；7—泵房；8—阀门井

③ 按水位可分为：淹没式和非淹没式。

④ 按采用泵型可分为：干式泵房和湿式泵房。

⑤ 按结构形状可分为：圆形、矩形、椭圆形、瓶形和连拱形等。

固定式取水构筑物在全国各地使用最多，取水量一般不受限制。其中岸边式、河床式采用比较普遍，而桥墩式、淹没式和斗槽式目前使用较少。

2）移动式取水构筑物

移动式取水构筑物可分为浮船式和缆车式。

① 浮船式：按水泵安装位置分上承式和下承式；按接头形式分阶梯式连接、摇臂式连接、带活动钢引桥的摇臂式连接及综合式；按船体材料分木船、钢丝网水泥船（钢筋混凝土）和钢船。

② 缆车式：按坡道形式分为斜坡式和斜桥式。

移动式取水构筑物适用于水位变化幅度在 10～35m 之间，取水规模以中小型为主，在长江中上游地区和南方水库中取水采用较为普遍。近年来，黄河流域和东北地区也有采用浮船取水。

3）山区浅水河流取水构筑物

山区浅水河流取水构筑物分为低坝式、底栏栅式和综合式。低坝式分为固定式低坝取水和活动式低坝取水（如橡胶坝、水力自动翻板闸、浮体闸等）。

山区浅水河流取水构筑物一般适用于山区上游河段，流量和水位变化幅度很大，而且枯水期的流量和水深又很小，甚至局部地段出现断流。

3.3.2 地下水主要取水构筑物

由于地下水类型、埋藏深度、含水层性质等各不相同，开采和取集地下水的方法和取水构筑物形式也各不相同。取水构筑物有管井、大口井、辐射井、复合井及渗渠等，其中以管井和大口井最为常见（图 3-8、图 3-9）。

大口井广泛应用于取集浅层地下水，地下水通常小于 12m，含水层厚度在 5～20m 之内。管井用于开采深层地下水。管井深度一般在 200m 以内，但最大深度也可达 1000m 以上。

渗渠可用于取集含水层厚度在 4～6m、地下水埋深小于 2m 的浅层地下水，也可取集河床地下水或地表渗透水。

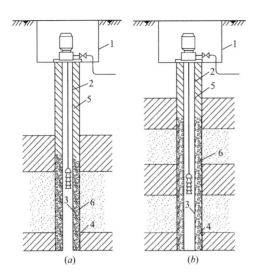

图 3-8 管井的一般构造

（*a*）单层过滤器管井；（*b*）双层过滤器管井

1—井室；2—井壁管；3—过滤器；4—沉淀管；

5—黏土封闭；6—规格填砾

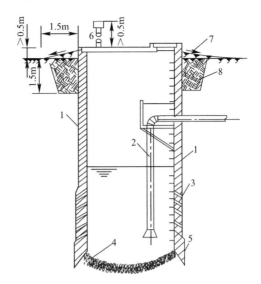

图 3-9 大口井的构造

1—井筒；2—吸水管；3—井壁透水孔；

4—井底反滤层；5—刃脚；6—通风管；

7—排水坡；8—黏土层

辐射井是由集水井和若干水平铺设的辐射形集水管组成。一般用于取集含水层厚度较薄而不能采用大口井的地下水。

3.4 给水处理常规工艺

3.4.1 给水处理概论

（1）原水中的杂质

自然界中的水处于不停的循环过程中，通过降水、径流、渗透和蒸发等方式循环不止。天然水源可分为地表水和地下水两大类。地表水按水体存在的方式有江河、湖泊、水库和海洋；地下水按水文地质条件可分为潜水（无压地下水）、自流水（承压地下水）和泉水。无论哪种水源，其原水中都可能含有不同形态、不同性质、不同密度和不同数量的各种杂质。水中的这些杂质，有的来源于自然过程的形成，例如地层矿物质在水中的溶解，水中微生物的繁殖及其死亡残骸，水流对地表及河床冲刷所带来的泥砂和腐殖质等；有的来源于人为因素的排放污染，其中数量最多的是人工合成的有机物，以农药和有机溶剂为主。

无论哪种来源的杂质，都可以分为无机物、有机物及微生物。按照杂质粒径大小可分为溶解物、胶体和悬浮物三类（表 3-2）。分类表中的颗粒尺寸均按球形颗粒计。

表 3-2 原水中杂质的分类

分散颗粒	溶解物		胶体颗粒		悬浮物			
	（低分子、离子）							
粒径	0.1nm	1nm	10nm	100nm	1μm	10μm	100μm	1mm

续表

分散颗粒	溶解物	胶体颗粒	悬浮物	
	(低分子、离子)			
分辨工具	质子显微镜可见	超显微镜可见	显微镜可见	肉眼可见
水溶液名称	真溶液	胶体溶液	悬浊液	
水溶液外观	透明	光照下浑浊	浑浊	明显浑浊

注：$1mm = 10^3 \mu m$，$1 \mu m = 10^3 nm$。

事实上，分散于水中的各种颗粒并非球形，因此表中仅给一个大概尺寸。应该指出的是，各类杂质的尺寸界限不是绝对划分，其中悬浮物和胶体之间的尺寸界限，根据颗粒形态和密度不同而略有变化。通常而言，粒径在 $100nm \sim 1\mu m$ 之间应属于胶体和悬浮物的过渡阶段。小颗粒悬浮物往往也具有一定的胶体特征，只有当粒径大于 $1\mu m$ 时，才与胶体有明显差别。

（2）处理方法概述

1）饮用水处理的目的和方法

天然水源的水质（尤其地表水源）一般都不能满足饮用水水质的要求。饮用水处理的目的就是通过必要的处理方法，使水源水达到饮用水水质标准，从而保证饮用水的卫生安全性。由于水源种类及其原水水质的不同，所用处理方法和工艺也各不相同。

地下水源水由于原水水质较好，处理方法比较简单，一般只需消毒处理即可。若原水中含铁、锰或氟超标时，需先进行相应处理。

地表水源水的成分比较复杂。当原水水质较好时，通常只是浊度和细菌类水质参数不合格，一般采用常规（传统）处理方法即可，即混凝、沉淀（气浮或澄清）、过滤和消毒。常规处理法仍是饮用水处理的主要方法，为多数国家所采用。

20 世纪 70 年代以来，由于环境污染使水源污染的成分更加复杂，特别是有机物污染，仅采用常规处理方法是不能使之去除的。为此，在常规处理的基础上往往还应增加预处理或深度处理方法。

2）处理工艺流程

① 典型的常规处理工艺

饮用水的常规处理主要是采用物理化学作用，使浑水变清（主要去除对象是悬浮物和胶体杂质）并杀菌灭活，使水质达到饮用水水质标准。

水处理工艺流程是由若干处理单元设施优化组合成的水质净化流水线。水的常规处理法通常是在原水中加入适当的促凝药剂（絮凝剂、助凝剂），使杂质微粒互相凝聚而从水中分离出去，包括混凝（凝聚和絮凝）、沉淀（或气浮、澄清）、过滤、消毒等。一般地表水源饮用水的处理就是这种方法。其工艺流程如图 3-10 所示。

图 3-10 地表水制取饮用水的常规处理工艺

② 饮用水的预处理和深度处理

对微污染饮用水原水的处理方法，除了要保留或强化传统的常规处理工艺之外，还应附加生化或特种物化处理工序。一般把附加在常规净化工艺之前的处理工序叫预处理；把附加在常规净化工艺之后的处理工序叫深度处理。

预处理和深度处理方法的基本原理，概括起来主要是吸附、氧化、生物降解、膜滤四种作用。即利用吸附剂的吸附能力去除水中有机物；或者利用氧化剂及光化学氧化法的强氧化能力分解有机物；或者利用生物氧化法降解有机物；或者以膜滤法分离去除大分子有机物。有时几种方法也可同时使用。因此，可根据水源水质，将预处理、常规处理、深度处理有机结合使用，以去除水中各种污染物质，保证饮用水水质。

3.4.2 混凝

简而言之，"混凝"就是水中胶体颗粒以及微小悬浮物的聚集过程。混凝阶段处理的对象，主要是水中的悬浮物和胶体杂质。它是自来水生产工艺中十分重要的环节。实践证明，混凝过程的完善程度对后续处理如沉淀、过滤影响很大，要充分予以重视。

（1）混凝机理

在整个混凝过程中，一般把混凝剂水解后和胶体颗粒碰撞，改变胶体颗粒的性质，使其脱稳，称为"凝聚"。在外界水力扰动条件下，脱稳后颗粒相互聚结，称为"絮凝"。"混凝"是凝聚和絮凝的总称。

水处理中的混凝过程比较复杂，不同种类的混凝剂在不同的水质条件下，其作用机理都有所不同。当前，看法比较一致的是，混凝剂对水中胶体颗粒的混凝作用有三种：电性中和、吸附架桥和卷扫作用。这三种作用机理究竟以何种为主，取决于混凝剂种类和投加量、水中胶体颗粒性质、含量以及水的 pH 值等。

① 电性中和

对于水中负电荷胶体颗粒而言，投加高价电解质（如三价铝或铁盐）时，正离子浓度和强度增加，可使胶粒周围更小范围内的反离子电荷总数和 ζ 电位值相等，压缩扩散层厚度。同时，当投加的电解质离子吸附在胶粒表面时，ζ 电位会降低，甚至于出现 $\zeta=0$ 的等电状态，此时排斥势能消失。实际上，只要 ζ 电位降至临界电位，$E_{max}=0$，胶体颗粒便开始产生聚结，这种脱稳方式被称为压缩双电层作用。

在混凝过程中，有时投加高化合价电解质，会出现胶粒表面所带电荷符号反逆重新稳定（再稳）现象。试验证明，当水中铝盐投量过多时，水中原来带负电荷的胶体可变成带正电荷的胶体。根据近代理论，这是由于带负电荷胶核直接吸附了过多的正电荷聚合离子的结果。这种现象仅从双电层作用机理静电学概念是解释不通的，同时，某些电中性及负电性的高分子物质也能起到混凝作用，于是便有了吸附架桥的混凝机理。

② 吸附架桥

吸附架桥机理是基于高分子物质的吸附架桥作用：当高分子链的一端吸附了某一胶粒后，另一端又吸附了另一胶粒，形成"胶粒-高分子-胶粒"的絮凝体。高分子物质性质不同，吸附力的性质和大小不同。当高分子物质投量过多时，全部胶粒的吸附面均被高分子覆盖，两胶粒接近时，就会受到高分子的阻碍而不能聚集，产生"胶体保护"现象。这种阻碍来源于高分子之间的相互排斥。排斥力可能来源于"胶粒-胶粒"之间高分子受到压缩变形（像弹簧被压缩一样）而具有排斥势能，也可能由于高分子之间的电性斥力（对带电高分子而言）或水化膜。因此，高分子物质投量过少不足以将胶粒架桥连接起来，投量过多又会产生胶体保护作用。最佳投量应是既能把胶粒架桥连接起来，又可使絮凝起来的最大胶粒不易脱落。在自来水生产中，高分子混凝剂投加量通常由试验决定。

③ 网捕或卷扫

当铝盐或铁盐混凝剂投量很大而形成氢氧化物沉淀时，可以网捕、卷扫水中胶粒一并产生沉淀分离，称为卷扫或网捕作用。这种作用，基本上是一种机械作用，所需混凝剂量与原水杂质含量成反比，即原水中胶体杂质含量少时，所需混凝剂多，水中胶体杂质含量多时，所需混凝剂少。

（2）混凝剂和助凝剂

1）混凝剂

为了促使水中胶体颗粒脱稳以及悬浮颗粒相互聚结投加的化学药剂统称为混凝剂。应用于自来水处理的混凝剂应符合以下基本要求：混凝效果良好；对人体健康无害；使用方便；货源充足，价格低廉。

混凝剂种类很多，按化学成分可分为无机和有机两大类，按分子量大小又分为低分子无机盐混凝剂和高分子混凝剂。无机混凝剂品种很少，目前用的最多的主要是铁盐和铝盐及其聚合物。有机混凝剂品种很多，主要是高分子物质，但在水处理中的应用比无机的少。常用的混凝剂见表 3-3。

表 3-3　常用的混凝剂

类别			名称
无机混凝剂	铝系	无机盐	硫酸铝
		高分子	聚合氯化铝（PAC）
			聚合硫酸铝（PAS）
	铁系	无机盐	三氯化铁
			硫酸亚铁
		高分子	聚合氯化铁（PFC）
			聚合硫酸铁（PFS）
	复合型高分子		聚硅氯化铝（PASiC）
			聚硅氯化铁（PFSiC）
			聚硅硫酸铝（PSiAS）
			聚合氯化铝铁（PAFC）
有机高分子混凝剂			聚丙烯酰胺（PAM）
			聚氧化乙烯（PEO）

2）助凝剂

当单独使用混凝剂不能取得较好的混凝效果时，常常需要投加一些辅助药剂以提高混凝效果，这种药剂称为助凝剂。

常用的助凝剂多是高分子物质，其作用往往是为了改善絮凝体结构，促使细小而松散的颗粒聚结成粗大密实的絮凝体。其作用机理是高分子物质的吸附架桥作用。有机高分子混凝剂 PAM、PEO 也可看成助凝剂，一般不独立使用。水厂使用的其他助凝剂有：骨胶、聚丙烯酰胺及其水解聚合物、活化硅酸、海藻酸钠等。

还有一类助凝剂，其作用机理有别于高分子助凝剂，是能提高混凝效果或改善混凝剂作用的化学药剂。例如，当原水碱度不足、铝盐混凝剂水解困难时，可投加碱性物质（通常用石灰或氢氧化钠）以促进混凝剂水解反应；当原水受有机物污染时，可用氧化剂（通常用氯气）破坏有机物干扰；当采用硫酸亚铁时，可用氯气将亚铁离子氧化成三价铁离子等。

（3）混凝动力学简介

要使杂质颗粒之间或杂质与混凝剂之间发生絮凝，一个必要条件是使颗粒相互碰撞。推动水中颗粒相互碰撞的动力来自两个方面：颗粒在水中的布朗运动和在水力或机械搅拌下所造成的水体运动。由布朗运动所引起的颗粒碰撞聚集称为"异向絮凝"；由水体运动所引起的颗粒碰撞聚集称为"同向絮凝"。

G 值是控制混凝效果的水利条件，故在絮凝设备中，往往以速度梯度 G 作为重要的控制参数之一。

$$G = \sqrt{\frac{p}{\mu}} \tag{3-21}$$

式中　μ——水的动力粘度，$Pa \cdot s$；

　　　p——单位体积水所消耗的功率，W/m^3。

当用机械搅拌时，公式（3-21）中的 p 由机械搅拌器提供。当采用水力絮凝池时，式中 p 应为水流本身能量消耗。

$$G = \sqrt{\frac{\rho g h}{\mu T}} = \sqrt{\frac{g h}{\nu T}} \text{ 或 } G = \sqrt{\frac{\gamma h}{\mu T}} \tag{3-22}$$

式中　h——混凝设备中的水头损失，m；

　　　γ——水的重度，$9800 N/m^3$；

　　　T——水流在混凝设备中的停留时间，s；

　　　g——重力加速度，$9.81 m/s^2$。

在混合阶段，对水流进行剧烈搅拌的目的主要是使药剂快速均匀地分散于水中，以利于混凝剂快速水解、聚合及颗粒脱稳。由于上述过程进行很快（特别对铝盐和铁盐混凝剂而言），故混合要快速剧烈，通常在 $10 \sim 30s$ 至多不超过 $2min$ 即可完成。搅拌强度按速度梯度计，一般 G 在 $700 \sim 1000 s^{-1}$。在此阶段，水中杂质颗粒微小，同时存在一定程度的颗粒间异向絮凝。

在絮凝阶段，主要依靠机械或水力搅拌，促使颗粒碰撞聚集，故以同向絮凝为主。同向絮凝效果，不仅与速度梯度 G 值的大小有关，还与絮凝时间 T 有关，所以在絮凝阶段，通常以 G 值和 GT 值作为控制指标。在絮凝过程中，絮凝体尺寸逐渐增大。由于大的絮凝体容易破碎，故自絮凝开始至结束，G 值应渐次减小。采用机械搅拌时，搅拌强度应逐渐减小；采用水力絮凝池时，水流速度应逐渐减小。絮凝阶段，平均 G 值在 $20 \sim 70 s^{-1}$ 范围内，平均 GT 值在 $1 \times 10^4 \sim 1 \times 10^5$ 范围内。

（4）影响混凝效果的主要因素

影响混凝效果的因素比较复杂，其中包括水温、pH 值、碱度、水中杂质性质和浓度以及水力条件等。有关水力条件的影响已在上面介绍。

1）水温影响

水温对混凝效果有明显的影响。在我国寒冷地区，冬季取用地表水作为原水，水温有时低至 0～2℃。受低温影响，通常絮凝体形成缓慢，絮凝颗粒细小、松散，其原因主要有以下几点：

① 无机盐混凝剂水解是吸热反应，低温条件下水解困难，特别是硫酸铝，当水温在 5℃ 左右时，水解速度很缓慢；

② 低温水的黏度大，水中杂质颗粒布朗运动强度减弱，碰撞几率减少，不利于胶粒脱稳凝聚，同时，水的黏度大时，水流剪力增大，不利于絮凝体的成长；

③ 水温低时，胶粒水化作用增强，妨碍胶体凝聚；

④ 水温影响水的 pH 值，水温低时，水的 pH 值提高，相应的混凝最佳 pH 值也将提高。

2）pH 值影响

各种混凝剂都有一个合适的 pH 适用范围，所以水的 pH 值对混凝效果的影响程度视混凝剂品种而异。以硫酸铝为例，用以去除浊度时，最佳 pH 值在 6.5～7.5 之间，絮凝作用主要是氢氧化铝聚合物的吸附架桥和羟基配合物的电性中和作用；用以去除色度时，pH 值宜在 4.5～5.5 之间。

采用三价铁盐混凝剂时，由于 Fe^{3+} 水解产物溶解度比 Fe^{2+} 水解产物溶解度小，且氢氧化铁不是典型的两性化合物，故适用的 pH 值范围较宽。

高分子混凝剂的混凝效果受水的 pH 值影响较小。例如聚合氯化铝在投入水中前聚合物形态基本确定，故对水的 pH 值变化适应性较强。

3）碱度

为使混凝剂产生良好的混凝作用，水中必须有一定的碱度。混凝剂在水解过程中不断产生 H^+，从而导致水的 pH 值不断下降，阻碍了水解反应的进行，因此，应有足够的碱性物质与 H^+ 中和，才能有利于混凝。

天然水体中能够中和 H^+ 的碱性物质称为水的碱度。其中包括氢氧化物碱度（OH^-）、碳酸盐碱度（CO_3^{2-}）和重碳酸盐碱度（HCO_3^-）。一般水源水 pH 值在 6～9，水的碱度主要是 HCO_3^- 构成的重碳酸盐碱度，对于混凝剂水解产生的 H^+ 有一定中和作用：

$$HCO_3^- + H^+ \rightleftharpoons CO_2 + H_2O$$

当原水碱度不足或混凝剂投量较高时，水的 pH 值将大幅度下降以至影响混凝剂继续水解。此时，应投加碱性物质如石灰等以提高碱度。

4）水中杂质性质和浓度

天然水的浊度主要是由黏土杂质引起的，黏土颗粒大小、带电性能都会影响混凝效果。一般来说，粒径细小而均一，其混凝效果较差，水中颗粒浓度低，颗粒碰撞概率小，对混凝不利。为提高低浊度原水的混凝效果，通常采用以下措施：①加助凝剂，如活化硅酸或聚丙烯酰胺等。②投加矿物颗粒（如黏土等）以增加混凝剂水解产物的凝结中心，提高颗粒碰撞速率并增加絮凝体密度。如果矿物颗粒能吸附水中有机物，效果更好，能同时达到去除部分有机物的效果。③采用直接过滤法，即原水投加混凝剂后经过混合直接进入滤池过滤。

当水中存在大量有机物时，能被黏土颗粒吸附，从而改变原有胶粒的表面特性，使胶粒更加稳定，将严重影响混凝剂的混凝效果，此时必须向水中投加大量氧化剂如氯、臭氧等，破坏有机物的作用，提高混凝效果。

水中溶解性盐类也能影响混凝效果，如天然水中存在大量 Ca^{2+}、Mg^{2+} 时，有利于混凝，而大量的 Cl^-，则影响混凝效果。

（5）混凝剂的配制和投加

1）混凝剂的溶解稀释和溶液配制

在我国，混凝剂投加通常是将固体溶解后配成一定浓度的溶液投入水中。

溶解设备的选择取决于水厂规模和混凝剂品种。大、中型水厂通常建造溶解池并配以搅拌装置。搅拌装置有机械搅拌、压缩空气搅拌及水力搅拌等。其中机械搅拌使用得较多，它是以电动机驱动浆板或涡轮搅动溶液；压缩空气搅拌常用于大型水厂，通过穿孔布气管向溶解池内通入压缩空气进行搅拌，其优点是没有与溶液直接接触的机械设备，使用维修方便，但与机械搅拌相比，动力消耗大，溶解速度稍慢，并需专设一套压缩空气系统；溶解池药液用水泵抽送回溶解池，形成水力搅拌，水力搅拌也可用水厂二级泵站高压水冲动药剂。当直接使用液态混凝剂时，不必设置溶解池。

溶液池是配制一定浓度溶液的构筑物，用耐腐蚀泵或射流泵将溶解池内的浓液送入溶液池，同时用自来水稀释到所需浓度以备投加。

2）混凝剂投加

混凝剂投加设备包括计量和投加两部分。根据不同投加方式或投加量控制系统，所用设备有所不同。

① 计量设备

混凝药液投入原水中必须有计量或定量设备，并能随时调节。计量设备多种多样，应根据具体情况选用。常用的计量设备有苗嘴（仅适用于人工控制）、转子流量计、电磁流量计、计量泵（可人工控制，也可自动控制）等。

② 混凝剂投加

由混凝剂溶解池、储液池到溶液池，或从低位溶液池到重力投加的高位溶液池，均需设置药液提升设备（如耐腐蚀泵和水射器），之后进行投加。投加方式（设备）有以下几种：

a. 泵前投加

药液投加在水泵吸水管或吸水喇叭口处，安全可靠，操作简单，一般适用于取水泵房距水厂较近的小型水厂。

b. 高位溶液池重力投加

当取水泵房距水厂较远时，应建造高架溶液池利用重力将药液投入水泵压水管上，或者投加在混合池入口处。

c. 水射器投加

利用高压水通过水射器喷嘴和喉管之间真空抽吸作用，将药液吸入，同时注入原水管中。

d. 泵投加

泵投加混凝剂有两种形式，一种是耐腐蚀离心泵配置流量计装置投加，另一种是计量泵投加。计量泵一般为柱塞式计量泵和隔膜式计量泵，不另配备计量装置。柱塞式计量泵适用于投加压力很高的场合。

（6）混合和絮凝设备

1）混合设备

混凝剂投加到水中后，水解速度很快。迅速分散混凝剂，使其在水中的浓度保持均匀一致，有利于混凝剂水解时生成较为均匀的聚合物，更好发挥絮凝作用。所以，混合是提高混凝效果的重要因素。

混合设备的基本要求是，药剂与水快速均匀地混合。混合设备种类较多，应用于水厂混合的大致分为水泵混合、管式混合、机械混合等。

① 水泵混合

水泵抽水时，水泵叶轮高速旋转，投加的混凝剂随水流在叶轮中产生涡流，很容易达到均匀分散的目的。它是一种较好的混合方式，适合于大、中、小型水厂。水泵混合无需另建混合设施或构筑物，设备最为简单，所需能量由水泵提供，不必另外增加能源。

经混合后的水流不宜长距离输送，以免形成的絮凝体在管道中破碎或沉淀。一般适用于取水泵房靠近水厂絮凝构筑物的场合。

② 管式混合

利用水厂絮凝池进水管中水流速度变化，或通过管道中阻流部件产生局部阻力，扰动水体发生湍流的混合称为管式混合。目前广泛使用的是管式静态混合器混合（图 3-11）。

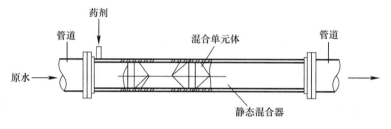

图 3-11　管式静态混合器

③ 机械搅拌混合

机械搅拌混合是在混合池内安装搅拌设备，以电动机驱动搅拌器完成的混合。水池多为方形，用一格或两格串联。混合搅拌器有多种形式，如桨板式、螺旋桨式、涡流式，以立式桨板式搅拌器使用最多。

2）絮凝设备

和混合一样，絮凝是通过水力搅拌或机械搅拌扰动水体，产生速度梯度或涡旋，促使颗粒相互碰撞聚结。

絮凝设备的基本要求是，原水与药剂经混合后，通过絮凝设备形成较大的密实絮凝体。絮凝池形式较多，概括起来分为水力搅拌式和机械搅拌式，常见的有折板絮凝池、机械搅拌絮凝池和网格（栅条）絮凝池。

① 折板絮凝池

折板絮凝池是水流多次转弯曲折流动进行絮凝的构筑物。折板絮凝池通常采用竖流式，相当于竖流平板隔板改成具有一定角度的折板。折板转弯次数增多后，转弯角度减少。这样，既增加折板间水流紊动性，又使絮凝过程中的 G 值由大到小缓慢变化，适应了絮凝过程中絮凝体由小到大的变化规律，从而提高了絮凝效果。

大、中型规模水厂的折板絮凝池每档流速流经多格，被称为多通道折板絮凝池（图 3-12）。小型规模水厂的折板絮凝池可不分格，水流直接在相邻两道折板间上下流动，即为单通道折板絮凝池（图 3-13）。

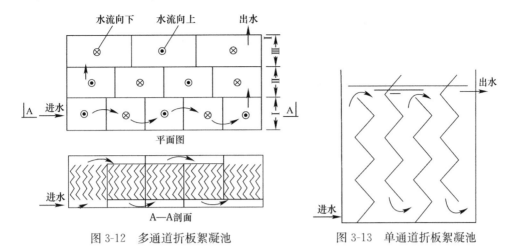

图 3-12 多通道折板絮凝池　　　　　　图 3-13 单通道折板絮凝池

折板絮凝池的优点是：水流在同波折板之间曲折流动或在异波折板之间缩、放流动且连续不断，以至形成众多的小涡旋，提高了颗粒碰撞絮凝效果。与隔板絮凝池相比，水流条件大大改善，亦即在总的水流能量消耗中，有效能量消耗比例提高，故所需絮凝时间可以缩短，池子体积减小。从实际生产经验得知，絮凝时间在 15～20min 为宜。

折板絮凝池因板距小，安装维修较困难，折板费用较高。

② 机械搅拌絮凝池

机械搅拌絮凝池是通过电动机变速驱动搅拌器搅动水体，因桨板前后压力差促使水流运动产生漩涡，导致水中颗粒相互碰撞聚结的絮凝池。该絮凝池可根据水量、水质和水温变化调整搅拌速度，故适用于不同规模的水厂。根据搅拌轴安装位置，又分为水平轴和垂直轴两种形式（图 3-14）。其中，水平轴搅拌絮凝池适用于大、中型水厂；垂直搅拌装置安装简便，可用于中、小型水厂。

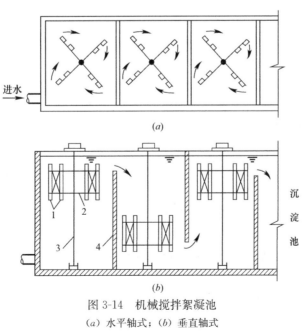

图 3-14 机械搅拌絮凝池

(a) 水平轴式；(b) 垂直轴式

1—桨板；2—叶轮；3—旋转轴；4—隔墙

43

③ 网格（栅条）絮凝池

网格（栅条）絮凝池由多格竖井组成，每格竖井中安装若干层网格或栅条，上下交错开孔，形成串联通道。

网格（栅条）絮凝池具有速度梯度分布均匀、絮凝效果好、水头损失小、絮凝时间较短的优点。不过，根据运行经验，还存在末端池底积泥现象，少数水厂发现网格上滋生藻类、堵塞网眼现象。

图 3-15、图 3-16 为网格、栅条构件图及絮凝池平面布置图。

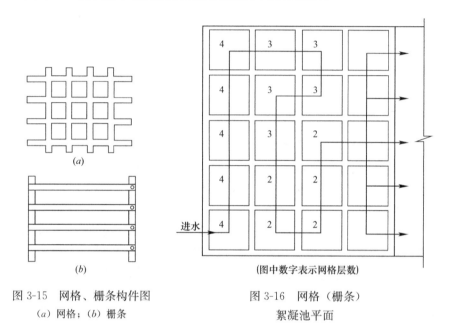

图 3-15 网格、栅条构件图
(a) 网格；(b) 栅条

图 3-16 网格（栅条）
絮凝池平面

（图中数字表示网格层数）

3.4.3 沉淀和澄清

水中固体颗粒依靠重力作用，从水中分离出来的过程称为沉淀。按照水中固体颗粒的性质，有自然沉淀、混凝沉淀、化学沉淀三种沉淀。

水处理过程中，沉淀是原水或经过加药、混合、反应的水，在沉淀设备中依靠颗粒的重力作用进行泥水分离的过程，作为净水工艺中非常重要的环节，应予以充分重视。

（1）平流式沉淀池

平流式沉淀池为矩形水池，上部是沉淀区，或称泥水分离区，底部为存泥区。经混凝后的原水进入沉淀池，沿进水区整个断面均匀分布，经沉淀区后，水中颗粒沉于池底，清水由出水口流出，存泥区的污泥通过吸泥机或排泥管排出池外。

1）平流式沉淀池的构造

平流式沉淀池分为进水区、沉淀区、出水区和存泥区四部分（图 3-17）。

① 进水区

进水区的主要功能是使水流分布均匀，减小紊流区域，减少絮凝体破碎。通常采用穿孔花墙、栅板等布水方式。从理论上分析，欲使进水区配水均匀，应增大进水流速来增大过孔水头损失。如果增大水流过孔流速，势必增大沉淀池的紊流段长度，造成絮凝颗粒破碎。目前，大多数沉淀池属混凝沉淀，而进水区或紊流区段占整个沉淀池长度比例很小，故首先考虑絮凝体的破碎影响，所以多按絮凝池末端流速作为过孔流速设计穿孔墙过水面积。

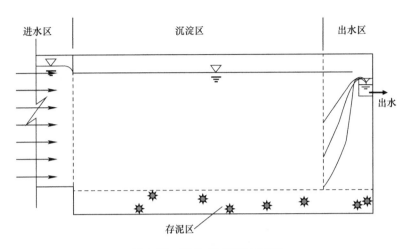

图 3-17　平流式沉淀池示意图

② 沉淀区

沉淀区即为泥水分离区，由长、宽、深尺寸决定。根据理论分析，沉淀池深度与沉淀效果无关。但考虑到后续构筑物，不宜埋深过大。沉淀池长度 L 与水量无关，而与水平流速 v 和停留时间 T 有关。一般要求长深比（L/H）大于 10，即水平流速是截留速度的 10 倍以上。沉淀池宽度 B 和处理水量有关。宽度 B 越小，池壁的边界条件影响就越大，水流稳定性越好。设计要求长宽比（L/B）大于 4。

③ 出水区

沉淀后的清水在池宽方向能否均匀流出，对沉淀效果有较大影响。多数沉淀池出水采用集水管、集水渠集水，出水集水管、渠多采用溢流堰出流、锯齿堰出流、淹没孔口出流等形式。

目前，新建沉淀池大多采用增加集水堰长或指形出水槽集水，效果良好。加长堰长或指形槽集水，相当于增加沉淀池的中途集水作用，既降低了堰口负荷，又因集水槽起端集水后，减少后段沉淀池中水平流速，有助于提高沉淀去除率或提高沉淀池处理水量。

④ 存泥区和排泥方法

平流式沉淀池下部设有存泥区，排泥方式不同，存泥区高度不同。小型沉淀池设置的斗式、穿孔管排泥方式，需根据设计的排泥斗间距或排泥管间距设定存泥区高度。多年来，平流式沉淀池普遍使用了机械排泥装置，池底为平底，一般不再设置排泥斗、泥槽和排泥管。

桁架式机械排泥装置分为泵吸式和虹吸式两种。其中虹吸式排泥是利用沉淀池内水位和池外排水渠水位差排泥，节约泥浆泵和动力。当沉淀池内水位和池外排水渠水位差较小，虹吸排泥管不能保证排泥均匀时可采用泵吸式排泥。

上述两种排泥装置安装在桁架上，利用电机、传动机驱动滚轮，沿沉淀池长度方向运动。为排出进水端较多积泥，有时设置排泥机在前 1/3 长度处返还一次。机械排泥较彻底，但排出积泥浓度较低。为此，有的沉淀池把排泥设备设计成只刮不排装置，即采用牵引小车或伸缩杆推动刮泥板，把沉泥刮到底部泥槽中，由泥位计控制排泥管排出。

2）影响沉淀效果主要因素

水处理过程中，沉淀池因受外界风力、温度、池体构造等影响，会偏离理想沉淀条件，主要在以下几个方面影响了沉淀效果。

① 短流影响

在理想沉淀池中，垂直于水流方向的过水断面上各点流速相同，在沉淀池的停留时间 t_0 相同。而在实际沉淀池中，有一部分水流通过沉淀区的时间小于 t_0，而另一部分则大于 t_0，该现象称为短流。引起沉淀池短流的主要原因有：

a. 进水惯性作用，使一部分水流流速变快；

b. 出水堰口负荷较大，堰口上产生水流抽吸，近出水区处出现快速水流；

c. 风吹沉淀池表层水体，使水平流速加快或减慢；

d. 温差或过水断面上悬浮颗粒密度差、浓度差，产生异重流，使部分水流水平流速减慢，另一部分水流流速加快或在池底绕道前进；

e. 沉淀池池壁、池底、导流墙摩擦，刮（吸）泥设备的扰动使一部分水流水平流速减小。

② 水流状态影响

在平流式沉淀池中，雷诺数 Re 和弗劳德数 Fr 是反映水流状态的重要指标。水流属于层流或是紊流用雷诺数 Re 判别。

雷诺数 Re 是反映水流紊动性（即水流随空间变化的程度）的指标，Re 大表明水流紊动剧烈。对于平流式沉淀池这样的明渠流，$Re<500$，水流处于层流状态；$Re>2000$，水流处于紊流状态。大多数平流式沉淀池的 $Re=4000\sim20000$，显然处于紊流状态。在水平流速方向以外产生脉动分速，并伴有小的涡流体，对颗粒沉淀产生不利影响。

水流稳定性以弗劳德数 Fr 判别，表明水流状态随时间的变化程度，Fr 值大，抵抗外界干扰能力增强，水流受到干扰，恢复速度快，水流易趋于稳定。

在实际沉淀池中存在许多干扰水流稳定的因素，提高沉淀池的水平流速和 Fr 值，异重流等影响将会减弱。

沉淀池水流的判据是雷诺数要小，使水流处于层流（湍流）状态；弗劳德数要大，保持水流少受外界干涉。

增大沉淀池湿周（过水断面与水流隔板接触长度之比）可以增大 Fr 和减小 Re，是一举两得的办法，因而沉淀池增加纵向隔板、增加斜板斜管，可以大幅提高沉淀效率。

③ 絮凝作用影响

平流式沉淀池水平流速存在速度梯度以及脉动分速，伴有小的涡流体。同时，沉淀颗粒间存在沉速差别，因而导致颗粒间相互碰撞聚结，进一步发生絮凝作用。水流在沉淀池中停留时间越长，则絮凝作用越加明显。这一作用有利于沉淀效率的提高，但同理想沉淀池相比，也视为偏离基本假定条件的因素之一。

（2）斜板与斜管沉淀池

1）浅池沉淀原理

从平流式沉淀池内颗粒沉降过程分析和理想沉淀原理可知，悬浮颗粒的沉淀去除率仅与沉淀池沉淀面积有关，而与池深无关。在沉淀池容积一定的条件下，池深越浅，沉淀面积越大，悬浮颗粒去除率越高，此即"浅池沉淀原理"。

按此推算，沉淀池分为 n 层，其处理能力是原来沉淀池的 n 倍。但是，如此分层排出沉泥有一定难度。为解决排泥问题，把众多水平隔板改为倾斜隔板，并预留排泥区间，这就变成了斜板沉淀池。用管状组件（组成六边形、四边形断面）代替斜板，即为斜管沉淀池。

2）斜板与斜管沉淀池分类及构造

在斜板沉淀池中，按水流与沉泥相对运动方向可分为上向流、同向流和侧向流三种形式。而斜管沉淀池只有上向流、同向流两种形式。水流自下而上流出，沉泥沿斜管、斜板壁面自动滑下，称为上向流沉淀池。水流水平流动，沉泥沿斜板壁面滑下，称为侧向流斜板沉淀池。

斜板（或斜管）沉淀池沉淀面积是众多斜板（或斜管）的水平投影和原沉淀池面积之和，沉淀面积很大，从而减小了截留速度。

图 3-18 表示斜管沉淀池的一种布置实例示意图。斜管区由六角形截面的蜂窝状斜管组件组成。斜管与水平面呈 60°角，放置于沉淀池中。原水经过絮凝区进入斜管沉淀池下部。水流自下向上流动，清水在池顶用穿孔集水管收集；污泥则在池底用穿孔排污管收集，排入下水道。

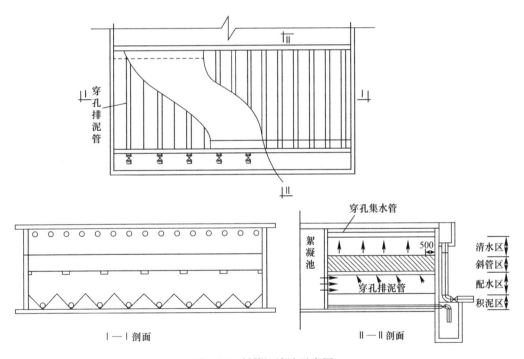

图 3-18 斜管沉淀池示意图

（3）澄清池

1）澄清原理

前文中涉及的絮凝和沉淀分属于两个过程，并在两个单元中完成，可以概括为絮凝池内待处理水中的脱稳杂质通过碰撞结合成相当大的絮凝体，随后通过重力作用在沉淀池内下沉。

澄清池则把絮凝和沉淀这两个过程集中在同一个构筑物内进行，主要依靠活性泥渣层的拦截和吸附达到澄清的目的。当脱稳杂质随水流与泥渣层接触时，被泥渣层阻留下来，从而使水澄清。这种把泥渣层作为接触介质的过程，实际上也是絮凝过程，一般称为接触絮凝。在澄清池中通过机械或水力作用悬浮保持着大量的矾花颗粒（泥渣层），进水中经混凝剂脱稳的细小颗粒与池中保持的大量矾花颗粒发生接触絮凝反应，被直接黏附在矾花上，然后再在澄清池的分离区与清水进行分离。而澄清池的排泥措施，能不断排除多余的陈旧泥渣，其排泥量相当于新形成的活性泥渣量。故泥渣层始终处于新陈代谢状态中，保持接触絮凝的活性。

2）澄清池的应用

澄清池的种类很多，但从净化作用原理和特点上划分，可归纳成两类，即泥渣接触过滤型（或悬浮泥渣型）澄清池和泥渣循环分离型（或回流泥渣型）澄清池，其中后者应用较多。

澄清池适用于原水低浊度、高色度的水质，为保证高色度的去除，常需过量投加混凝剂，以中和水中色度物质（如腐殖酸）的电位。但形成泥渣絮体黏接架桥功能未充分发挥，故采用悬浮-循环泥渣的方法来提高去除色度的效率。

3.4.4 过滤

过滤是水中悬浮颗粒经过具有孔隙的滤料层被截留分离出来的过程。滤池是实现过滤功能的构筑物，通常设置在沉淀池或澄清池之后。在常规水处理过程中，一般采用颗粒无烟煤、石英砂、重质矿石（如石榴石）等作为滤料截留水中杂质，从而使水进一步变清。过滤不仅可以进一步降低水的浊度，而且水中部分有机物、细菌、病毒等也会附着在悬浮颗粒上一并去除。至于残留在水中的细菌、病毒等失去悬浮颗粒的保护后，在后续的消毒工艺中将更容易被杀灭。在饮用水净化工艺中，当原水常年浊度较低时，有时沉淀或澄清构筑物可以省略，但是过滤是不可缺少的处理单元，它是保障饮用水卫生安全的重要措施。

（1）过滤概述

在水处理过程中，滤池的形式多种多样，但其截留水中杂质的原理基本相同，依据滤池在滤速、构造、滤料和滤料组合、冲洗方法等方面的区别，可以对滤池进行分类。

常用滤池有双阀滤池、无阀滤池、双层滤料滤池、V形滤池。

常见滤池运行的技术参数主要有以下几项。

1）滤速：是指单位过滤面积在单位时间内的滤过水量。滤速是用来衡量滤池工作强度的一项重要指标，其计量单位通常以 m/h 表示。

2）水头损失：是指水流在过滤过程中单位质量液体损失的机械能，其计量单位通常为 m。

3）冲洗周期（过滤周期、滤池工作周期）：指的是滤池冲洗完成开始运行到再次进行冲洗的整个间隔时间，其计量单位通常为 h。

4）冲洗强度：是指滤池冲洗操作时，单位滤层面积所通过冲洗水/气的流量，分为气洗强度与水洗强度，其单位为 L/(s·m²)。

5）滤池膨胀度：反冲洗阶段，滤层膨胀后增加的厚度与膨胀前厚度之比。

6）杂质穿透深度：在过滤过程中，自滤层表面向下到某一深度，若该深度的水质刚好符合滤后水水质要求，则该深度为杂质穿透深度。

（2）过滤基本理论

科学研究表明，悬浮颗粒的去除机理主要涉及迁移机理和黏附机理两个部分。

1）颗粒的迁移机理

悬浮颗粒发生的迁移现象一般认为是由以下几种作用引起：沉淀、扩散、惯性、阻截、水动力。

当悬浮颗粒接近滤料表面时，水流速度较小，这时在重力的作用下，颗粒脱离流线，产生沉淀作用。

较小的悬浮颗粒受布朗运动的影响，运动至滤粒表面，产生扩散作用。

由于悬浮颗粒具有的惯性，颗粒脱离流线被抛至滤粒表面，产生惯性作用。

大尺寸悬浮颗粒沿着流线运动，直接接触滤料表面，产生阻截作用。

由于孔隙通道曲折，滤层孔隙中的水流是一个非均匀流流场，非球体颗粒受速度梯度的影响，产生旋转并跨越流线做横向运动抵达滤粒表面，产生水动力作用。

2）颗粒的黏附机理

颗粒的黏附是一种物理化学作用，可以分两种情况来讨论。一种情况是，当悬浮颗粒接触滤粒表面，它们之间的范德华力、某些化学键或特殊化学吸附力大于静电斥力时，悬浮颗粒直接产生黏附。另一种情况是，依靠高分子架桥作用，悬浮颗粒与滤粒表面间接产生黏附；当使用阳离子聚合物混凝剂（如聚合氯化铝）时，这种间接产生黏附的现象就很普遍。

（3）滤料

滤池是通过滤料层来截留水中悬浮固体的，所以滤料层是滤池最基本的组成部分。好的滤料可以保证滤池具有较低的出水浊度与较长的过滤周期，以及反冲洗时滤料不易破损跑漏等优势，所以滤料的选择十分重要。

1）滤料的选择条件

① 有足够的机械强度，以免在冲洗过程中颗粒发生过度的磨损而破碎。

② 具有足够的化学稳定性。

③ 能就地取材，性价比更高。

④ 具有适当的级配与孔隙率。

2）滤料的级配

滤料粒径级配指滤料中各种粒径颗粒所占的重量比例。粒径指的是正好可通过某一筛孔的孔径。

① 有效粒径

d_{10}：粒径分布曲线上小于该粒径的滤料含量占总滤料质量 10% 的粒径称为有效粒径，也指通过滤料重量 10% 的筛孔孔径。

② 不均匀系数

$$K_{80} = \frac{d_{80}}{d_{10}} \tag{3-23}$$

式中　d_{10}——通过滤料重量 10% 的筛孔孔径；

d_{80}——通过滤料重量 80% 的筛孔孔径。

d_{10} 反映了细颗粒的直径，d_{80} 反映了粗颗粒的直径；K_{80} 是 d_{80} 与 d_{10} 之比，K_{80} 越大表示粗细颗粒尺寸相差越远，滤料粒径也越不均匀，均匀性越差，下层含污能力便越低。反冲洗后，滤料易出现上细下粗的现象，这对过滤是很不利的。

3）单、双、多层滤料

理想状态下，滤料颗粒的粒径应该自上而下由粗变细排列，滤层的孔隙度也自上而下由大变小。这样，絮体可以积到滤层深层，分布到整个滤层，从而提高了滤层的截污能力，这种滤层被称为"反粒度"滤层。这种理想滤层往往是不容易实现的。在长期的生产实践中发展起来的双层、多层滤料就是为了让滤层结构接近理想滤层，从而提高滤层截污能力，提高滤速，改善滤后水质，延长过滤周期。

除应用双层、多层滤料可以改善滤料粒径分布状况外，采用较粗均质滤料也可以在一定程度上提高滤池工作效率。均匀级配滤料的不均匀系数 K_{80} 一般为 1.3～1.4，不超过 1.6。

（4）承托层

1）承托层的作用

① 在水过滤时防止滤料从集水系统中流失。

② 在水过滤时均匀收集滤后水。

③ 在反冲洗时可起到一定的均匀布水辅助作用。

2）承托层的组成

承托层由若干层卵石，或者经破碎的石块、重质矿石构成，并按上小下大的顺序排列。承托层最上一层与滤料直接接触，需根据滤料底部的粒度来定材料的大小。最下一层承托层与配水系统接触，需根据配水孔的大小来确定材料的大小。当滤池采用小阻力配水系统时，仍需设置承托层。

（5）配水系统

1）配水系统的作用

配水系统位于滤池的底部，作用在于使冲洗水在整个滤池面积上均匀分布。此外，在过滤时，配水系统还起到了均匀集水的作用。

2）配水系统的组成

配水均匀性对冲洗效果影响很大。配水不均匀，部分滤层膨胀不足，而部分滤层膨胀过度，甚至会造成部分承托层发生移动，造成漏砂现象。当滤料一经选定后，要达到配水的均匀性，有两种途径可以选择，一是加大布水孔孔眼的阻力，二是减小管道的水力阻抗值。由此，配水系统可以分为两大类型：大阻力配水系统与小阻力配水系统。

① 大阻力配水系统

大阻力配水系统是以增加孔口阻力来取得配水均匀性。通过大阻力配水系统时，反冲洗水的水头损失一般大于 3m；其主要形式为带有干管和穿孔支管的"丰"字形配水系统。

大阻力配水系统主要优点是配水均匀性好；但其结构复杂，因此检修困难；又因其冲洗时水头损失过大，所以冲洗时动力消耗较大。

② 小阻力配水系统

大阻力配水系统是以增加孔口阻力来取得配水均匀性，而小阻力配水系统是靠减少干管（渠）和支管的流速，达到减小干管、支管的水头损失，从而使配水系统中的压力变化对布水均匀性的影响尽可能小，在此基础上可以减小孔口的阻力系数。按照这种原理建造的配水系统称为小阻力配水系统，其最大的优点在于减小冲洗水的水头损失，降低能耗。小阻力配水系统的型式与材料多种多样，常见的几种有钢筋混凝土穿孔滤板、穿孔滤砖、滤头等。

（6）滤池冲洗

滤池冲洗的目的是使滤料层中截留的悬浮杂质得到清洗，使得滤池恢复过滤能力。在一定冲洗强度下，滤料颗粒由于水流的作用会膨胀，这时滤料既有向上悬浮的趋势，又由于自身重力有下沉的趋势，因而滤料颗粒之间产生相互碰撞摩擦，水流的剪力也会对滤料形成冲刷，滤料上的悬浮杂质便由此剥离随冲洗水进入排水系统。

1）冲洗方法

① 高速水流反冲洗

高速水流反冲洗是利用流速较大的反向水流冲洗滤料层，使得整个滤层达到流态化状态，且具有一定的膨胀度。高速水流反冲洗的方法操作方便，池子结构设备简单，是我国应用较广的一种冲洗方法。

单纯用反冲洗水剥离滤料表面所沉积的悬浮杂质的能力是有限的，有时单纯用反冲洗的效果并不理想。为改进冲洗效果，反冲洗常常辅以表面冲洗与气洗。

② 表面助冲加高速水流反冲洗

表面冲洗指从滤池上部，用喷射水流向下对滤料进行清洗的操作。表面冲洗设备有固定式和旋转式两种，这两种表面冲洗装置都是利用喷嘴所提供的射流冲刷作用。

与单水反冲洗相比，加表面辅助冲洗的方法对滤料表面沉积的悬浮杂质颗粒所产生的剥离作用大得多。装有表面冲洗设备的滤池，反冲洗和表面冲洗间的适当配合是取得良好冲洗效果的关键。

③ 气、水反冲洗

高速水流反冲洗虽然操作方便，池子和设备比较简单，但冲洗耗水量较大，冲洗结束后，滤料上细下粗的现象比较明显。采用气、水反冲洗方法既可以提高冲洗效果，又节省了冲洗水量。同时，由于加入了气洗，冲洗时滤料的膨胀度要求降低，较小的膨胀度减缓了滤层产生上细下粗分层现象，即保持了原来的滤层结构，从而提高了滤层的含污能力。但气洗需要增设气冲设备（鼓风机或空压机和储气罐），池子的结构与冲洗的操作部分也比较复杂。气、水反冲洗的效果在于：利用上升气泡的振动可以有效地将附着于滤料表面的杂质剥离。由于气泡可以有效地使滤料表面的污物脱离，故水冲洗强度可以降低，即可以采用较低的反冲洗强度。气、水反冲洗操作方式有：先气冲，然后水冲；先气冲，然后气—水同时反冲，最后水冲。

2）排水系统

滤池冲洗废水由冲洗排水槽和废水渠排出。在过滤时，它们往往也是分布待滤水的设备。

① 系统结构

冲洗时，废水由冲洗排水槽两侧溢入槽内，各槽内的废水汇集到废水渠，再由废水渠末端排水竖管排入下水道。

② 冲洗水的供给

冲洗水的供给方式一共有两种：一是利用高位水箱，二是利用冲洗水泵。滤池反冲洗所需流量由冲洗强度与滤池面积决定，反冲洗所需的总水量则由冲洗时间乘以冲洗流量得出。冲洗水量和水头要求尽量保持稳定，以保证滤层在稳定的膨胀率条件下冲洗干净，不至于滤料被冲走。

采用水箱供给滤池冲洗水时，由于高位水箱容量较大，所以其基础造价较高。

采用水泵冲洗滤池时，和水箱设备供给冲洗水相比，水泵冲洗建造费用低且可以连续冲洗好几个滤池，在冲洗过程中冲洗强度的变化也比较小。但是冲洗水泵在短时间内要消耗大量的功率，易造成电网负荷极不均匀。

3.4.5 消毒

经过混凝、沉淀和过滤等工艺，水中悬浮颗粒大大减少，大部分粘附在悬浮颗粒上的致病微生物也随着浊度的降低而被去除。但尽管如此，消毒仍然是必不可少的，它是常规水处理工艺的最后一道安全保障工序，对保障安全用水具有非常重要的意义。

消毒方法有化学消毒法和物理消毒法。化学消毒法主要分为两大类：氧化型消毒剂与非氧化型消毒剂。前者包含了目前常用的大部分消毒剂，如氯、次氯酸钠、二氧化氯、臭氧等；后者包括了一类特殊的高分子有机化合物和表面活性剂，如季铵盐类化合物等。物理消毒法一般是利用某种物理效应，如超声波、电场、磁场、辐射、热效应等的作用，干扰破坏微生物的生命过程，从而达到灭活水中病原体的目的。目前常用的消毒方法是氯、次氯酸钠氧化，国外已全面推广臭氧氧化方法。

（1）氯及次氯酸钠的消毒原理

氯气具有强氧化性，能与大多数金属和非金属发生化合反应。

氯气遇水生成盐酸（HCl）和次氯酸（HOCl），次氯酸不稳定易分解放出游离氧。反应的化学方程式如下：

$$Cl_2 + H_2O \Longleftrightarrow HOCL + HCl$$
$$HOCl \Longleftrightarrow H^+ + OCl^-$$

次氯酸钠溶解于水，生成烧碱和次氯酸，其反应的化学方程式如下：

$$NaOCl + H_2O \Longleftrightarrow HOCL + NaOH$$

无论是用氯还是次氯酸钠消毒，一般认为主要是通过次氯酸（HOCl）起作用。次氯酸不仅可与细胞壁发生作用，且因分子小，不带电荷，故侵入细胞内与蛋白质发生氧化作用或破坏其磷酸脱氢酶，使糖代谢失调而致细胞死亡。而 OCl^- 因为带负电，难于接近到带负电的细菌表面，所以 OCl^- 的灭活能力要比 HOCl 差很多。生产实践证明，pH 值低时，消毒能力越强，证明 HOCl 是消毒的主要因素。因为有相似的消毒原理，所以氯（Cl_2）或次氯酸钠（NaOCl）都是广义的氯消毒的范畴。

很多地表水源由于有机物的污染而含有一定量的氨氮。氯或次氯酸钠消毒生成的次氯酸（HOCl）加入这种水中，发生如下的反应：

$$NH_3 + HOCL \Longleftrightarrow NH_2Cl + H_2O$$
$$NH_2Cl + HOCL \Longleftrightarrow NHCl_2 + H_2O$$

从上述反应可知：次氯酸（HOCl）、一氯胺（NH_2Cl）、二氯胺（$NHCl_2$）同时存在于水中，它们在平衡状态下的含量比例取决于消毒剂、氨的相对浓度、pH 值和温度。一般来讲，当 pH 值等于 7 时，NH_2Cl、$NHCl_2$ 同时存在，近似等量。

水中的氯胺称为化合性氯或结合氯。为此，可以将水中的氯消毒分为自由性氯消毒与化合性氯消毒，自由性氯消毒效果要高于化合性氯消毒，但化合性氯消毒的持续性较好。

（2）加氯量

水中的加氯量可以分为两部分，即需氯量与余氯。需氯量指用于灭活水中微生物、氧化有机物和还原性物质等所消耗的部分。为了抑制水中残余病原微生物的再度繁殖，管网中需要保留少量的剩余氯。我国《生活饮用水卫生标准》GB 5749—2006 中规定：出厂水游离性余氯在接触 30min 后不应低于 0.3mg/L，管网末梢不低于 0.05mg/L。

如何控制加氯量和剩余氯是加氯工序的主要任务。有的水厂生产实践表明：当原水游离氨在 0.3mg/L 以下时，通常加氯量控制在折点后；原水游离氨在 0.5mg/L 以上时，峰点以前的化合性余氯量已够消毒，加氯量可控制在峰点以节约加氯量；原水游离氨在 0.3～0.5mg/L 范围内时，加氯量难以掌握，如控制在峰点前，往往化合性余氯减少，有时达不到要求，控制在折点后则浪费加氯量。

缺乏试验资料时，一般的地面水经混凝、沉淀和过滤后或清洁的地下水，加氯量可采用 1.0～1.5mg/L。一般的地面水经混凝、沉淀而未经过滤时，加氯量可采用 1.5～2.5mg/L。

我国饮用水标准规定，出厂水中游离性余氯在接触 30min 后不应低于 0.3mg/L，管网末梢不应低于 0.05mg/L。管网末梢的余氯量虽仍具有消毒能力，但对再次污染的消毒显然不够，而可作为预示再次受到污染的信号，此点对于管网较长而有死水端和设备陈旧的情况，尤为重要。如遇突发事件，如在抗击非典期间适当调高加氯量的控制，以保障人民的身体健康及自来水的安全可靠性。

（3）加氯点的选择

加氯点的选择主要从加氯效果、卫生要求及设备维护几个方面来考虑，大致情况如下。

1）过滤之后加氯。此时加氯点一般设置在滤池到清水池的管道上，或清水池的进口处，因为大部分消耗的物质已经被去除，所以加氯量比较小。滤后的消毒是饮用水处理的最后一步。

2）预氯化（也称为前氯化）：加混凝剂的同时加氯。预氯化可以氧化水中的有机物，提高混凝效果。预氯化也可以改善水处理构筑物的工作条件，防止沉淀池底泥的腐败及水厂内各类构筑物中滋生青苔；对于受污染水源，为避免氯消毒的副产物产生，滤前加氯或预氯化应尽量取消。

3）中途补氯。在城市管网延伸很长，管网末梢的余氯量难以保证时，需要在管网中途补充加氯。中途的加氯点一般设在加压泵或者水库泵站内。

3.5 预处理工艺简介

随着我国工业化程度的不断提高和经济的持续较快增长，我国有相当比例的城镇饮用水水源受到污染。我国七大水系中 Ⅰ～Ⅲ 类水体占 35%，Ⅳ 类、Ⅴ 类和劣 Ⅴ 类水体约占

65.0%，水源水污染已成为一个迫在眉睫的问题。微污染水源水是指有机物、氨氮等指标超过《地表水环境质量标准》GB 3838—2002 中Ⅲ类水体标准，且存在微量有毒有害化学污染及病原微生物污染的水源水。

对Ⅳ类水及Ⅲ类水中部分水质指标达不到Ⅲ类水标准的源水统称为微污染水，这种水质作为水源要进行预处理及深度处理。

3.5.1　生物接触氧化

生物接触氧化就是利用微生物群体的新陈代谢活动初步去除水中的氨氮、有机物等污染物。低营养环境下微生物通常是以生物膜的形式生存，所以微污染水源水的生物预处理方法主要是生物膜法。其原理是利用附着在填料表面上的生物膜，使水中溶解性的污染物被吸附、氧化、分解，有些还作为生物膜上原生动物的食料。

目前，研究最多的是生物接触氧化池。填料是该工艺的核心，主要有蜂窝状填料、软性填料、半软性填料和弹性立体填料。该法处理负荷高，处理效果稳定，易于维护管理，而且处理构筑物结构和形式要求低，附属设施少，土建投资少，运行费用低。但现在常用的填料比表面积小，使用量大，需要安装固定支架，检修更换较复杂。

生物滤池是另一种处理构筑物，填料采用粒状填料，以陶粒为填料的生物滤池最为常见。滤池以陶粒为微生物载体，污染水源水从滤池上部进入，均匀地通过陶粒层，除了利用生物膜上的微生物摄取、分解水中的污染物，粒状的滤料对污染物还有机械截留作用。运行良好的生物滤池去除污染物能力要强于生物接触池，但上层的陶粒填料易于堵塞，配水不均匀，此外生物滤池对构筑物要求高，从而限制了生物滤池在大型水源水预处理工程中的应用。

生物接触氧化及生物滤池等在贫营养条件下进行反硝化反应，是目前亟待解决的一个问题。如能将它们和其他水处理技术联合应用，加强对微量有机物的去除，也是当前研究的重点。

3.5.2　预氧化

化学预氧化技术是指向原水中加入强氧化剂，利用强氧化剂的氧化能力，去除水中的有机污染物，提高混凝沉淀效果。常用的氧化剂有氯、二氧化氯、臭氧、高锰酸钾和高铁酸钾等。

（1）氯氧化法

氯是目前自来水生产领域应用最多的一种消毒剂，使用氯气作为预处理消毒剂能有效控制微污染水源水在生产管道与构筑物内滋生微生物与藻类，且能氧化部分有机物；具有经济、高效、持续时间长、使用方便的优点。使用氯气作为预处理消毒剂的缺陷也是比较明显的，研究表明当原水 TOC 大于 1.5mg/L 的情况下，不宜使用氯气作为预处理消毒剂，因为氯气会与水中的部分有机物（主要是腐殖酸与富里酸类物质）反应生成大量的卤代烃和氯化有机物等消毒副产物，这些消毒副产物会对人体健康产生危害。

（2）二氧化氯氧化法

二氧化氯（ClO_2）可有效杀灭藻类、破坏酚的结构稳定性，改善水的色、嗅、味。二氧化氯是氧化剂，不是氯化剂，不会像 Cl_2 那样与水体中的有机物发生卤代反应而生成对人体有害的、致癌的有机卤代物。但是，往往由于氧化不彻底，一些小分子有机物更易生成三卤甲烷。有机物浓度较高时，消耗的二氧化氯量较大，生产成本较高。

（3）臭氧氧化法

在水厂生产中，为了避免氯消毒副产物出现，臭氧氧化法开始受到人们的重视并被广泛应用到微污染水源预处理中。臭氧是一种强氧化剂，在给水处理中有着很长的历史，其最开始被用作消毒剂、控制色嗅味，现又用来去除水中有机物。通过预臭氧氧化的微污染原水中，溶解氧增加，难降解有机物被氧化为可生化降解有机物，难溶性有机物被氧化为可溶性小分子有机物；大大提高了原水的可生化性能，为后续的生物处理提供了良好的环境。臭氧氧化法也有以下几种缺陷：

1）在将大分子有机物氧化成小分子有机物过程中可能产生部分中间产物，这些中间产物也可能存在对人体健康不利的成分；

2）当臭氧投加量不够时基本不能氧化水体中氨氮，同时反而容易将源水中的有机氮氧化为氨氮，增加了水体中的氨氮含量；

3）臭氧对一些常见优先污染物如三氯甲烷、四氯化碳、多氯联苯等物质的氧化性较差。

总体而言，臭氧对微污染水源的预处理能力是比较优秀的，但是其处理成本相对于氯气更高，运行管理上要求也更高。

（4）高锰酸钾、高铁酸钾氧化法

高锰酸钾预氧化可控制氯酚、三卤甲烷的生成，并有一定的色、嗅、味去除效果，对烯烃、醛、酮类化合物也有较好的去除能力。但经高锰酸钾氧化后的产物中，有些是碱基置换突变物前驱物，它们不易被后续工艺去除，当后续工艺 Cl_2 投量高时，前驱物转化为致突变物，增加出水的致突变活性。

高铁酸钾是近年来研究较多的氧化剂，它是一种优良的预处理药剂，在水处理过程中可以发挥氧化、杀菌、吸附等多功能的协同作用，可大大降低对水中的浊度和有机物、细菌、重金属浓度，并且可以控制氯化消毒后的氯仿生成量。高铁酸钾的强氧化性和分解后产生的 $Fe(OH)_3$ 胶体颗粒的吸附作用是其具有多种水处理功能的主要原因。

化学预处理法处理后的微污染水源水水质得到有效改善，后续工艺的处理负荷减少，提高了出厂水水质，是针对微污染水源的有效处理方法。但是采用化学预处理技术难免会生成氧化消毒副产物，这些副产物或多或少都会对人体健康产生一定影响。从饮用水安全的角度考虑，在实际处理时需要结合实际情况慎重选择，化学预处理技术最好结合其他手段一起使用，确保出厂水水质优质安全。

3.5.3 活性炭吸附

以活性炭为代表的吸附工艺也是微污染水源水预处理的有效方法。活性炭是多孔、有巨大表面积、吸附能力高的固体。活性炭对 BOD_5、COD_{Cr}、色度和绝大多数有机物有良好的吸附能力，并且可使致突变活性从阳性转为阴性。粉状活性炭还具有良好的助凝作用，其比重大，吸附在絮状物上可增加絮状物的比重，提高沉淀池的除浊效果，可使沉淀池出水浊度降低。而它的投加量随水源水污染程度的变化而灵活确定。由于粉末活性炭参与混凝沉淀，残留于污泥中，目前还没有很好的回收再生利用方法，所以运行费用高，难以推广应用。

现有研究报道，用活化沸石替代活性炭作为微污染的水源水处理材料。天然沸石是一族架状构造含水铝硅酸盐矿物，在我国分布广，储量丰富，便于开采，价格便宜，活化沸石价格仅相当于活性炭的 1/6～1/10。天然沸石物理活化方法简单，运转周期比活性炭长，而且失效后可用简单方法再生，损失率低。活化沸石力学强度高，耐酸碱，热稳定性能强。它能降低水中铁、锰、砷、阴离子洗涤剂、硫酸盐、溶解性总固体、耗氧量及三氮指标；技术指标与活性炭处理时的相当，甚至优于活性炭。长期运行结果表明：活化沸石去除各项污染物指标较稳定，这说明活化沸石具有稳定的净水功能。而对于已建成的水厂，只需在原来的活性炭吸附塔中，改装活化沸石即可，不需要增添新的设备。

吸附法作为去除水中溶解性有机物的最有效方法之一，可以明显降低水的色度、嗅度和各项有机物指标，如果能解决运行费用高和再生的问题，将会是微污染水处理最理想的办法。因此寻求廉价、方便再生的吸附剂和研究适宜的吸附剂再生技术是吸附预处理需研究和解决的主要问题。

3.6　深度处理工艺简介

3.6.1　臭氧-生物活性炭工艺（O₃-BAC）

近年来，随着水源水污染的不断加剧以及饮用水水质标准的日益提高，以往常用的混凝、沉淀、过滤技术已经不能满足现状水源水处理要求，强化预处理工艺、强化常规处理工艺和深度处理工艺是今后给水设计中的主要发展方向。其中臭氧-生物活性炭技术是一种非常有效的处理手段，已逐渐在新建水厂和水厂提标改造中广泛应用。

（1）O₃-BAC 工艺原理

O₃-BAC 工艺主要是利用臭氧的预氧化和生物活性炭滤池的吸附降解作用达到去除水源水中有机物的效果。常见的臭氧活性炭工艺流程如下：

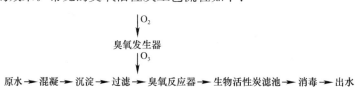

在臭氧-生物活性炭工艺中，投加臭氧主要有两种作用：首先，臭氧作为一种强氧化剂将溶解和胶状大分子有机物转化成为较易生物降解的有机物，这些小分子有机物可以作为生物活性炭滤池中炭床上微生物生长繁殖的养料；其次，臭氧在微生物活性炭滤池中会被还原成氧气，提高了滤池中的溶解氧浓度，为生物膜的良好运行提供了有利的外部环境。

活性炭空隙多，比表面积大，能够迅速吸附水中的溶解性有机物，同时也能富集水中的微生物，而被吸附的溶解性有机物也为维持炭床中微生物的生命活动提供营养源。只要供氧充分，炭床中大量生长繁殖的好氧菌生物就可降解所吸附的低分子有机物，这样，就在活性炭表面生长出了生物膜，形成 BAC，该生物膜具有氧化降解和生物吸附的双重作用。活性炭对水中有机物的吸附和微生物的氧化分解是相继发生的，微生物的氧化分解作用，使活性炭的吸附能力得到恢复，而活性炭的吸附作用又使微生物获得丰富的养料和氧气，两者相互促进，形成相对平衡状态，得到稳定的处理效果，从而大大地延长了活性炭的再生周期。活性炭附着的硝化菌还可以转化水中的氨氮化合物，降低水中的 $NH_3\text{-}N$ 浓度，生物活性炭通过有效去除水中有机物和嗅味，从而提高饮用水化学、微生物学安全性。

实践证明，采用 BAC 具有如下优点：

1）增加水中溶解性有机物的去除效率，提高出水水质；

2）延长活性炭的再生周期，减少运行费用；

3）水中氨氮和亚硝酸氮可被生物氧化为硝酸盐，从而减少后氯化的投氯量，降低三卤甲烷的生成量；

4）有效去除水中可生化有机物（BDOC）和无机物（$NH_3\text{-}N$、$NO_2\text{-}N$、Fe、Mn 等），提高出厂水的生物稳定性。生物活性炭的前提条件是应避免预氯化处理，否则影响微生物在活性炭上的生长。

（2）O_3 处理

1）氧气气源

目前水厂运行中臭氧主要是依靠臭氧发生器利用氧气来制备，常见的氧气气源主要有：压缩空气气源（CDA）、购买液氧气源（LOX）、现场制氧气源（PSA 或 VPSA）。

对比三种不同的制备方式，空气制臭氧方式运行费用低廉，获得的臭氧浓度较低（一般为 3%），适合于小型水厂；购买液氧制臭氧，初期投资较省，获得的臭氧浓度较高，但运行费用高；采用现场制氧获得臭氧无初期投资，而运行成本的高低由制氧规模决定。

2）臭氧发生器

臭氧发生的方法按原理可分为无声放电法、放射法、紫外线法、等离子射流法和电解法等，目前在我国的净水工艺中采用更多的是无声放电法。无声放电法有在气相中放电和液相中放电两种，前者是目前最常用的方法。

3）臭氧接触设备

臭氧的应用都是通过臭氧与被反应介质充分混合反应来实施的，目前大型水厂采用较多的是通过臭氧接触池来达到臭氧充分接触反应。臭氧接触池一般由 2～3 段接触室串联而成，由竖向隔板分开；每段接触室由布气区和后续反应区组成，并由竖向导流隔板分开。池底部设置多孔扩散布气器，将臭氧化空气分散为细气泡，曝气盘的布置应能保证布气量变化过程中的布气均匀。

（3）生物活性炭（BAC）滤池

1）生物活性炭滤池工艺结构

BAC 滤池是在活性炭滤池基础上改进的，结构可以是压力式固定床，管式混合器也可以是接触氧化池（视规模而定），有的需要反冲系统。BAC 运行周期很长，一般活性炭损耗只需补充活性炭。挂膜运行方法同普通生物滤池。

2）生物活性炭滤池

生物活性炭滤池与普通 V 型砂滤池构造相似，只是将砂滤层换成了活性炭层，但活性炭层较砂层厚，且采用较高数目的颗粒活性炭，以此增加运行周期。由于反冲洗时吸附层不膨胀，故整个吸附层在深度方向的粒径分布基本均匀，不会发生水力分级现象，使吸附层含污能力提高。生物活性炭滤池为了避免悬浮物和微生物产生的黏液堵塞活性炭层，必须重视反冲洗。

3）活性炭吸附翻板滤池

该滤池的工作原理与其他类型气水反冲滤池相似：原水（一般指上一级净水构筑物的出水）通过进水渠经溢流堰均匀流入滤池，水以重力渗透穿过滤料层，并以恒水头过滤后汇入集水室。滤池反冲洗时，先关进水阀门，然后按气冲、气水冲、水冲三个阶段开关相应的阀门，一般重复两次后关闭排水舌阀（板），开进水阀门，恢复到正常过滤工况。其工作原理与其他气水反冲洗相似。

翻板滤池经不断改进完善，在反冲洗系统、排水系统与滤料选择方面都有了新的技术性突破，从而使该种滤池具有出水水质好、反冲洗效果好而耗水量少、运行周期长、运行费用低以及施工简单、工期短等优点。

4）上向流活性炭吸附池

活性炭滤池采用上向流方式，使之成为膨胀床，加大了炭层厚度，增加了吸附量。膨胀床使炭粒略悬浮于上升水流中，使得炭粒水流表面更新更快，炭粒对水中污染物的处理能力更强，能充分发挥吸附效率，减少消毒副产物的生成。活性炭滤池采用上向流方式，使臭氧化水质滤池表面路径变长，臭氧与活性炭或水中物质继续反应，将余臭氧消耗至最小，有效控制余臭氧逸出。上向流活性炭吸附池水头损失较小，其冲洗可仅采用气冲方式，减少冲洗过程，节约工程投资、运行费用和耗水量。

此外，在选择上向流活性炭吸附池时，需考虑该种池型所形成的生物膜上活性生物量较多，呈现出微生物的多样性，可能存在致病菌等。此外，剑水蚤等活动能力强，常规水处理后还能有少数水蚤存活，其抗氯性很强，活性炭池极易出现生物泄漏，增加了出水微生物的风险。因此，上向流活性炭吸附池后一般需要接砂滤池，用来截留活性炭池剥落的生物膜、臭氧氧化可能产生的浊度，并成为截留小分子有机物的最后屏障，同时还需要控制沉淀池浊度，一般活性炭池进水浊度要小于1NTU，否则活性炭池难以发挥作用。

3.6.2 超滤-反渗透工艺（UF-RO）

（1）膜处理技术概述

膜处理技术是21世纪水处理领域的关键技术，也是近些年来水处理领域的研究热点。膜分离可以解决其他常规技术所不能解决的问题，可以去除更细小的杂质，可去除溶解态的有机物、无机物和盐分。膜分离是指在某种外压力的作用下，利用膜的透过能力，达到分离水中离子、分子以及某些微粒的目的。膜法水处理技术主要有微滤、超滤、纳滤和反渗透。

（2）超滤（UF）

由于超滤膜具有精密的微细孔，超滤虽无去除无机盐和溶解性有机物等小分子的性能，但对于截留水中的细菌、病毒、胶体、大分子等微粒相当有效，而且操作压力低、设备简单。

其净化机理是：在外力的作用下，被分离的溶液以一定的流速沿着超滤膜表面流动，溶液中的溶剂和低分子量物质、无机离子，从高压侧透过超滤膜进入低压侧，并作为滤液而排出；而溶液中高分子物质、胶体微粒及微生物等被超滤膜截留，被浓缩并以浓缩液形式排出。

中空纤维装置是把一束外径 $50\sim100\mu m$、壁厚 $12\sim25\mu m$ 的中空纤维弯成 U 形，装于耐压管内，纤维开口端固定在环氧树脂管板中，并露出管板。透过纤维管壁的淡化水沿空心通道从开口端引出。该装置特点是膜的填封密度最大而且不需外加支撑材料。

一般微污染水深度处理以去除微量污染物为主，采用 RO 投资较高，而 $O_3-BAC+UF$ 通常却能满足要求，如原水含盐量或含碱度物质较高时，方才采用 RO。

影响超滤操作的主要因素有：①料液流速；②操作压力；③温度；④运行周期；⑤进料浓度。

超滤膜在饮用水处理中，是用于对水中浊度、微生物等颗粒的去除，以获得优质饮用水。低截留分子量（$500\sim800$）的超滤膜可去除色度 95%、THMFP80%，对水的含盐量和硬度（$<10\%$）只有轻微的变化。这对于高色度的饮用水处理是有效的。

（3）反渗透（RO）

1）渗透现象及反渗透的机理

只能让水分子通过，而不允许溶质及大部分离子通过的半透膜将纯水与盐分分开，则水分子将从纯水一侧通过半透膜向咸水一侧透过，结果使咸水一侧的液面上升，直至到达一高度，此即为渗透过程。渗透时的压力主要取决于咸水的盐分浓度，渗透时的压力称为渗透压。渗透现象是一种自发的过程，但要有半透膜才能表现出来。

当咸水一侧施加的压力大于该溶液的渗透压时，可迫使渗透方向相反，实现反渗透。此时，在高于渗透压的压力作用下水分子从咸水一侧透过半透膜向纯水一侧移动。

反渗透膜的透过机理目前尚未见有一致公认的解释，其中以选择性吸着——毛细管流机理常被引用。该理论认为膜表面由于亲水性的原因，能选择性地吸附水分子而排斥盐离子，因而在固液界面上形成两个水分子（1nm）的纯水层，在施加压力的作用下，纯水层中的离子不断通过毛细管透过反渗透膜。

2）反渗透装置

目前反渗透装置有板框式、管式、卷式 3 种类型。

板框式装置由一定数量的多孔隔板组成，每块隔板两面装有反渗透膜，在压力作用下，透过隔板的淡化水在隔板内汇集并引出。

管式装置分为内压管和外压管，内压管是将膜装在管的内壁上，咸水在管内流动，在压力作用下淡化水从管壁上的小孔流出；外压管是咸水在管外，在压力作用下淡化水进入管内并流出。

卷式装置把导流格网、膜、多孔支撑材料依次叠合，用粘合剂沿三边把两层膜粘接密封，另一边开放与中间淡水集水管连接，再卷绕在一起。咸水沿一端流入导流隔网，从另一端流出，透过膜的淡化水沿多孔支撑材料流动，从中间集水管流出。

第4章 泵 与 泵 站

水泵是水力机械，属于通用机械类，广泛应用于工业生产中。各种形式的泵有很多，通常将输送和提升液体，使液体压力增加的机器统称为泵。从能量观点来说，泵是一种转换能量的机器，它把原动机的机械能转化为被输送液体的能量，使得液体动能和势能增加。阀门是流体输送系统中的控制部件，具有调节压力、流向、流速、控制停水的作用。

4.1 泵的分类及其特点

泵在工业生产中应用很广泛，品种系列繁多，对它的分类方法也各不相同，按照其工作原理可以分为以下三类。

（1）叶片式水泵

利用安装在泵轴上的叶轮旋转，叶片与被输送液体发生力的作用，使液体获得能量，以达到输送液体的目的。根据叶轮出水的水流方向可以将叶片式水泵分为径向流、轴向流和斜向流三种。有径向流叶轮的水泵称为离心泵，液体质点在叶轮中流动主要受离心力的作用；有轴向流叶轮的水泵称为轴流泵，液体质点在叶轮中流动时主要受轴向升力的作用；有斜向流叶轮的水泵称为混流泵，它是上述两种叶轮的过渡形式，液体质点在叶轮中流动时，既受离心力的作用，又受轴向升力的作用。叶片泵具有效率高、启动迅速、工作稳定、性能可靠、容易调节等优点，供水企业广泛采用这类泵。

（2）容积式水泵

利用泵内机械运动的作用，使泵内工作室的容积发生周期性的变化，对液体产生吸入和压出的作用，使液体获得能量，以达到输送液体的目的。一般使工作室容积改变的方式有往复运动和旋转运动两种。属于往复运动的容积式水泵有活塞式往复泵、柱塞式往复泵等；属于旋转运动的容积式水泵有转子泵等。

（3）其他类型水泵

其他类型水泵是指除叶片式水泵和容积式水泵以外的特殊泵，如射流泵、水锤泵、水环式真空泵等。这些泵的工作原理各不相同，如射流泵是利用高速蒸汽或液体在一种特殊形状的管段（喉管）中运动，产生负压的抽吸作用来输送液体，供水企业中的加氯机即采用这种装置将氯送入到压力水管中。水锤泵是利用水流由高处下泄的冲力，在阀门突然关闭时产生的水锤压力，把水送到更高的位置。水环式真空泵是靠泵腔内偏心叶轮不断旋转，使得泵腔容积不断变化来实现吸气、压缩和排气。

以上各类泵是供水企业和其他行业经常使用的一些主要泵型。但是，就其数量而言，以叶片泵拥有的数量最多，应用范围最广泛，特别是叶片泵中的离心泵。

以上分类是按泵的工作原理进行分类的，按照泵的性能、结构、使用特点还有其他几种分类方式。如按照叶片泵叶轮的数量，分为多级泵和单级泵，多级泵是在同一根泵轴上安装一个以上的叶轮，水在泵内依次流过各个叶轮，以获得较高的能量（扬程）。按照使用特点，分为井用长轴泵、潜水泵等。按照泵轴位置不同，分为立式泵、卧式泵等。按照叶轮进水情况，分为单吸泵、双吸泵。按照泵出口压力，分为低压泵、中压泵、高压泵。

4.2 叶片式泵

4.2.1 离心泵的工作原理与基本构造

（1）离心泵的工作原理

离心泵是叶片泵的一种，这种泵的工作是靠叶轮高速旋转时叶片拨动液体旋转，使液体获得离心力而完成水泵的输水过程。

任何物体只要是围绕一个中心做圆周运动都会产生离心力。充满水的叶轮在泵壳内高速旋转时，水在离心力的作用下被以很高的速度甩出叶轮，飞向泵壳蜗室的汇流槽中，这时的水具有很高的能量，由于蜗室汇流槽断面积是逐渐扩大的，汇集在这里的水流速度逐渐减低，压力逐渐增高。由于泵内的压力高于水泵出水管路的压力，水永远由高压区流向低压区，所以，水通过水泵获得能量后源源不断地流向出水管路。

同样，由于叶轮中的水受离心力的作用使叶轮中心区域形成低压而使水泵得以吸水。当叶轮高速旋转时，泵壳内的水由于受离心力的作用，在叶轮中心部位产生一个旋涡，形成真空，而水泵吸水池的液面却作用着大气压力，压力较高的水总是自动向压力较低的部位流动，所以吸水池内的水在大气压力的作用下，通过水泵吸水管路而被压入水泵内，填补叶轮中心部位所形成的真空，从而达到水泵吸水的目的。

综上所述，离心泵进行输水，主要是叶轮在充满水的蜗壳内高速旋转产生离心力，由于离心力的作用，使蜗壳内叶轮中心部位形成真空，吸水池内的水在大气压力的作用下，沿吸水管路，流入叶轮中心部位填补这个真空区域；流入叶轮的水又在高速旋转中受离心力的作用被甩出叶轮，经蜗形泵壳中的流道而流入水泵的压力出水管路。这样，叶轮不停地高速旋转，吸水池中的水源源不断地被大气压入水泵内，水通过水泵获得能量，而被压出水泵进入出水管路。就这样，完成了水泵的连续输水过程。

（2）单级单吸离心泵的构造

其名称的单级指只有一个叶轮，单吸指叶轮由单侧水平方向进水。这种泵用途很广泛。如图 4-1 所示为单级单吸离心泵的典型结构。泵轴 4 的一端在托架 5 内用轴承支撑，另一端悬出，称为悬臂端，在悬臂端装有叶轮。所以这种结构形式的泵常称为悬臂式离心泵。轴承可以用机油润滑，也可以用黄油润滑。轴封装置多采用填料密封，高压泵或输送腐蚀介质的泵多采用机械密封方式。单级单吸泵的叶轮上开有平衡孔以平衡轴向力。这种泵结构简单、工作可靠、零件少、易于加工，故产品产量很大，分布很广。

（3）单级双吸离心泵的构造

单级双吸离心泵的外形如图 4-2 所示。它的主要零件与单级单吸离心泵基本相似，所不同的是：双吸泵的叶轮是对称的，好像由两个相同的单吸式叶轮背靠背地连接在一起，水从两面进入叶轮，叶轮用键、轴套和两侧的轴套螺母固定，其轴向位置可通过轴套螺母进行调整；双吸泵的泵盖与泵体共同构成半螺旋形吸入室和蜗形压出室。泵的吸入口和压水口均铸在泵体上，呈水平方向，与泵轴垂直。水从吸入口流入后，沿着半螺旋形吸入室从两面流入叶轮，故该泵称为双吸泵；泵盖与泵体的接缝是水平中开的，故又称水平中开式泵；双吸泵在泵体与叶轮进口外缘配合处装有两只减漏环，称双吸减漏环。在减漏环上制有凸起的半圆环，嵌在泵体凹槽内，起定位作用；双吸泵在泵轴穿出泵体的两端共装有两套填料密封装置，水泵运行时，少量高压水通过泵盖中开面上的凹槽及水封环流入填料室中，起水封作用；双吸泵从进水口方向看，在轴的一端安装联轴器，根据需要也可在轴另一端安装联轴器，泵轴两端用轴承支撑。

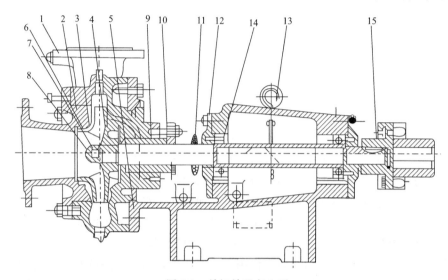

图 4-1　单级单吸离心泵

1—泵体；2—泵盖；3—叶轮；4—轴；5—托架；6—密封环；7—叶轮螺母；8—外舌止退垫圈；9—填料；
10—填料压盖；11—挡水圈；12—轴承端盖；13—油标尺；14—单列向心球轴承；15—联轴器

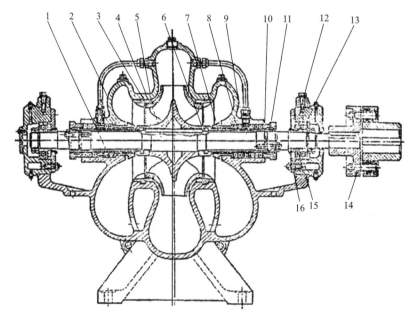

图 4-2　单级双吸离心泵

1—泵体；2—泵盖；3—叶轮；4—轴；5—双吸密封环；6—轴套；7—填料套；8—填料；9—水封环；10—填料压盖；
11—轴套螺母；12—轴套体；13—单列向心球轴承；14—联轴器部件；15—轴承挡套；16—轴承端盖

单级双吸离心泵的特点是流量较大，扬程较高；泵体是水平中开的，检修时不需拆卸电动机及管路，只要揭开泵盖即可进行检查和维修；由于叶轮对称布置，叶轮的轴向力基本达到平衡，故运转较平稳；由于泵体比较笨重，占地面积大，故适宜于固定使用。

（4）离心泵的主要零件

离心泵是由许多零件组成的。下面分别来说明各零件的作用、材料和组成。

1）叶轮

叶轮是水泵过流部件的核心部分，它转速高、出力大，所以叶轮的材质应具有高强度、抗汽蚀、耐冲刷的性能，一般采用高牌号的铸铁、铸钢、不锈钢、磷青铜等材料制成。同时，要求叶轮的质量分布均匀，以减少由于高速旋转而产生振动，叶轮在装配前通常需要通过静平衡实验。叶轮的内外表面要求光滑，以减少水流的摩擦损失。

叶轮按吸入方式可分为单吸式叶轮和双吸式叶轮（图4-3、图4-4）。

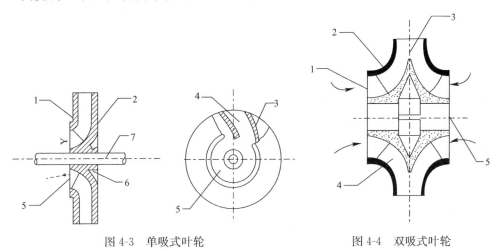

图4-3 单吸式叶轮

1—前盖板；2—后盖板；3—叶片；4—叶槽；
5—吸水口；6—轮毂；7—泵轴

图4-4 双吸式叶轮

1—吸入口；2—轮盖；3—叶片；
4—轮毂；5—轴孔

叶轮按结构还可分为封闭式、敞开式和半开式（图4-5）。

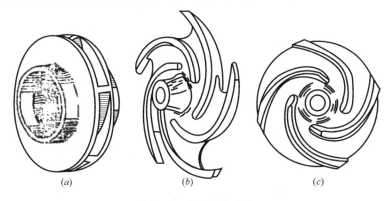

图4-5 叶轮结构形式

（a）封闭式；（b）敞开式；（c）半开式

2）密封环

密封环一般装在叶轮水流进口处相配合的泵壳上，密封环的作用是保持叶轮进口外缘与泵壳间有适宜的转动间隙，以减少液体由高压区至低压区的泄漏，因此一般将密封环称为减漏环或口环。密封环另一作用是准备用来承磨的，因为，在实际运行中，在叶轮吸入口的外圆与泵壳内壁的接缝部位上，摩擦常是难免的，泵中有了密封环，当间隙磨大后，只需更换该部件而不致使叶轮和泵壳报废，因此，密封环又称承磨环，是一个易损件，一般用铸铁或其他耐磨金属制成，磨损后可以更换。

离心泵密封环的结构形式较多，接缝面可以做成多齿型，以增加水流回流时的阻力，提高减漏效果，如图 4-6 所示为三种不同形式的密封环。其中，双环迷宫型密封环，其水流回流时阻力很大，减漏效果好，但构造复杂。

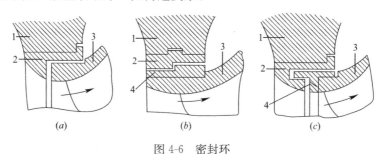

图 4-6　密封环

(a) 单环型；(b) 双环型；(c) 双环迷宫型

1—泵壳；2—镶在泵壳上的密封环；3—叶轮；4—镶在叶轮上的密封环

密封环接缝间隙既不能过大，也不能过小。间隙过大时，漏失增大，容积损失也加大；间隙过小时，叶轮与口环之间可能产生摩擦，增大机械损失，有时还会引起振动及设备事故。

3）泵壳（含泵体和泵盖）

离心泵的泵壳通常铸成蜗壳形，其过水部分要求有良好的水力条件。叶轮工作时，沿蜗壳的渐扩断面上，流量是逐渐增大的，为了减少水力损失，在泵设计中应使沿蜗壳渐扩断面流动的水流速度是一常数。水由蜗壳排出后，经锥形扩散管而流入压水管。蜗壳上锥形扩散管的作用是降低水流的速度，使流速水头的一部分转化为压力水头。

泵壳的材料选择，除了考虑介质对过流部分的腐蚀和磨损以外，还应使壳体具有作为耐压容器的足够的机械强度。其材质大多采用铸铁或球墨铸铁，特殊场合也采用不锈钢和铸钢。要求内表面光滑，壳体内流道变化均匀，不能有砂眼、气孔、裂缝等缺陷。

4）泵轴

泵轴的作用是借联轴器和原动机相连接，将原动机的转矩传给叶轮，所以它是传递机械能的主要部件。泵轴的材料一般采用优质碳素结构钢或不锈钢，一些特殊场合，泵轴亦采用含铬的特殊钢。泵轴应有足够的抗扭强度和足够的刚度，其挠度不超过允许值；工作转速不能接近产生共振现象的临界转速。在泵轴的一些容易被腐蚀或磨损的部位，通常加装轴套来保护，轴套也起到固定叶轮的作用。根据输送液体情况，轴套可选用高牌号铸铁、青铜或合金钢。叶轮和轴用键来连接。键是转动体之间的连接件，离心泵中一般采用平键，这种键只能传递扭矩而不能固定叶轮的轴向位置，在大、中型泵中叶轮的轴向位置通常采用轴套和并紧轴套的螺母来定位。

5）轴封装置

泵轴穿出泵壳时，在轴与壳之间存在着间隙，如不采取措施，间隙处就会有泄漏。当间隙处的液体压力大于大气压力（如单吸式离心泵）时，泵壳内的高压水就会通过此间隙向外大量泄漏；当间隙处的液体压力为真空（如双吸式离心泵）时，大气就会从间隙处漏入泵内，从而降低泵的吸水性能。为此，需在轴与壳之间的间隙处设置密封装置，称之为轴封。目前，应用较多的轴封装置有填料密封、机械密封。

① 填料密封（含填料筒、填料、水封环、填料压盖）

填料密封的结构：如图 4-7 所示，为使用最广的带水封环的压盖填料式密封装置，主要由填料 3、水封环 5、填料筒 4 和填料压盖 2 组成。填料又名盘根，在轴封装置中起着阻水或阻气的密封作用。常用的填料是浸油、浸石墨的石棉绳填料。近年来，随着工业发展，出现了各种耐高温、耐磨损以及耐强腐蚀的填料，如用碳素纤维、不锈钢纤维及合成树脂纤维编织成的填料等。为了提高密封效果，填料绳一般做成矩形断面。填料是用压盖来压紧的。压盖又叫"格兰"，它对填料的压紧程度可通过拧松拧紧压盖上的螺栓来进行调节。填料密封装置结构简单、成本低、适用范围广。不足之处是使用寿命短、密封性能不甚理想。

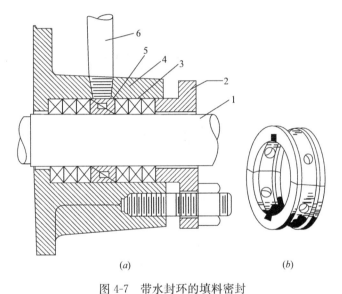

图 4-7　带水封环的填料密封

(a) 压盖填料型填料盒；(b) 水封环

1—轴；2—填料压盖；3—填料；4—填料筒；5—水封环；6—水封管

填料密封的原理：将该密封装置安装完毕，拧紧填料压盖螺母，则压盖对填料做轴向压缩，由于填料具有塑性，因而产生径向力，并与泵轴 1 紧密接触。与此同时，填料中浸渍的润滑剂被挤出，在接触面上形成油膜，以利润滑。

② 机械密封（图 4-8）

机械密封的结构：主要由动环 5（随轴一起旋转并能做轴向移动）、静环 6、压紧元件（弹簧 2）和密封元件（密封圈 4、7）等组成。

机械密封的原理：机械密封又称端面密封，其工作原理是动环借密封腔中液体的压力和压紧元件的压力，使其端面贴合在静环的端面上，并在两环端面 A 上产生适当的比压（单位面积上的压紧力）和保持一层极薄的液体膜而达到密封的目的。而动环和轴之间的间隙 B 由动环密封圈 4 密封，静环和压盖之间的间隙 C 由静环密封圈 7 密封。如此构成的三道密封（即 A、B、C 三个界面之密封），封堵了密封腔中液体向外泄漏的全部可能的途径。

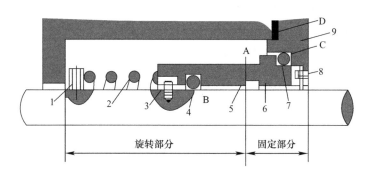

图 4-8　机械密封结构

1—弹簧座；2—弹簧；3—传动销；4—动环密封圈；5—动环；6—静环；7—静环密封圈；8—防转销；9—压盖

和填料密封相比较，机械密封有许多优点：密封可靠，在较长时间的使用中，不会泄漏或很少泄漏；使用寿命长；维修周期长，一般情况下可以免去日常维修；摩擦损失小，一般仅占填料密封方式的 10%～50%；轴或轴套不受磨损。

机械密封虽然有以上优点，但它存在着结构复杂、加工精度要求高、安装技术要求高、材料价格高等不足。

6）轴承体

轴承体是一个组合件，它包含轴承座和轴承两大部分，轴承安装于轴承座内作为转动体的支持部分，水泵常用的轴承根据其结构的不同，可以分为滚动轴承与滑动轴承两大类。

① 滚动轴承：它的基本构成有内圈、外圈、滚动体、保持架等，内外圈分别与泵轴的轴颈和轴承座安装在一起，内圈随泵轴一起转动，外圈静止不转。如图 4-9 所示为水泵经常使用的单列向心球轴承和单列向心圆柱滚子轴承。

滚动轴承有以下优点：摩擦阻力小，转动效率高；外形尺寸小，规格标准统一，方便检修更换；润滑剂消耗少，轴承不易烧坏。它的不足方面：工作时噪声较大，转动不够平稳，承受冲击负荷能力较差。

② 滑动轴承：大、中型水泵多采用滑动轴承。水泵转子的重力，通过轴颈传递给油膜，油膜再传递给瓦衬，直至轴承座上。按照承受载荷的方向滑动轴承分为向心滑动轴承和推力滑动轴承，卧式泵的轴承以向心型为主（图 4-10）。

滑动轴承优点有：工作可靠、平稳无噪声，因为润滑油膜具有吸收振动的作用，所以滑动轴承能承受较大的冲击载荷。它的不足方面有：结构复杂、零件多、体积大，故多用在大、中型水泵上。

7）联轴器

联轴器，又称"靠背轮"，用于连接两个轴，使它们一起转动，以传递功率，分为刚性和弹性两种。刚性联轴器，实际上就是用两个圆法兰盘连接。弹性联轴器是在两个半联轴器的中间设置弹性元件，通过弹性元件的弹性变形来补偿两轴心线的不同轴度，有尼龙柱销联轴器（图 4-11）、弹性圈柱销联轴器（图 4-12）等。

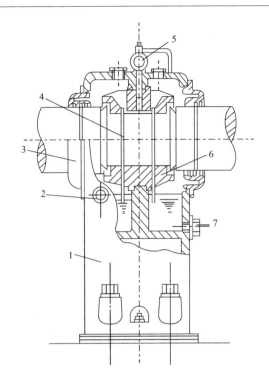

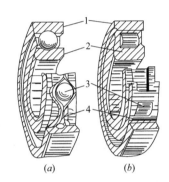

图 4-9　滚动轴承的基本构造

(a) 单列向心球轴承；(b) 单列向心圆柱滚子轴承
1—外圈；2—内圈；3—滚动体；4—保持器

图 4-10　滑动轴承组合

1—轴承座；2—油标孔；3—挡油环；
4—油环；5—油杆；6—轴瓦；7—排油塞

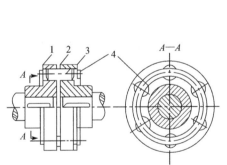

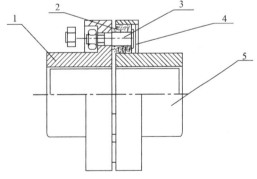

图 4-11　尼龙柱销联轴器

1、2—半联轴器；3—尼龙柱销；4—挡环

图 4-12　弹性圈柱销联轴器

1、5—半联轴器；2—挡圈；3—柱销；4—弹性圈

(5) 轴向力平衡措施

单吸式离心泵，由于其叶轮缺乏对称性，离心泵工作时，叶轮两侧作用的压力不相等（图 4-13）。因此，在泵叶轮上作用有一个推向吸入口的轴向力 ΔP。对于单级单吸式离心泵而言，一般采取在叶轮的后盖板上钻开平衡孔，并在后盖板上加装减漏环（图 4-14）。此环的直径可与前盖板上的减漏口环直径相等。压力水经此减漏环时压力下降，并经平衡孔流回叶轮中去，使叶轮后盖板上的压力与前盖板相接近，这样，就消除了轴向推力。

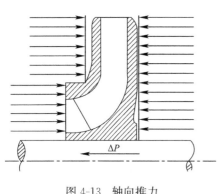

图 4-13　轴向推力

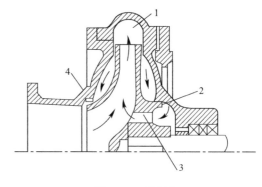

图 4-14　平衡孔

1—排出压力；2—加装的减漏环；3—平衡孔；4—泵壳上的减漏环

4.2.2　叶片泵的基本性能参数及特性曲线

（1）叶片泵的基本性能参数

表示泵的工作性能的参数叫做泵的性能参数。离心泵的性能参数有：流量 Q、扬程 H、轴功率 N、转速 n、效率 η、允许吸上真空高度 H_s（或汽蚀余量 $\triangle h$）、比转速 n_s。

1）流量

水泵在单位时间所输送液体的体积称为流量，用字母 Q 表示。它的单位一般为 m^3/h、m^3/s、L/s。

2）扬程

单位质量的液体通过水泵以后所获得的能量称为扬程，又叫总扬程或全扬程，用字母 H 表示，单位为 m，即液柱高度。

3）功率

水泵在单位时间所做的功称为功率，离心泵的功率是指离心泵的轴功率，即原动机传给泵的功率，用字母 N 表示，单位为 kW。

① 有效功率 N_e：有效功率是水泵在单位时间内对排出的液体所做的功。泵的有效功率可以根据流量 Q、扬程 H 和所输送液体的重度 γ 计算出来：

$$N_e = \frac{\gamma \cdot Q \cdot H}{1000} \tag{4-1}$$

式中　Q——所输送液体的体积流量，m^3/s；

　　　H——泵的全扬程，m；

　　　γ——所输送液体的重度，N/m^3。

② 轴功率 N：原动机输送给水泵的功率称为水泵的轴功率，常用的单位为 kW。由于泵内总是存在损失功率，所以有效功率总是小于泵的轴功率。如已知该泵总效率为 η，则泵的轴功率可以用下式计算：

$$N = \frac{N_e}{\eta} = \frac{\gamma \cdot Q \cdot H}{1000 \cdot \eta} \tag{4-2}$$

③ 配套功率 N_g：配套功率是指某台泵应该选配的原动机所具有的功率。配套功率比轴功率大，因为在动力传递给水泵轴时，传动装置也有功率损失。在选择水泵配套动力机的功率时，除考虑传动装置的功率损失以外，还应考虑到水泵出现超载运行的情况，动力

机必须具有储备功率，以增加动力机的安全保险量。

4）效率

效率是水泵的有效功率和轴功率之比值，用 η 表示。效率是表示水泵性能好坏的重要经济技术指标，效率高的水泵，说明该泵设计制造先进，设备维护良好，运行正常。

5）转速

转速指水泵叶轮在每分钟内的转动圈数，通常用 n 表示，单位为 r/min。

6）允许吸上真空高度 H_s 及汽蚀余量 H_{sv}

① 允许吸上真空高度 H_s

指水泵在标准状况下，水温为 20℃，在表面压力为一个标准大气压下运转时，水泵所允许的最大吸上真空高度，单位为米水柱，一般用 H_s 来反映水泵的吸水性能。它是水泵运行不产生汽蚀的一个重要参数。

② 汽蚀余量 H_{sv}

指水泵进口处，单位质量液体所具有超过饱合蒸汽压力的富裕量，它是水泵吸水性能的一个重要参数，单位为米水柱。汽蚀余量也常用 $NPSH$ 表示。

（2）叶片泵的性能曲线

在绘制叶片泵性能曲线时，通常把某个固定转速下的流量 Q 与扬程 H、流量 Q 与轴功率 N、流量 Q 与效率 η、流量 Q 与允许吸上真空高度 H_s 之间相互变化规律的几条曲线绘制在一个坐标图上，一般用流量 Q 作为几个参数共同的横坐标，用扬程 H、轴功率 N、效率 η、允许吸上真空高度 Hs 或必须汽蚀余量（$NPSH$）作为纵坐标。如图 4-15 所示为 32SA-10A 型单级双吸式离心泵的性能曲线图，其额定转速为 730r/mim，横坐标为流量 Q，单位为 m³/h 或 L/s；左上纵坐标为扬程 H，单位为 m；右上纵坐标为轴功率 N，单位为 kW；右下纵坐标为效率 η，单位用百分数表示；左下纵坐标为允许吸上真空高度 H_s，单位为 m。

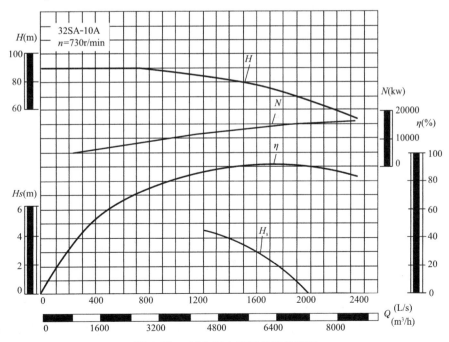

图 4-15　32SA-10A 型泵性能曲线图

从图中可以看出，泵的性能曲线反映了泵的性能参数间的相互关系及其变化规律。

1）流量-扬程曲线（Q-H）

双吸式离心泵的流量较小时，其扬程较高，当流量慢慢增加时，扬程却跟着逐渐降低。

2）流量-功率曲线（Q-N）

双吸式离心泵流量较小时，它的轴功率也较小。当流量逐渐增大时，轴功率曲线有所上升。

3）流量-效率曲线（Q-η）

双吸式离心泵的流量较小时，它的效率并不高；当流量逐渐增大时，它的效率也慢慢提高，当流量增加到一定数量后，再继续增大时，效率非但不再继续提高，反而慢慢降低，曲线的形状好像一个平缓的山顶。

4）流量-允许吸上真空高度曲线（Q-H_s）

图上各点的纵坐标，为水泵所允许的最大极限吸上真空高度值。它并不表示在某流量 Q、扬程 H 点工作时的实际吸水真空高度值。水泵的实际吸水真空高度值，必须小于 Q-H_s 曲线上的相应值。否则，水泵将会产生汽蚀现象。

4.2.3 离心泵装置的运行工况

通过对离心泵性能曲线的分析，可以看出，每一台水泵都有它自己固有的性能曲线，这种曲线反映出该台水泵本身的工作能力，在现实运行中，要发挥泵的这种能力，还必须结合输水管路系统联合运行，才可完成上述目的。在此，提出一个水泵装置的实际工况点的确定问题。所谓工况点，就是指水泵在已确定的管路系统中，实际运行时所具有的流量 Q、扬程 H、轴功率 N、效率 η、吸上真空高度 H_s 等的实际参数值。工况点的各项参数值，反映了水泵装置系统的工作状况和工作能力，它是泵站设计和运行管理中的一个重要问题。

（1）管路特性曲线

当一台水泵装置安装好以后，它的管路以及管路附件也就确定。水泵中获得能量的水流，在通过整个管路时，也就是从吸水管进口被吸进，一直到出水管口被压出，要克服阻力和摩擦，损失一定的能量，这就是损失扬程（或叫损失水头）。在固定管路中，通过的流量越大，损失的水头越大；相反，通过的流量越小，损失的水头也越小。这种流量和水头损失变化关系，称为管路水头损失变化关系的曲线，即管路特性曲线。

管路损失扬程（$h_损$），可以分为沿程损失扬程（$h_沿$）和局部损失扬程（$h_局$）两部分，$h_损$ 可用公式 4-3 表示：

$$h_损 = C \cdot Q^2 \tag{4-3}$$

当管路安装方案已确定好，C 就为常数，根据装置系统不同的流量，代入公式（4-3），即可求得不同的 $h_损$，如图 4-16 所示，即得管路损失特性曲线。

在实际应用中，为了确定水泵装置的工况点，常利用管路损失特性曲线与水泵的外部条件（如水泵的静扬程 H_{ST}）联系起来考虑，按下式 $H = H_{ST} + h_损$，并以流量 Q 为横坐标，扬程 H 为纵坐标画出如图 4-17 所示的曲线，此曲线称为水泵管路装置特性曲线。

该曲线上任意点 K 的纵坐标 h_K，表示水泵在输送流量为 Q_K 的水，将其提升到高度为

H_{ST}时，管路对每单位质量的液体所消耗的能量。

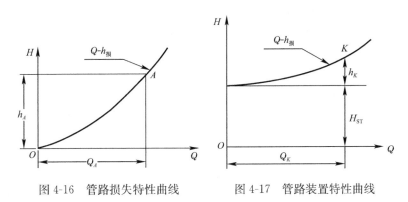

图 4-16 管路损失特性曲线　　　　图 4-17 管路装置特性曲线

水泵装置的静扬程 H_{ST}，在实际工作中，可以是吸水池液面至高位水池液面间的垂直高度，也可以是吸水池液面至压力管路之间的压差。因此，管路特性曲线只表示 $H_{ST}=0$ 时的特殊情况。

（2）离心泵装置的运行工况点

将水泵的性能曲线 Q-H 线和管路特性曲线 Q-$h_{损}$ 按同一个比例同一个单位画在同一个坐标图上，那么两条曲线的交点 M 即为水泵在该装置系统的运行工况点。

在这个点 M 上，两条曲线有共同的流量和扬程。工况点 M 是水泵在运行中所具有扬程与管路系统相平衡的点（图 4-18）。只要外界条件不发生变化，水泵装置系统将稳定地在这点工作。

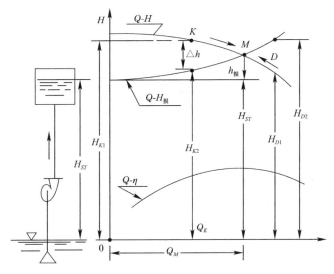

图 4-18 离心泵装置的工况点

假设工况点不在 M 点而在 M 点左边的 K 点，由图 4-18 可以看出，当流量为 Q_K 时，水泵所传递给液体的总能量 H_{K1}，将大于管路所需要的总能量 H_{K2}，富裕能量为 $\triangle h$，此富裕能量促使管路中水流加速，流量增加，由此使水泵的工况点自动向右移动，直到移至 M 点处于平衡位置。

假设工况点不在 M 点，而在 M 点右侧的 D 点，结果水泵传递给液体的总能量 H_{D_1}，小于管路所需要的总能量 H_{D_2}，管路中因水流获得能量不足，流速减慢，流量减少，因此，使水泵工况点自动向左移动，直到退回 M 点达到平衡。

（3）离心泵的并联运行

一台以上的水泵对称分布，同时向一个压出管路输水，称为并联运行。水泵并联运行可以增加供水量，总供水量等于并联后单台泵出水量之和；可以通过开停泵的台数来调节总供水量；水泵并联运行后，如果其中某台发生故障，其他几台仍可继续供水，提高了供水的安全可靠性。

多台泵的并联运行，一般是建立于各台泵的扬程范围比较接近的基础上。如果扬程范围相差较大时，高扬程泵任何一个工况点的扬程都比低扬程泵的起始扬程高，如果高扬程泵运行则低扬程泵送不出去水，甚至水由低扬程泵倒流。所以，泵站经常采用同型号水泵并联，或者采用扬程相同、流量不同的泵并联。

在此介绍同型号的两台泵并联运行时工况点的确定及性能参数的变化情况。图 4-19 所示为同型号、同水位、对称布置的两台水泵并联运行的性能曲线图。

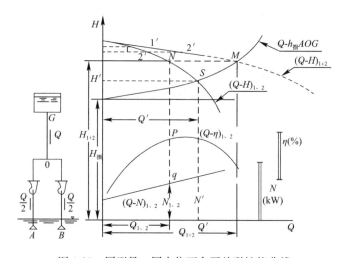

图 4-19　同型号、同水位两台泵并联性能曲线

由于两台水泵同在一个吸水池中抽水，由吸入口 A、B 两点至压水管交点 O 的管路安装情况相同，所以 $h_{损AO} = h_{损BO}$，AO、BO 管路各通过流量为 $Q/2$，由 OG 管路流入高位水池的流量为两台泵流量之和。因此，两台泵并联工作可以是在同一扬程下流量的相加。在绘制并联后总的性能曲线时，可以在单台泵 $(Q-H)_{1,2}$ 曲线上任取几个点 1、2，……然后在相同高度的纵坐标值上把相应的流量加倍，得到 1′、2′，……用光滑曲线将 1′、2′，……连起来，即绘出并联运行后的总性能曲线 $(Q-H)_{1+2}$。图 4-19 中 $(Q-H)_{1,2}$ 表示单台泵 1 或单台泵 2 的单台性能曲线，$(Q-H)_{1+2}$ 表示两台泵并联运行总的 $Q-H$ 曲线。

通过两台泵并联运行的工作点 M，作平行于横坐标 Q 的直线，交单台泵运行时的性能曲线于 N 点，此 N 点为并联运行时，各单台泵的运行工况点，其流量为 $Q_{1,2}$，扬程 $H_1 = H_2 = H_{1+2}$，自 N 点作直线交 $Q-\eta$ 曲线于 P 点，交 $Q-N$ 曲线于 q，P、q 点分别为并联运行各单台泵的效率点和轴功率点。如果这时停止一台泵的运行，只开一台泵时，则 S 点可视作单台泵的运行工况点，这时流量为 Q'、扬程为 H'、轴功率为 N'。

由图 4-19 可以看出，单台泵运行时轴功率大于并联运行时各单台泵的轴功率，即 $N'>N_{1,2}$。因此在给泵选配电动机时，应按单台泵独立运行时考虑配套功率。还可以看出，一台泵单独运行的流量，大于并联运行时每一台泵的流量，即 $Q'>Q_{1,2}$，$2Q'>Q_{1+2}$。两台泵并联运行时，其总流量不是单台泵运行时的成倍增加值。

（4）改变离心泵性能的方法

离心泵样本上提供的性能曲线，是该泵性能参数在额定值时所反映出来的曲线，在实际工作中往往难以保证性能参数在额定值下运行，为了使泵尽可能在合理的范围内运行，常常采用改变管路装置性能曲线和改变泵的性能曲线的方法。

1）改变管路性能曲线

在管路装置已确定的情况下，采取调节出水阀门的开度改变管路水力损失，即改变管路阻力系数 C［公式（4-3）］的方法，此时，管路装置性能曲线也随着改变；C 值变大，曲线变陡，C 值变小，曲线变得平缓。

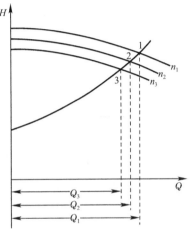

采用调节出水阀门开度改变装置性能曲线的方法使一部分能量消耗在克服阀门阻力上，该能量消耗降低了水泵的装置效率。故本方法在供水企业的泵站内一般不予采用。

2）改变泵的性能曲线

改变离心泵本身的性能曲线，常用改变泵的转速或切削叶轮外径的方法。

① 改变离心泵转速

改变离心泵转速可以改变泵的性能曲线（图 4-20）。用这种方法调节离心泵时，没有附加能量损失，在一定的调节范围内泵的装置效率变化不大。

图 4-20　改变转速来调节泵
的性能曲线

调节转速后，离心泵性能可以按下式计算：

$$\frac{Q'}{Q} = \frac{n'}{n} \tag{4-4}$$

$$\frac{H'}{H} = \left(\frac{n'}{n}\right)^2 \tag{4-5}$$

$$\frac{N'}{N} = \left(\frac{n'}{n}\right)^3 \tag{4-6}$$

式中　　　n——泵的原转速；

　　　　　n'——改变后转速；

　Q、H、N——原转速下的流量、扬程、轴功率；

Q'、H'、N'——改变转速后的流量、扬程、轴功率。

当转速变化差值超过原转速 20% 时，泵的效率要发生变化，转速降低，泵效率下降；转速增加，泵效率提高。

② 切削叶轮外径

切削叶轮外径就是把叶轮外径切削得小一些，它是改变水泵性能曲线的一种简便易行的方法。经切削叶轮外径以后水泵的性能可以按下列计算：

$$\frac{Q'}{Q} = \frac{D'_2}{D_2} \tag{4-7}$$

$$\frac{H'}{H} = \left(\frac{D'_2}{D_2}\right)^2 \tag{4-8}$$

$$\frac{N'}{N} = \left(\frac{D'_2}{D_2}\right)^3 \tag{4-9}$$

式中　　D_2——叶轮原直径；

　　　　D'_2——叶轮切削后的直径；

　Q、H、N——叶轮切削前的流量、扬程、轴功率；

　Q'、H'、N'——叶轮切削后的流量、扬程、轴功率。

应该指出，叶轮直径是不可任意切削的，如切削量大，则影响水泵的效率。叶轮直径的允许切削量与泵的比转速 n_s 有关（表 4-1）。

表 4-1　离心泵叶轮允许切削量

n_s	60	120	200	300	350
$\dfrac{D_2-D'_2}{D}$	0.2	0.15	0.11	0.09	0.07

$n_s > 350$ 的泵，一般不适合切削叶轮。实践表明，$n_s < 200$ 的泵，按表 4-1 切削叶轮外径时，其效率基本不变或降低很少。

4.2.4　轴流泵及混流泵

（1）轴流泵的基本构造

轴流泵的外形很像一根水管，泵壳直径与吸水口直径差不多，既可以垂直安装（立式）和水平安装（卧式），也可以倾斜安装（斜式）。图 4-21 所示为立式半调（节）式轴流泵的外形图以及该泵的结构图，其基本部件由吸入管 1，叶轮（包括叶片 2、轮毂 3），导叶 4，泵轴 8，出水弯管 7，上下轴承 5、9，填料盒 12 以及叶片角度的调节机构等组成。

1）吸入管：为了改善入口处水力条件，常采用符合流线形的喇叭管或做成流道形式。

2）叶轮：是轴流泵的主要工作部件，其性能直接影响到泵的性能。叶轮按其调节的可能性，可以分为固定式、半调式和全调式三种。固定式轴流泵是叶片和轮毂体铸成一体的，叶片的安装角度是不能调节的。半调式轴流泵其叶片是用螺母栓紧在轮毂体上，在叶片的根部上刻有基准线，而在轮毂体上刻有几个相应的安装角度的位置线，如图 4-22 所示的 $-4°$、$-2°$、$0°$、$+2°$、$+4°$等。叶片不同的安装角度，其性能曲线将不同。根据使用的要求可把叶片安装在某一位置上，在使用过程中，如工况发生变化需要进行调节时，可以把叶轮卸下来，将螺母松开转动叶片，使叶片的基准线对准轮毂体上的某一要求角度线，然后把螺母拧紧，装好叶轮即可。全调式轴流泵就是该泵可以根据不同的扬程与流量要求，在停机或不停机的情况下，通过一套油压调节机构来改变叶片的安装角度，从而来改变其性能，以满足使用要求，这种全调式轴流泵调节机构比较复杂，一般应用于大型轴流泵站。

3）导叶：在轴流泵中，液体运动好像沿螺旋面的运动，液体除了轴向前进外，还有旋转运动。导叶是固定在泵壳上不动的，水流经过导叶时就消除了旋转运动，把旋转的动能变为压力能。因此，导叶的作用就是把叶轮中向上流出的水流旋转运动变为轴向运动。

一般轴流泵中有 6～12 片导叶。

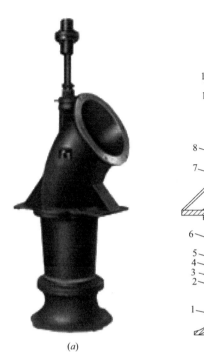
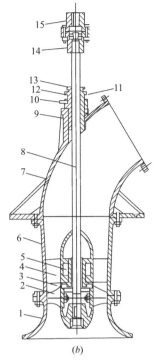

图 4-21　立式半调型轴流泵

（a）外形图；（b）结构示意图

1—吸入管；2—叶片；3—轮毂体；4—导叶；5—下导轴承；
6—导叶管；7—出水弯管；8—泵轴；9—上导轴承；
10—引水管；11—填料；12—填料盒；13—压盖；
14—泵联轴器；15—电动机联轴器

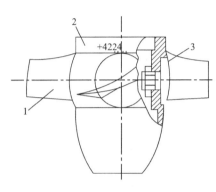

图 4-22　半调式叶片

1—叶片；2—轮毂体；3—调节螺母

4）轴和轴承：泵轴是用来传递扭矩的。在大型轴流泵中，为了在轮毂体内布置调节、操作机构，泵轴常做成空心轴，里面安置调节操作油管。轴承在轴流泵中按其功能可分为两种：①导轴承（图 4-21 中 5 和 9），主要是用来承受径向力，起到径向定位作用；②推力轴承，其主要作用在立式轴流泵中，是用来承受水流作用在叶片上的方向向下的轴向推力，泵转动部件重量以及维持转子的轴向位置，并将这些推力传到机组的基础上去。

5）密封装置：轴流泵出水弯管的轴孔处需要设置密封装置，目前，一般仍常用压盖填料型的密封装置。

（2）轴流泵的工作原理

轴流泵的工作是以空气动力学中机翼的升力理论为基础的。其叶片与机翼具有相似形状的截面，一般称这类形状的叶片为翼型（图 4-23）。在风洞中对翼型进行绕流试验表明，当流体绕过翼型时，在翼型的首端 A 点处分离成为两股流，它们分别经过翼型的上表面（即轴流泵叶片工作面）和下表面（轴流泵叶片背面），然后，同时在翼型的尾端 B 点汇合。由于沿翼型下表面的路程要比翼型上表面路程长一些，因此，流体沿翼型下表面的流速要比沿翼型上表面流速大，相应地，翼型下表面的压力将小于上表面，流体对翼型将有一个由上向下的作用力 P。同样翼型对于流体也将产生一个反作用力 P'，此 P' 力的大小

75

与 P 相等，方向由下向上，作用在流体上。

图 4-24 为立式轴流泵工作的示意图。具有翼型断面的叶片，在水中做高速旋转时，水流相对于叶片就产生了急速的绕流，如上所述，叶片对水将施以力 P'，在此力作用下，水就被压升到一定的高度上去。从离心泵基本方程可知，不论叶片形状如何，方程的形式仅与进出口动量矩有关，也即不管叶轮内部的水流情况怎样，能量的传递都决定于进出口速度四边形，因此，此基本方程不仅适用于离心泵，同样也适用于轴流泵、混流泵等一切叶片泵，故也称叶片泵基本方程。

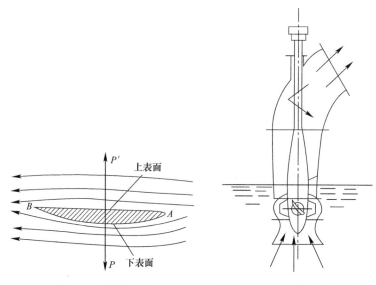

图 4-23　翼型绕流　　　　图 4-24　立式轴流泵工作示意

（3）轴流泵的性能特点

轴流泵与离心泵相比，具有下列性能特点。

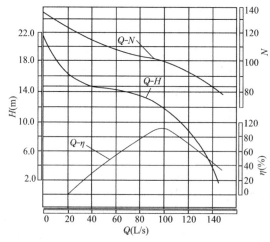

图 4-25　轴流泵特性曲线

扬程随流量的减小而剧烈增大，Q-H 曲线陡降，并有转折点（图 4-25）。

Q-N 曲线也是陡降曲线，当 Q＝0（出水闸阀关闭）时，其轴功率 N_0＝（1.2～1.4）

N_d，N_d 为设计工况时的轴功率。因此，轴流泵启动时，应当在闸阀全开情况下来启动电动机，一般称为"开闸启动"。

$Q-\eta$ 曲线呈驼峰形，也即高效率工作的范围很小，流量在偏离设计工况点不远处效率就下降很快。根据轴流泵的这一特点，采用闸阀调节流量是不利的。一般只采取改变叶片装置角 β 的方法来改变其性能曲线，故称为变角调节。大型全调式轴流泵，为了减小泵的启动功率，通常在启动前先关小叶片的 β 角，待启动后再逐渐增大 β 角，这样，就充分发挥了全调式轴流泵的特点。

在泵样本中，轴流泵的吸水性能一般是用汽蚀余量 Δh 来表示的。汽蚀余量值由水泵厂汽蚀试验中求得，一般轴流泵的汽蚀余量都要求较大，因此，其最大允许的吸上真空高度都较小，有时叶轮常常需要浸没在水中一定深度处，安装高度为负值。为了保证在运行中轴流泵内不产生汽蚀，需认真考虑轴流泵的进水条件（包括吸水口淹没深度、吸水流道的形状等），运行中实际工况点与该泵设计工况点的偏离程度，叶轮叶片形状的制造质量和泵安装质量等。

（4）混流泵的构造与工作原理

混流泵根据其压水室的不同，通常可分为蜗壳式（图 4-26）和导叶式（图 4-27）两种。混流泵从外形上看，蜗壳式与单吸式离心泵相似，导叶式与立式轴流泵相似。其部件也无多大区别，所不同的仅是叶轮的形状和泵体的支承方式。混流泵叶轮的工作原理是介乎于离心泵和轴流泵之间的一种过渡形式，叶片泵基本方程同样适合于混流泵。

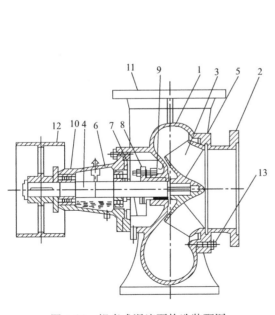

图 4-26 蜗壳式混流泵构造装配图
1—泵壳；2—泵盖；3—叶轮；4—泵轴；5—减漏环；6—轴承盒；
7—轴套；8—填料压盖；9—填料；10—滚动轴承；
11—出水口；12—皮带轮；13—双头螺丝

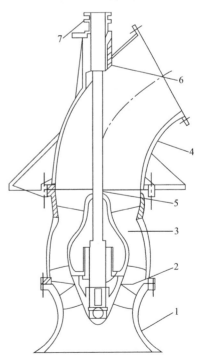

图 4-27 导叶式混流泵结构图
1—进水喇叭；2—叶轮；3—导叶体；
4—出水弯管；5—泵轴；
6—橡胶轴承；7—填料函

4.3 给水泵站

在泵站的分类中，按照泵机组设置的位置与地面的相对标高关系，泵站可分为地面式泵站、地下式泵站与半地下式泵站；按照操作条件及方式，泵站可分为人工手动控制、半自动化、全自动化和遥控泵站四种。在给水工程中，常见的分类是按泵站在给水系统中的作用可分为取水泵站、送水泵站、加压泵站及循环泵站四种。

（1）取水泵站（一级泵站）

取水泵站在水厂中也称一级泵站。在地面水水源中，取水泵站一般由吸水井、泵房及闸阀井（又称闸阀切换井）三部分组成。取水泵站由于具有靠江临水的特点，所以河道的水文、水运、地质以及航道的变化等都会直接影响到取水泵站本身的埋深、泵站结构形式、水泵选型以及工程造价等。

（2）送水泵站（二级泵站）

送水泵站在水厂中也称为二级泵站。通常是建在水厂内，它抽送的是清水，所以又称为清水泵站。由净化构筑物处理后的出厂水，由清水池流入吸水井，送水泵站中的泵从吸水井中吸水，通过输水干管将水输往管网。送水泵站的供水状况直接取决于用户用水情况，其流量与水压在一天内各个时段中是不断变化的。送水泵站吸水水位变化范围小，通常不超过 3～4m，因此泵站埋深较浅。一般可建成地面式或半地下式。送水泵站为了适应管网中用户水量和水压的变化，必须设置各种不同型号和台数的泵机组，从而导致泵站建筑面积增大，运行管理复杂。

（3）加压泵站

在城市给水管网分布面积较大，输配水管线很长，或给水对象所在地的地势很高，城市内地形起伏较大的情况下，通过技术经济比较，可以在城市管网中增设加压泵站。在近代大中型城市给水系统中实行分区分压供水方式时，设置加压泵站十分普遍。

（4）循环泵站

在某些工业企业中，生产用水可以循环使用或经过简单处理后回用时采用循环泵站。在循环系统泵站中，一般设置输送冷、热水的两组泵，热水泵将生产车间排出的废热水，压送到冷却构筑物进行降温，冷却后的水再由冷水泵抽送到生产车间使用。

4.3.1 泵的选择及泵机组的布置与基础

（1）泵的选择

选泵的主要依据是所需流量扬程以及其变化规律。选泵就是要确定泵的型号和台数。一般可归纳为：

1）大小兼顾，调配灵活；

2）型号整齐，互为备用；

3）合理地利用尽各泵的高效段；

4）近远期相结合的观点在选泵过程中应给予相当的重视；

5）大中型泵站需作选泵方案比较。

（2）泵机组的布置

泵机组的排列是泵站内布置的重要内容，它决定泵房建筑面积的大小。机组间距以不妨碍操作和维修的需要为原则。机组布置应保证运行安全，装卸、维修和管理方便，管道总长度最短、接头配件最小、水头损失最小并应考虑泵站有扩建的余地。机组排列形式有以下几种。

1）纵向排列

纵向排列（即各机组轴线平行单排并列）适用于如 IS 型单级单吸悬臂式离心泵。因为悬臂式泵系顶端进水，采用纵向排列能使吸水管保持顺直状态。

2）横向排列

侧向进、出水的泵，如单级双吸卧式离心泵 SH 型、SA 型采用横向排列方式较好。横向排列虽然稍增长泵房的长度，但跨度可减小。进出水管顺直，水力条件好，节省电耗，故被广泛采用。

3）横向双行排列

这种排列更为紧凑，节省建筑面积。泵房跨度大，起重设备需考虑采用桥式行车。在泵房中机组较多的圆形取水泵站，采用这种布置可节省较多的基建造价。应该指出，这种布置形式两行泵的转向从电机方向看去是彼此相反的，因此，在水泵订货时应向水泵厂特别说明，以便水泵厂配置不同转向的轴套止锁装置。

（3）泵机组的基础

机组（泵和电动机）安装在共同的基础上。基础的作用是支撑并固定机组，使它运行平稳，不致发生剧烈振动，更不允许产生基础沉陷。因此，对基础的要求是：

1）坚实牢固，除能承受机组的静荷载外，还能承受机械振动荷载；

2）要浇制在较坚实的地基上，不宜浇制在松软地基或新填土上，以免发生基础下沉或不均匀沉陷。

4.3.2 吸水管路与压水管路

吸水管路和压水管路是泵站的重要组成部分，正确设计、合理布置与安装吸、压水管路，对于保证泵站的安全运行、节省投资、减少电耗有很大的关系。

（1）对吸水管路的要求

1）不漏气。吸水管路是不允许漏气的，否则会使泵的工作发生严重故障。实践证明，当进入空气时，泵的出水量将减少，甚至吸不上水。因此，吸水管路一般采用钢管，因钢管强度高，接口可焊接，密封性胜于铸铁管。

2）不积气。泵吸水管内真空值达到一定值时，水中溶解气体就会因管路内压力减小而不断逸出，如果吸水管路的设计考虑欠妥时，就会在吸水管道的某段（或某处）上出现积气，形成气囊，影响过水能力，严重时会破坏真空吸水。

3）不吸气。吸水管进口淹没深度不够时，由于进口处水流产生漩涡，吸水时带进大量空气，严重时也将破坏泵正常吸水。

（2）对压水管路的要求

泵站内的压水管路经常承受高压（尤其是发生水锤时），所以要求坚固而不漏水，通常采用钢管，并尽量采用焊接接口，但为便于拆装与检修，在适当地点可设法兰接口。

为了安装上方便和避免管路上的应力（如由于自重、受温度变化或水锤作用所产生的应力）传至，一般应在吸水管路和压水管路上设置伸缩节或可曲挠的橡胶接头。为了承受管路中内压力所造成的推力，在一定的部位上（各弯头处）应设置专门的支墩或拉杆。在不允许水倒流的给水系统中，应在泵压水管上设置止回阀。

4.3.3　泵站水锤及其防护

（1）水锤的发生及其防止

管路中液体流动速度的骤然减小和增加都会引起管道内压力升高而发生水锤。通常在运行中发生水锤有以下几种原因。

1）启泵、停泵或运行中改变水泵转速，尤其是在迅速操作阀门使水流速度发生急剧变化的情况下。

2）事故停泵，即运行中的水泵突然中断运行。较多见的是配电系统故障、误操作、雷击等情况下的突然停泵。

3）出水阀、止回阀阀板突然脱落使流道堵塞。

（2）水锤破坏的主要表现形式

1）水锤压力过高引起水泵、阀门、止回阀和管道破坏，或水锤压力过低（管道内局部出现负压），管道因失稳而破坏。

2）水泵反转速过高（超过额定转速 1.2 倍以上）与水泵机组的临界转速相重合，以及突然停止反转过程（电机再启动）引起电动机转子的永久变形、水泵机组的激烈振动和联轴结的断裂。

3）水泵倒流量过大，引起管网压力下降，使供水量减小，从而影响正常供水。

（3）水锤的分类与判别

1）按产生水锤的原因可分为：关（开）阀水锤、启（停）泵水锤。在正常开（关）阀时由于时间较长，一般不会对阀门和管道造成破坏，此种水锤称之为间接水锤。在发生阀门或止回阀突然关闭时，可使阀门或管道破裂，此种水锤称之为直接水锤。

2）按产生水锤时的管道水流状态可分为：不出现水柱中断与出现水柱中断两类。前者水锤压力上升值 h 通常不大于水泵额定扬程或水泵工作水头，称之为正常水锤。后者因水柱中断所产生的水锤，压力上升值要大得多，是引起事故的主要原因，此种水锤称之为非常水锤。

所谓水柱中断就是管道内局部水流发生突然中断（拉断），如阀门的突然关闭。凸形地势未装有补气装置，均会使局部管内有空穴产生，使管内局部压力下降，甚至形成负压（真空），瞬时可使水流的方向改变，管道中的水流以高速向空穴处冲击使管道内压力骤增，从而使管道造成破裂。

（4）水锤的防止

1）在机泵出水管道上装缓闭阀如液控蝶阀、双速闸阀、微阻缓闭止回阀，以及水锤消除器等可起到缓冲水锤或消除水锤之目的，但应注意快关与缓闭的时间要调整好，达到既能消除水锤又不使机泵倒转。

2）在管路凸起处设置排气补气阀以消除管道中空穴（负压）状态，可减小水锤压力，避免管道损坏。

3）避免快开、快关阀门。

4）对空管供水时，要控制出水量，可先打开阀门开度的 $15\%\sim30\%$，事前应做好排气门的检查工作，注意不要使机泵超负荷运行，直到管内压力允许时才能全部开启水泵出水阀门。

5）加强对电气装置、阀门和止回阀维修保养，以减少突然断电和阀板脱落的机会，不发生水锤。

第二篇 专业知识与操作技能

第5章 电气专业基本知识

5.1 电路基础

人们生活在电气化、信息化的社会里，广泛地应用着各种电子产品和设备，它们中有各种各样的电路。例如，传输、分配电能的电力电路，转换、传输信息的通信电路，控制各种家用电器和生产设备的控制电路，交通运输中使用的各种信号控制电路等。这些电路都是由各种电器元件按照一定方式连接而成，可提供电流流通的路径。现实中电路式样非常多，但从其作用来看，有两类：一是实现能量的转换和传输；二是实现信号的传递和处理。

5.1.1 电路基本概念

从电路的组成来看，实际电路可以分为三个部分：一是向电路提供电能或信号的电器元件，称为电源或信号源；二是用电设备，称为负载；三是中间环节，如导线、开关、控制器等。电路在电源或信号源作用下，才会产生电压、电流，因此在某种场合又把电源或信号源称为激励，由激励所产生的电压和电流称为响应。图 5-1 所示电路是由一个电源（干电池）、一个负载（小电珠）、一个开关和若干导线组成的最简单电路。

当接触实际电路时，就会发现情况非常复杂。比如从电路的几何尺寸来看，大的可达数千公里，甚至连接全世界，如电力网、通信网、因特网；而小的如集成电路，虽然只有指甲那么大，却是由千千万万个小电路集合而成一个电路或系统。又如从电路中所进行的电磁运动来看，一个最简单的线绕式电阻器，通电时电能转化为热能，这种转换是与流过电流的大小有关而且不可逆转。因此，电阻器是一个消耗

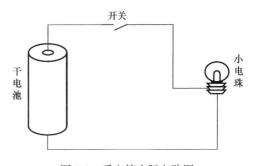

图 5-1 手电筒实际电路图

电能的器件，但是通电的导线周围有磁场，于是一部分电能转换为磁能。再进一步分析，会发现该磁场随着流过的电流频率不同而不同。任何一个实际电路器件在电压、电流作用下，总是同时发生多种电磁效应，但电阻主要消耗电能，电感线圈主要储存磁场能量，电容器主要储存电场能量，电池和发电机等主要提供电能。为了便于对电路进行分析和计算，常把实际的元件加以理想化，在一定条件下忽略其次要电磁性质，用足以表征其主要电磁性质的理想化的电路元件来表示。例如，用电阻元件来反映电路或器件消耗电能的电磁性质；用电感元件来反映电路或器件储存磁能的电磁性质；用电容元件来反映电路或器件储存电场能量的电磁性质；用电源元件来反映电能量（电功率）发生器的电磁性质。这样就有了四个理想电路元件，如图 5-2 所示。

由理想电路元件及其组合来近似替代实际电路元件，从而构成了与实际电路相对应的电路模型。理想电路元件的图形符号是有国家标准的，根据国家标准绘制的电路模型图称为电路图（图 5-3），它是对手电筒实际电路进行抽象后的电路模型图。U_s 是电压源，这里将干电池的内阻忽略不计；S 表示开关；R 是电阻元件，表示小电珠。各个理想元件之间的导线连接用连线来表示。有了电路图就可方便地进行电路研究了。

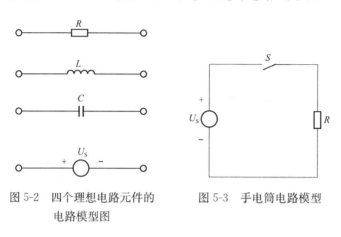

图 5-2　四个理想电路元件的
电路模型图

图 5-3　手电筒电路模型

（1）电流

导体中带电粒子定向有规律的移动就形成了电流。电流是有方向的，习惯上把导体中正电荷移动的方向定义为电流的方向。通常在导体中移动的是导体中的自由电子，是带负电荷，因此移动方向与电流方向相反，虽然一般金属导体中没有正电荷移动，但从相对的角度来说负电荷的移动也就相当于正电荷的反向移动。

讲到带电粒子，可以引入一个物理量：电量，通常用符号 Q 表示，电量的单位为库伦，符号为 C。一个电子的电量数值为 1.6×10^{-19} C，任何电量的数值或者等于这个数值，或者是它的整数倍，因此把 1.6×10^{-19} C 称为基本电荷。

电流也是有大小的，衡量电流的大小取决于单位时间内通过导体横截面的电量，用 I 来表示电流，用 t 来表示时间，用 Q 来表示时间 t 内通过导体横截面的电量，那么电流的计算公式为：

$$I = \frac{Q}{t} \tag{5-1}$$

式中电量的单位为库伦（C），时间的单位为秒（s），电流的单位为国际单位安培，符号为 A。那么 1A 的电流即为导体截面每秒通过的电量，为 1C，如果每秒钟通过导体截面的电量为 10C，那么电流就是 10A。

直流电路中的电流方向不随时间改变而变化，称此电流为直流电。直流电分两种，一种为方向和大小都不随时间发生改变的电流，称为稳恒电流；另一种方向不变，但大小随时间变化，称为脉动直流。通常提到的直流电一般是稳恒电流。

（2）电势、电势差与电动势

处于电场中某个位置的电荷具有电势能，在电场力的作用下会向低势能点移动。单位正电荷从电场中某点 A 移动到零势能点（一般选取无穷远处或者大地为零势能点），电场力对它所做的功与之所带电量的比值，规定为该点 A 的电势，也可称为电位。零势能点的电势通常规定为 0，因此，电场中某点相对零势能点电势的差，即为该点的电势。电势通常用字母 φ 表示，电势的单位为伏特，符号为 V。如果用 E_A 表示电荷从 A 点移动到零势能点电场力所做的功，q 为该电荷所带的电量，那么该点的电势为：

$$\varphi_A = \frac{E_A}{q} \tag{5-2}$$

电场中两点之间的电势差也称之为电位差，也就是通常所说的电压，电压是衡量电场力做功本领的物理量。电压的单位也是伏特（V），除了伏特外，电压的单位还有千伏（kV）、毫伏（mV），它们之间的换算关系为：

$$1\text{kV} = 10^3\,\text{V}$$
$$1\text{mV} = 10^{-3}\,\text{V}$$

在电路中，对于负载来说，规定电流流进端为高电位端，电流流出端为低电位端，电压的方向由高电位指向低电位。电压在电路图中可以表示如图 5-4。

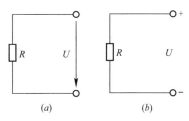

图 5-4　电压的方向表示

（a）用箭头表示；（b）用正负号表示

在电源外部，电流由电源正极流向电源负极，在电源内部，电源通过非静电力将正电荷由电源负极移送到电源正极，将非静电力做的功与移送电荷量的比值叫作电源的电动势，电动势是衡量电源将非电能转化为电能的本领的物理量。电动势用字母 E 表示，单位也是伏特（V）。

电源的电动势是由电源本身特性决定的，与外部电路无关。电动势的方向规定为在电源内部由负极指向正极。

（3）电阻

导体对电流的阻碍作用称之为电阻，电阻的大小反映出导体对电流阻碍作用的大小。电阻用字母 R 表示，其国际单位为欧姆，简称欧，用符号 Ω 表示。除了 Ω，常用的电阻单位还有千欧（kΩ）、兆欧（MΩ），换算关系为：

$$1\text{M}\Omega = 10^3\,\text{k}\Omega = 10^6\,\Omega$$

导体的电阻是导体本身的一种性质，一般来说它的大小取决于导体的材料、长度、横截面积还有温度。实验表明，在温度不变的前提下，用同种材料制成的导线，长度一样时，横截面积越大，电阻值越小，电阻与横截面积成反比；横截面积一样时，长度越长，电阻值越大，电阻与长度成正比。结论可以总结成公式：

$$R = \frac{\rho L}{S} \tag{5-3}$$

式中　L——导体的长度，单位为米，m；

　　　S——导体的横截面积，单位为平方米，m^2；

　　　ρ——导体的电阻率，单位为欧姆米，$\Omega \cdot \text{m}$。

公式中的电阻率 ρ 与导体的几何形状无关，与导体的材料和温度有关，在恒定温度下，对于同一种材料的导体 ρ 是一个常数。不同的导体，有不同的电阻率，同一种导体，在温度不一样时，电阻率也不一样。

（4）电感

当有电流 I 流过电感元件时，其周围将产生磁场。若电感线圈共有 N 匝，通过每匝线

圈的磁通为 Φ，则线圈的匝数与穿过线圈的磁通之乘积为 $N\Phi$。如果电感元件中的磁通和电流 I 之间是线性函数关系，则称为线性电感。若电感元件中的磁通与电流之间不是线性函数关系，则称为非线性电感。

电感是一个储存磁场能的元件。当流过电感的电流增大时，磁通增大，它所储存的磁场能也变大。但如果电流减小到零，则所储存的磁场能将全部释放出来。故电感元件本身并不消耗能，是一个储能元件。

（5）电容

电容元件简称为电容。当电容元件两端加有电压 U 时，它的极板上就会储存电荷 q。如果电荷 q 和电压 U 之间是线性函数关系，则称为线性电容。若电容元件的电荷与电压之间不是线性函数关系，则称为非线性电容。

在线性电容的情况下，电容元件的特性方程为：

$$q = CU \tag{5-4}$$

式中，C 为元件的电容，是一个与电荷、电压无关的常数，单位为法（F）。由于法的单位太大，实用中常采用微法（μF）、纳法（nF）或皮法（pF），

$$1F = 10^6\,\mu F = 10^9\,nF = 10^{12}\,pF$$

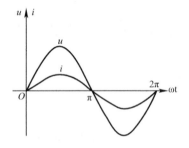

图 5-5　正弦交流量

（6）正弦交流电路

电路中电压和电流作周期性变化，且在一个周期内其平均值为零，这样的电路就称为交流电路。如果电压和电流随着时间呈正弦规律变化，那么就称之为正弦交流电路（图 5-5）。

1）表示交流电大小的物理量

① 瞬时值

交流电在某一个瞬间所具有的大小叫瞬时值。一般用小写字母表示，如电流用 i、电压用 u、电动势用 e 表示。

② 最大值

交流电所具有的最大瞬时值，也叫幅值。一般用表示相应的物理量字母的大写加上下标"m"来表示，如电流的最大值用 I_m、电压的最大值用 U_m 表示。

③ 有效值

交流电的有效值是从热效应的角度出发来考虑的，其定义为：将直流电与交流电分别通过同一个电阻，在相同的时间内，两者产生的热量相等，那么就用这个直流电的大小来表示这个交流电的有效值。通常用相应物理量的大写字母来表示这个交流电的有效值，如电流的有效值用 I、电压的有效值用 U 来表示（常用电气设备铭牌上的额定值通常用有效值来表示，交流仪表通常测量的也是交流电的有效值）。

④ 平均值

交流电正半周内，其瞬时值的平均数称为交流电的平均值。通常用表示相应物理量大写字母加下标"P"来表示，如电流平均值 I_P。

表示交流电大小的物理量之间有着如下的关系（以交流电流为例）：

$$I = 0.707 I_m \text{ 或者 } I = I_m/\sqrt{2}$$
$$I_P = 0.637 I_m \tag{5-5}$$

2）表示交流电变化快慢的物理量

① 周期

交流电变化一次所需要的时间称为交流电的周期，通常用大写字母 T 表示，单位为秒（s）。

② 频率

交流电的频率是指交流电在 1s 之内变化的次数，通常用字母 f 来表示，单位赫兹（Hz）。

③ 角频率

角频率就是指交流电的 1s 变化的角度，通常用 ω 来表示，单位弧度/秒（rad/s）。

表示交流电变化快慢的物理量三者之间的关系为：

$$T = 1/f \text{ 或 } f = 1/T$$
$$\omega = 2\pi f \text{ 或 } f = \omega/2\pi \tag{5-6}$$

我国的工频交流电的频率为 50Hz，也就是说周期为 0.02s，角频率为 314rad/s（取 $\pi = 3.14$）。

3）正弦交流电的初相角、相位、相位差

以正弦交流电流的瞬时表达式为例：

$$i = I_{\mathrm{m}}\sin(\omega t + \varphi) \tag{5-7}$$

公式（5-7）中 φ 就代表这个交流电流的初相角，即时间 t 为 0 时刻交流电流的相位角，$\omega t + \varphi$ 代表交流电流的相位。

两个同频率的交流电量之间的相位之差，或初相角之差就是这两个交流电的相位差。

5.1.2　电路基本定律

（1）欧姆定律

1）部分电路欧姆定律

在导体的两端加上电压后，导体中就会产生电流，那么导体中的电流与导体两端所加的电压又有什么关系呢？早在 19 世纪初期德国物理学家欧姆就对这个问题进行过研究，通过一系列的实验表明：通过导体的电流与导体两端的电压成正比，与导体的电阻大小成反比，这就是欧姆定律。用 I 表示通过导体的电流，用 U 表示导体两端的电压，用 R 表示导体的电阻，那么欧姆定律就可以表示为：

$$I = \frac{U}{R} \tag{5-8}$$

式中，I 的单位为 A，U 的单位为 V，R 的单位为 Ω，I、U、R 三个物理量必须对应同一段电路或同一段导体，U 和 I 的值必须是导体上同一时刻的电压和电流值。像这种对象为一段电路（不含电源）或一段导体的欧姆定律，通常称之为部分电路欧姆定律。

根据欧姆定律的公式 $I=U/R$，可以得到两个转换式：

$$R = \frac{U}{I}; \quad U = IR$$

运用转换式 $R=U/I$，可以通过加在导体两端的电压和通过导体的电流来计算出导体的电阻，平常通过电压表、电流表测量电阻就是运用的这个转换式，也叫伏安法测电阻。

需要注意的是，导体的电阻是导体本身的特性，它与导体两端的电压和通过导体的电流并无关系，不可认为导体电阻与电压成正比，与电流成反比。

运用转换式 $U=IR$，可以通过流过导体的电流和导体的电阻来计算加在导体两端的电压。

在直流电路中应用欧姆定律之前，首先要判断电路中的原件是否为纯电阻，在直流电路中，只有纯电阻才适用欧姆定律。

2）全电路欧姆定律

图 5-6（a）是一个最简单的闭合电路图，由电源、开关、电阻组成，如果电源的电动势为 E，电阻为 R，那么运用欧姆定律可以得到此闭合电路电流为 $I=E/R$，但实际情况是电源内部一般都是有电阻的，这个电阻称为电源内电阻，简称内阻，用符号 r 表示。

将图 5-6（a）转化为图 5-6（b），将虚线框内电源和其内阻称为内电路，内电路之外称为外电路，此时电路中电流：

$$I = \frac{E}{R+r} \tag{5-9}$$

这就是全电路欧姆定律，也称为闭合电路欧姆定律，内容为：在全电路中电流大小与电源电动势成正比，与整个电路的内外电阻之和成反比。

由上面公式可以得到 $E=IR+Ir$，定义 $U_外=IR$，$U_内=Ir$，其中 $U_外$ 是外电路上总的电压降，也称为路端电压；$U_内$ 是内电路上总的电压降，也称为内电压。因此全电路欧姆定律公式也可以表示为：

$$E = U_外 + U_内 \tag{5-10}$$

表述为：电源电动势的数值等于闭合电路中内外电路电压降之和。

（2）电路的连接

1）电路的串联

如果某段电路中的各个元件是首尾连接起来的，那么这段电路就是串联连接。串联电路有以下几个特点：

① 串联的电路只有一条电流的路径，各元件顺次相连，没有分支；

② 串联电路中各负载之间相互影响，若有一个负载断路，其他负载也无法工作；

③ 串联电路的开关控制整条串联电路上的负载，并与其在串联电路中的位置无关。

图 5-7 是一段由 n 个电阻串联而成的电路，由串联电路的特点可知，流过每个串联电阻的电流都相等，即：

$$I = I_1 = I_2 = \cdots = I_n$$

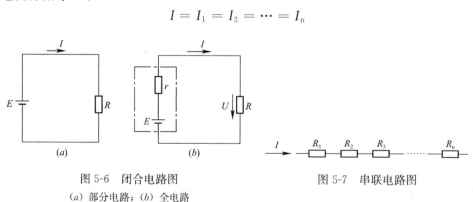

图 5-6　闭合电路图

（a）部分电路；（b）全电路

图 5-7　串联电路图

串联电路两端的总电压等于各个串联电阻两端电压之和，即：

$$U = U_1 + U_2 + \cdots + U_n \tag{5-11}$$

也可以写成：

$$U = IR_1 + IR_2 + \cdots + IR_n = I(R_1 + R_2 + \cdots + R_n)$$

所以，n 个电阻串联的等效电阻为：

$$R = \frac{U}{I} = R_1 + R_2 + \cdots + R_n \tag{5-12}$$

即串联电路的等效电阻等于各串联电阻值之和。

串联电路中，各个电阻两端分配的电压与电阻值成正比，若已知串联电阻的总电压 U 以及各个电阻的阻值 R_1，R_2，$\cdots$，R_n，那么分配在其中一个电阻 R_x 两端的电压为：

$$U_x = \frac{R_x}{R_1 + R_2 + \cdots + R_n}U \tag{5-13}$$

上面这个式子通常称为串联电路的分压公式。

在实际的工作生活中，串联电阻有很多应用。比如当需要一个较大的电阻时，可以将几个较小的电阻串联起来；当某个负载的额定电压低于电源电压时，可以串联一个合适的电阻进行分压；当不希望电路中电流过大时，可以串联一个电阻进行限流。

2）电路的并联

如果某段电路中的各个元件并列连接在电路的两点之间，那么这段电路就是并联连接，如图 5-8 所示，各个电阻 R_1，R_2，$\cdots$，R_n 就是并联连接的。

并联电路有以下几个特点：

a. 并联电路由干路和若干条支路构成，每条支路各自和干路形成回路，每条支路两端的电压相等；

b. 并联电路中各负载之间互不影响，若其中一个负载断路，其他负载仍可正常工作；

c. 并联电路中，干路开关控制所有支路负载，支路开关只控制其所在支路的负载。

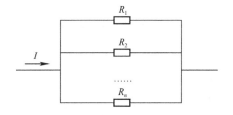

图 5-8 并联电路图

图 5-8 是由若干个电阻并联而成的电路，由并联电路的特点可知每个电阻两端的电压均相等，即：

$$U_1 = U_2 = \cdots = U_n = U$$

并联电路的总电流等于流过各个支路电阻的电流之和，即：

$$I = I_1 + I_2 + \cdots + I_n$$
$$= U/R_1 + U/R_2 + \cdots + U/R_n$$
$$= U(1/R_1 + 1/R_2 + \cdots + 1/R_n)$$

所以，n 个电阻并联的等效电阻为：

$$R = U/I = 1/(1/R_1 + 1/R_2 + \cdots + 1/R_n) \tag{5-14}$$

也可以写成：

$$1/R = 1/R_1 + 1/R_2 + \cdots + 1/R_n$$

即并联电路的等效电阻的倒数等于各并联电阻倒数之和。

若两个电阻并联，则 $1/R = 1/R_1 + 1/R_2$

$$R = R_1 R_2 / R_1 + R_2 \qquad\qquad (5\text{-}15)$$

在并联电路中通过各支路的电流与该支路的电阻值成反比，阻值越大的支路流过的电流越小。

并联电路在实际工作生活中应用十分广泛。例如可以并联电阻以获得一个较小的电阻；日常工作生活中的电器大多在某几个固定的额定电压下工作，将额定电压相同的用电器采用并联方式接入电路，这样每个负载都有其各自的回路，每个负载的运行停止均不影响其他负载的使用，比如家庭里的冰箱、电灯、空调等，工厂里的各种机器，马路上的路灯，都是并联连接的。

5.2 变压器

变压器利用电磁感应原理，将一种交流电转变为另一种或几种频率相同、大小不同的交流电。

变压器是应用广泛的电气设备。在电力系统中，从输电的角度看，在电功率一定的情况下，为了减少损耗，需要用高电压。发电机发出的电压经变压器升压，然后再经高压输电线路输送到远地。从用电的角度看，各类用电器所需电压不一，如大型动力设备的电压为 6kV、3kV，小型动力设备的电压为 380V，单相设备和照明需用 220V。为了保证用电安全和满足各个用电设备的电压要求，要利用变压器把输电线路中的高压降低。另外它还在通信广播、冶金、电子实验、电气测量及自动控制等方面得到广泛的应用。

5.2.1 变压器的类别和结构

变压器按相数的不同，可分为单相变压器、三相变压器和多相变压器；按绕组数目不同，变压器可分为双绕组变压器、三绕组变压器、多绕组变压器和自耦变压器；按冷却方式不同，变压器可分为油浸式变压器、充气式变压器和干式变压器；油浸式变压器又可分为油浸自冷式、油浸风冷式和强迫油循环式变压器；按用途不同，变压器可分为电力变压器（升压变压器、降压变压器、配电变压器等）、特种变压器（电炉变压器、整流变压器、电焊变压器等）、仪用互感器（电压互感器和电流互感器）和试验用的高压变压器等。

变压器是基于电磁感应原理而工作的静止的电磁器械。它主要由铁心和线圈组成，通过磁的耦合作用把电能从一次侧传递到二次侧。

在电力系统中，以油浸自冷式双绕组变压器应用最为广泛，下面主要介绍这种变压器的基本结构（图 5-9）。变压器的主要部件是由铁心和绕组构成的器身，铁心是磁路部分，绕组是电路部分，另外还有油箱及其他附件。

（1）铁心

铁心一般由 0.35～0.5mm 厚的硅钢片叠装而成。硅钢片的两面涂以绝缘漆，使片间绝缘，以减小涡流损耗。铁心包括铁心柱和铁轭两部分。铁心柱的作用是套装绕组，铁轭的作用是连接铁心柱，使磁路闭合。按照绕组套入铁心柱的形式，铁心可分为心式结构和壳式结构两种。叠装时应注意，相邻两层硅钢片须采用不同的排列方法，使各层的接缝不在同一地点，互相错开，减少铁心的间隙，以减小磁阻与励磁电流。但缺点是装配复杂、费工费时，现在多采用全斜接缝，以进一步减少励磁电流及转角处的附加损耗。

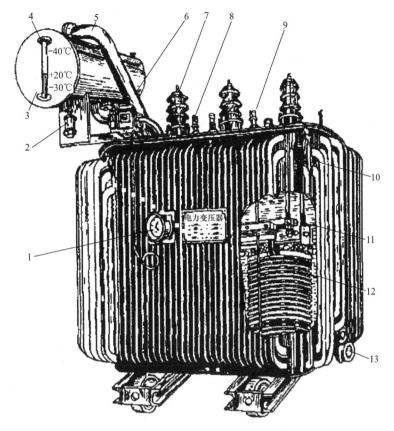

图 5-9　三相油浸式电力变压器外形图

1—信号式温度计；2—吸湿器；3—储油柜；4—油表；5—安全气边；6—气体继电器；7—高压套管；

8—低压套管；9—分接开关；10—油箱；11—铁心；12—线圈；13—放油阀门

（2）绕组

变压器的绕组是在绝缘筒上用绝缘铜线或铝线绕成。一般把接于电源的绕组称为一次绕组或原方绕组，接于负载的绕组称为二次绕组或副方绕组，或者把电压高的线圈称为高压绕组，把电压低的线圈称为低压绕组。从高、低绕组的装配位置看，可分为同心式绕组和交叠式绕组。

1）同心式。同心式绕组的高、低压线圈同心地套在铁心柱上，为了便于对地绝缘，一般是低压绕组靠近铁心柱，高压绕组在低压绕组的外边。同心式绕组结构简单，制造方便，电力变压器均采用这种结构。

2）交叠式。交叠式绕组又称饼式绕组，它将高、低压绕组分成若干线饼，沿着铁心柱的高度方向交替排列，为了便于绕组和铁心绝缘，一般最上层和最下层放置低压绕组。

（3）附件

电力变压器的其他附件，主要包括油箱、储油柜、分接开关、安全气道、气体继电器、绝缘套管等（图 5-9）。其作用是保证变压器安全和可靠运行。

1）油箱。油浸式变压器的外壳就是油箱，它保护变压器铁心和绕组不受外力和潮气的浸蚀，并通过油的对流，对铁心与绕组进行散热。

2）储油柜。在变压器的油箱上装有储油柜（也称油枕），它通过连通管与油箱相通。

储油柜内油面高度随变压器油的热胀冷缩而变动。储油柜限制了油与空气的接触面积，从而减少了水分的侵入与油的氧化。

3）气体继电器。气体继电器是变压器的主要安全保护装置。当变压器内部发生故障时，变压器油汽化产生的气体使气体继电器动作，发出信号，示意工作人员及时处理或令其开关跳闸。

4）绝缘套管。变压器绕组的引出线是通过箱盖上的瓷质绝缘套管引出的，作用是使高、低压绕组的引出线与变压器箱体绝缘。根据电压等级不同，绝缘套管的形式也不同，10～35kV 采用空心充气式或充油式套管，110kV 及以上采用电容式套管。

5）分接开关。分接开关是用于调整电压比的装置，使变压器的输出电压控制在允许的变化范围内。

5.2.2 变压器的工作原理

变压器的一、二次绕组的匝数分别用 N_1，N_2 表示（图 5-10）。图 5-10（a）是给一次绕组施加直流电压的情况，发现仅当开关开闭瞬间，电灯才会亮一下。图 5-10（b）是一次绕组施加交流电压的情况，发现电灯可以一直亮着。

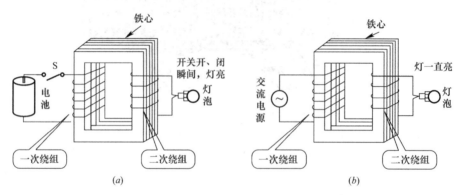

图 5-10 变压器的基本工作原理图
（a）一次侧加直流电压；（b）一次侧加交流电压

上述情况表明，当变压器的一次绕组接通交流电源时，在绕组中就会有交变的电流通过，并在铁心中产生交变的磁通，该交变磁通与一次、二次绕组交链，在它们中都会感应出交变的感应电动势。二次绕组有了感应电动势，如果接上负载，便可以向负载供电，传输电能，实现了能量从一次侧到二次侧的传递，所以图 5-10（b）中的灯也就一直亮着。而图 5-10（a）是仅当开关开、闭时才会引起一次绕组中的电流变化，使交链二次绕组的磁通发生变化，才会在二次绕组中产生瞬时的感应电势，因而灯只闪一下就灭了。由此可知，变压器一般只用于交流电路，它的作用是传递电能，而不能产生电能。它只能改变交流电压、电流的大小，而不能改变频率。

（1）变压器的型号

变压器的型号说明变压器的系列型式和产品规格。变压器的型号是由字母和数字组成的，如 SL7-200/30。第一个字母表示相数，后面的字母分别表示导线材料、冷却介质和方式等。斜线前边的数字表示额定容量（kVA），斜线后边的数字表示高压绕组的额定电压（kV）。其具体表示如图 5-11 所示。

该型号变压器即为三相矿物油浸自冷式双绕组铝线无励磁调压，第 7 次设计，额定容量为 200kVA，高压边额定电压为 30kV 的电力变压器。

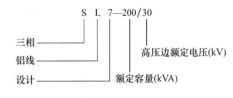

图 5-11　变压器型号的含义

一般将容量为 630kVA 及以下的变压器称为小型变压器；将容量为 800～6300kVA 的变压器称为中型变压器；将容量为 8000～63000kVA 的变压器称为大型变压器；将容量在 90000kVA 及以上的变压器称为特大型变压器。

新标准的中小型变压器的容量等级为：10、20、30、50、63、80、100、125、160、200、250、315、400、500、630、800、1000、1600、2000、2500、3150、4000、5000、6300kVA 等。变压器中除了电力变压器外，还有电炉变压器、整流变压器、矿用变压器、船用变压器等。这些不同类型的产品，根据电压等级、所采用的主要材料、容量等级和电压组合的不同，分为许多系列和品种，目前变压器的品种已不少于 1000 种。

（2）变压器的额定值

变压器的额定值是制造厂家设计制造变压器和用户安全合理地选用变压器的依据。主要包括以下几个额定值。

1）额定容量 S_N。是指变压器的视在功率，对三相变压器是指三相容量之和。由于变压器效率很高，可以近似地认为高、低压侧容量相等。额定容量的单位是 VA、kVA、MVA。

2）额定电压 U_{1N}/U_{2N}。是指变压器空载时，各绕组的电压值。对三相变压器指的是线电压，单位是 V 和 kV。

3）额定电流 I_{1N}/I_{2N}。是指变压器允许长期通过的电流，单位是 A。额定电流可以由额定容量和额定电压计算。

对于单相变压器：

$$I_{1N} = \frac{S_N}{U_{1N}}; \quad I_{2N} = \frac{S_N}{U_{2N}} \tag{5-16}$$

对于三相变压器：

$$I_{1N} = \frac{S_N}{\sqrt{3}U_{1N}}; \quad I_{2N} = \frac{S_N}{\sqrt{3}U_{2N}} \tag{5-17}$$

4）额定频率 f。我国规定标准工业用交流电的额定频率为 50Hz。

除上述额定值外，变压器的铭牌上还标有变压器的相数、连接组和接线图、短路电压（或短路阻抗）的百分值、变压器的运行及冷却方式等。

5.3　电动机

电动机是指依据电磁感应定律实现电能的转换或传递的一种电磁装置。它的主要作用是产生驱动转矩，作为用电器或各种机械的动力源。

最早的交流电动机根据电磁感应原理设计，结构比起直流电动机更为简单，同时也比起只能使用在电车上的直流电动机用途更广泛，它的发明让电动机真正进入了家庭电器领域。交流电动机问世之后，同步电动机、串激电动机、交流换向器电动机等也逐步被人们发明出来，并投入实际的生产，为人们的生活提供更多便利。电动机的发明和应用对人类来说具有极大的意义，可以说它为人类生活带来了翻天覆地的变化。

根据电动机工作电源的不同，可分为直流电动机和交流电动机，其中交流电动机还分为单相电动机和三相电动机。

电动机按结构及工作原理可分为直流电动机、异步电动机和同步电动机。同步电动机还可分为永磁同步电动机、磁阻同步电动机和磁滞同步电动机。异步电动机可分为感应电动机和交流换向器电动机。感应电动机又分为三相异步电动机等。交流换向器电动机又分为单相串励电动机、交直流两用电动机和推斥电动机。

电动机按起动与运行方式可分为电容起动式单相异步电动机、电容运转式单相异步电动机、电容起动运转式单相异步电动机和分相式单相异步电动机。

供水行业一般选用三相异步交流电动机，其具有结构简单、运行可靠、价格便宜、过载能力强及使用、安装、维护方便等优点。一般采用卧式安装，少量立式安装，电动机通风冷却方式常用自扇冷式，多为连续工作制。大功率电动机常配置变频器调速或软启动装置，小功率电动机一般直接启动。

5.3.1　异步电动机的构造及基本原理

（1）三相异步电动机的构造

三相异步电动机具有结构简单、坚固耐用、价格便宜、维修方便等优点，是工农业生产中应用最广泛的一种电动机。

三相异步电动机的结构比较简单，主要由定子和转子两大部分构成（图 5-12）。

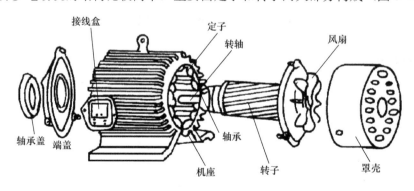

图 5-12　三相异步电动机的构造

1）定子

定子由铁芯、绕组和机座三部分组成，其作用是产生一个旋转磁场。定子铁芯是电动机磁路的一部分，由 0.5mm 厚带绝缘层的硅钢片叠压而成，固定在机座内。定子铁芯的内圆上冲制有均匀分布的槽沟，用以嵌放定子绕组。定子绕组是定子中的电路部分，由三相对称绕组组成，用漆包线绕制，三相绕组按照一定的空间角度嵌放在定子槽内。当三相绕组通以三相交流电时便产生旋转磁场。机座是用来固定定子铁芯及电动机的，一般由铸铁制成。

2）转子

转子是电动机的旋转部分，由转子铁芯、转子绕组和转轴组成，其作用是在旋转磁场作用下获得一个转动力矩，以带动生产机械转动。转子铁芯与定子铁芯一起组成电动机的闭合磁路。转子铁芯也是由 0.5mm 厚硅钢片叠压而成，铁芯外圆的槽沟用来嵌入转子绕组。转子绕组多采用鼠笼式绕组，这类转子称鼠笼式转子。图 5-13（a）所示的鼠笼式转子是用铜条压进铁芯的槽内，两端用端环连接以构成闭合电路；图 5-13（b）所示的鼠笼式转子是用铝液浇铸的。

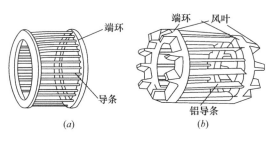

图 5-13 鼠笼式转子

（a）铜条鼠笼转子；（b）铸铝鼠笼转子

有的电动机还采用绕线式转子，其结构与鼠笼式转子不同，但工作原理相同。

（2）三相异步电动机的工作原理

三相异步电动机根据电磁感应原理和磁场对载流导体产生电磁力的作用，实现电能和机械能的转换。

当电动机三相定子绕组通入三相交流电时，电动机便产生旋转磁场。在旋转磁场的作用下，磁感线切割转子导体，也就是转子导体反方向切割磁感线，于是在转子导体中产生感应电流。在如图 5-14 所示电路中，旋转磁场逆时针转动，转子导体切割磁感线方向为顺时针方向，根据右手定则，在 N 极一侧的导体电流的方向由外向里，在 S 极一侧的导体电流的方向由里向外。

转子导体产生感应电流后在磁场中将受到电磁力的作用，根据左手定则，在 N 极一侧的导体受力方向向左，在 S 极一侧的导体受力方向向右，如图中所示。在电磁力的作用下，转子将沿着旋转磁场的方向旋转。

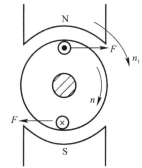

图 5-14 转子的
转动原理

5.3.2 异步电动机的启动方法

三相异步电动机接通电源便开始启动，在启动瞬间，转子绕组与旋转磁场之间的相对速度最大，在转子绕组中产生的感应电动势和感应电流也最大。随之在定子绕组中也出现很大的电流，这个电流称为电动机的启动电流，通常为额定电流的 4～7 倍。

启动时，虽然转子绕组电流很大，但此时转子功率因数很低，启动转矩较小，约为额定转矩的 1.5 倍。启动电流大、启动转矩小是三相异步电动机启动时的缺点。

电动机启动电流大，虽然在短时间内不致引起电动机过热，但可能造成供电线路电压急剧下降，不仅使电动机本身启动困难，而且影响接在同一电源上其他电气设备的正常工作。

为了限制启动电流，并得到适当的启动转矩，对不同容量的三相异步电动机应采用不同的启动方法。通常 30kW 以下的电动机采用直接启动方式。

直接启动的设备简单，启动时间短。当电源容量足够大时，电动机应尽量采用直接启动。大功率的三相异步电动机不能直接启动，必须设法限制启动电流，降压启动是常用的方法之一。

（1）鼠笼式电动机的直接启动

直接启动是将额定电压直接加到电动机上启动。通常30kW以下的电动机采用直接启动方式；5.5kW以下的电动机，通过三相开关连接三相电源；5.5kW以上的电动机通过交流接触器、继电器等组成的控制电路来连接三相电源。

（2）鼠笼式电动机的降压启动

大功率的三相异步电动机不能直接启动，必须设法限制启动电流，降压启动是常用的方法之一。降压启动方法在启动时降低加到电动机上的电压，等电动机转速升高后，恢复电动机的电压至额定值。这种方法启动转矩小，适用于电动机空载或轻载情况下启动。下面介绍两种常见的降压启动方法。

1）串联电阻降压启动

如图5-15所示的是串联电阻降压启动控制电路，QS$_1$、QS$_2$是开关，FU是熔断器。启动时，先合上电源开关QS$_1$，电阻R串入定子绕组，由于其分压作用，加在定子绕组上的电压降低，从而限制了启动电流。当电动机转速接近额定转速时，再合上开关QS$_2$，把电阻R短接，使电动机在额定电压下正常工作。

2）Y/△降压启动

对于正常运行时定子绕组呈三角形连接的电动机，可采用Y/△降压启动。Y/△降压启动在启动时定子绕组使用星形连接，降低定子绕组上的电压，启动后转换成三角形连接，恢复到正常工作状态。

如图5-16所示的是Y/△降压启动控制电路，QS$_2$是"启动""运行"控制开关。启动时，先将QS$_2$掷向"启动"位置，然后合上电源开关QS$_1$。这时定子绕组被接成星形连接，加在每相绕组上的电压只是它呈三角形连接的$1/\sqrt{3}$，降低了启动电流。当转速接近额定转速时，再将QS$_2$掷向"运行"位置，电动机定子绕组呈三角形连接，电动机在额定电压下运行。

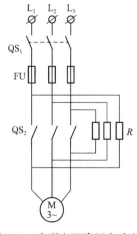

图5-15　串联电阻降压启动电路

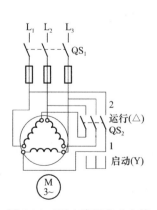

图5-16　Y/△降压启动电路

（3）鼠笼式电动机的软启动

所谓电动机的软启动就是利用电子控制装置，使电动机启动时供电电压逐渐增加，启动电流平滑升高，实现电动机无冲击启动，以保护电源系统、电动机及机械设备。

电动机直接启动电流大，降压启动虽然限制了启动电流，但启动转矩同时降低，只适用于空载或轻载启动，这两种启动都会产生启动冲击。而电动机的软启动可以对电动机的启动参数进行最佳调整，以适应各类负载的要求。

1）软启动的工作原理

电动机的软启动是通过电子控制装置实现的，所用的电子控制装置称软启动器，它是由微处理器和三相可控硅组成的电子控制器。利用微处理器技术，调节可控硅的导通角，实现对电动机端电压的控制，使端电压随时间逐渐增加至额定值，并根据不同负载类型，完成预先整定的电动机启动电流和转矩的曲线形态，保证电动机处于理想的启动状态。当电动机启动完成后，可控硅工作在全导通状态。

2）软启动器的使用

软启动器有多种规格型号，应根据所用电动机的电压和功率、负载的类型，选择相应的软启动器，软启动器的额定电流必须大于电动机的额定电流。软启动器通常有 3 个输入端与三相电源相连，有 3 个输出端与电动机相连。软启动器结构紧凑、体积小，一般可安装在电动机的配电柜内。

使用软启动器，首先要对启动参数进行整定，通过按键输入额定功率、额定电流、额定转矩、额定转速等电动机参数，键入功率、惯性力矩、额定速度等负载参数及软启动器本身可直接预置的启动参数，即可完成启动电压、启动时间、惯性时间等启动参数的整定。

5.3.3 异步电动机的调速方法

电动机投入运行以后，有时为适应工作要求，要改变电动机转速，实现电动机转速变化的过程称为电动机的调速。

电机调速是利用改变电机的级数、电压、电流、频率等方法改变电机的转速，以使电机达到较高的使用性能。电动机调速已广泛用于钢铁、电站、电缆、化工、石油、水泥、纺织、印染、造纸、机械等工业部门，尤其适宜作流量变化较大的泵和风机类负载拖动，能够获得良好的节能效果及工艺控制。

三相异步电动机转速公式为：$n=60f/p(1-s)$。从上式可见，改变供电频率 f、电动机的极对数 p 及转差率 s 均可达到改变转速的目的。从调速的本质来看，不同的调速方式无非是改变交流电动机的同步转速或不改变同步转速两种。

在生产机械中广泛使用不改变同步转速的调速方法有绕线式电动机的转子串电阻调速、斩波调速、串级调速以及应用电磁转差离合器、液力偶合器、油膜离合器等调速。改变同步转速的有改变定子极对数的多速电动机，改变定子电压、频率的变频调速等。

从调速时的能耗观点来看，有高效调速方法与低效调速方法两种：高效调速指转差率不变，因此无转差损耗，如多速电动机、变频调速以及能将转差损耗回收的调速方法（如串级调速等）。有转差损耗的调速方法属低效调速，如转子串电阻调速方法，能量就损耗在转子回路中；电磁离合器的调速方法，能量损耗在离合器线圈中；液力偶合器调速，能量损耗在液力偶合器的油中。一般来说，转差损耗随调速范围扩大而增加，如果调速范围不大，能量损耗是很小的。

（1）变极对数调速方法

这种调速方法是用改变定子绕组的接线方式来改变笼型电动机定子极对数以达到调速目的，特点如下：

1）具有较硬的机械特性，稳定性良好；

2）无转差损耗，效率高；

3）接线简单，控制方便，价格低；

4）有级调速，级差较大，不能获得平滑调速；

5）可以与调压调速、电磁转差离合器配合使用，获得较高效率的平滑调速特性。

本方法适用于不需要无级调速的生产机械，如金属切削机床、升降机、起重设备、风机、水泵等。

（2）变频调速方法

变频调速是改变电动机定子电源的频率，从而改变其同步转速的调速方法。变频调速系统主要设备是提供变频电源的变频器，变频器可分成交流－直流－交流变频器和交流－交流变频器两大类。其特点如下：

1）效率高，调速过程中没有附加损耗；

2）应用范围广，可用于笼型异步电动机；

3）调速范围大，特性硬，精度高；

4）技术复杂，造价高，维护检修困难。

本方法适用于要求精度高、调速性能较好的场合，较适合水厂机组调速。

（3）串级调速方法

串级调速是指绕线式电动机转子回路中串入可调节的附加电势来改变电动机的转差，达到调速的目的。大部分转差功率被串入的附加电势所吸收，再利用产生附加的装置，把吸收的转差功率返回电网或转换能量加以利用。根据转差功率吸收利用方式，串级调速可分为电机串级调速、机械串级调速及晶闸管串级调速形式，多采用晶闸管串级调速，其特点为：

1）可将调速过程中的转差损耗回馈到电网或生产机械上，效率较高；

2）装置容量与调速范围成正比，投资省，适用于调速范围在额定转速 $70\%\sim90\%$ 的生产机械上；

3）调速装置故障时可以切换至全速运行，避免停产；

4）晶闸管串级调速功率因数偏低，谐波影响较大。

本方法适合于风机、水泵及轧钢机、矿井提升机、挤压机上使用。

（4）绕线式电动机转子串电阻调速方法

绕线式异步电动机转子串入附加电阻，使电动机的转差率加大，电动机在较低的转速下运行。串入的电阻越大，电动机的转速越低。此方法设备简单，控制方便，但转差功率以发热的形式消耗在电阻上，属有级调速，机械特性较软。

（5）定子调压调速方法

当改变电动机的定子电压时，可以得到一组不同的机械特性曲线，从而获得不同转速。由于电动机的转矩与电压平方成正比，因此最大转矩下降很多，其调速范围较小，使一般笼型电动机难以应用。

为了扩大调速范围，调压调速应采用转子电阻值大的笼型电动机，如专供调压调速用的力矩电动机，或者在绕线式电动机上串联频敏电阻。为了扩大稳定运行范围，当调速在 2:1 以上的场合应采用反馈控制以达到自动调节转速的目的。

调压调速的主要装置是一个能提供电压变化的电源，目前常用的调压方式有串联饱和电抗器、自耦变压器以及晶闸管调压等几种。晶闸管调压方式为最佳。调压调速的特点如下：

1）调压调速线路简单，易实现自动控制；

2）调压过程中转差功率以发热形式消耗在转子电阻中，效率较低。

调压调速一般适用于 100kW 以下的生产机械。

（6）电磁调速电动机调速方法

电磁调速电动机由笼型电动机、电磁转差离合器和直流励磁电源（控制器）三部分组成。直流励磁电源功率较小，通常由单相半波或全波晶闸管整流器组成，改变晶闸管的导通角，可以改变励磁电流的大小。

电磁转差离合器由电枢、磁极和励磁绕组三部分组成。电枢和后者没有机械联系，都能自由转动。电枢与电动机转子同轴联接称主动部分，由电动机带动；磁极用联轴节与负载轴对接称从动部分。当电枢与磁极均为静止时，如励磁绕组通以直流，则沿气隙圆周表面将形成若干对 N、S 极性交替的磁极，其磁通经过电枢。当电枢随拖动电动机旋转时，由于电枢与磁极间相对运动，因而使电枢感应产生涡流，此涡流与磁通相互作用产生转矩，带动有磁极的转子按同一方向旋转，但其转速恒低于电枢的转速 n_1，这是一种转差调速方式，变动转差离合器的直流励磁电流，便可改变离合器的输出转矩和转速。电磁调速电动机的调速特点如下：

1）装置结构及控制线路简单、运行可靠、维修方便；

2）调速平滑、无级调速；

3）对电网无谐波影响；

4）效率低。

本方法适用于中、小功率，要求调速平滑、短时低速运行的生产机械。

（7）液力耦合器调速方法

液力耦合器是一种液力传动装置，一般由泵轮和涡轮组成，它们统称工作轮，放在密封壳体中。壳中充入一定量的工作液体，当泵轮在原动机带动下旋转时，处于其中的液体受叶片推动而旋转，在离心力作用下沿着泵轮外环进入涡轮时，就在同一转向上给涡轮叶片以推力，使其带动生产机械运转。液力耦合器的动力转输能力与壳内相对充液量的大小是一致的。在工作过程中，改变充液率就可以改变耦合器的涡轮转速，做到无级调速，其特点为：

1）功率适应范围大，可满足从几十千瓦至数千千瓦不同功率的需要；

2）结构简单，工作可靠，使用及维修方便，且造价低；

3）尺寸小，能容大；

4）控制调节方便，容易实现自动控制。

本方法适用于风机、水泵的调速。

5.4 供电系统知识

5.4.1 供电系统基础

用户供配电系统是指电力用户所需的电力电源从进入用户起到所有用电设备入端止的整个电路。由用户变电所或配电所、供配电线路及用电设备组成。

（1）对用户供配电系统的要求

用户供配电是研究用户所需电能的供应、分配和使用问题。为保证用户的正常生产和生活，对用户供配电系统的要求如下：

1）安全——在电力的供应、分配和使用过程中，应避免发生人身及设备事故；

2）可靠——应满足电力用户对供电可靠性即连续供电的要求；

3）优质——应满足电力用户对电压和频率等质量的要求；

4）经济——应使供配电系统的投资少，运行费用低，并尽量节约电能；

5）合理——应合理处理局部与全局、当前与长远等关系。

综上所述，保证对用户不间断地供给充足、优质而又经济的电能，是对用户供配电系统的基本要求。

用户供配电系统的供电电压有高压和低压两种。高压供电是指采用 6～10kV 及以上的电压供电，通常对中小型用户采用 6～10kV 供电电压，对大型用户采用 35～110kV 供电电压。

低压供电是指采用 1kV 及以下的电压供电，通常采用 220/380V 或 660V 的供电电压。小型用户则可直接采用低压供电。

1）大型用户

通常总供电容量在 10000kVA 及以上者为大型用户，供电电压采用 35～110kV，设置总降压变电所。35kV 及以上的电压经该所电力变压器降为 10/6kV 的电压，然后通过高压配电线路将电能送到各车间变电所。车间变电所又经电力变压器将 10/6kV 的电压降为一般低压用电设备所需的 220/380V 电压。为了补偿系统的无功功率和提高功率因数，通常在 10/6kV 的高压母线上或 380V 低压母线上接入并联电容器。

2）中型用户

通常总供电容量在 1000～10000kVA 及以上者为中型用户，供电电压采用 6～10kV，设置高压配电所。

（2）供电质量的主要技术指标

决定用户供电质量的指标为频率、电压和可靠性。

1）频率

我国规定的电力系统标称频率（俗称工频）为 50Hz，国际上标称频率有 50Hz 和 60Hz 两种。由电力系统供电的交流用电设备的工作频率应与电力系统标称频率相一致。当电能供需不平衡时，系统频率便会偏离其标称值。频率偏差不仅影响用电设备的工作状态、产品的产量和质量，更重要的是影响到电力系统的稳定运行。

　　在电力系统正常运行状况下，供电频率的允许偏差为：电网装机容量在 300 万 kW 及以上的，供电频率偏差允许值为 ±0.2Hz；电网装机容量在 300 万 kW 以下的，偏差值可以放宽到 ±0.5Hz；在电力系统非正常状况下，供电频率偏差允许值不应超过 ±1.0Hz。

　　频率的调整主要依靠电力系统，对于用户供电系统来说，提高电能质量主要是电压质量和供电可靠性的问题。

　　2）电压

　　理想的供电电压应该是幅值恒为额定值的三相对称正弦电压。由于供电系统存在阻抗、用电负荷的变化和用电负荷的性质（如冲击性负荷、非线性负荷），实际供电电压无论是在幅值上、波形上，还是三相对称性上都与理想电压之间存在着偏差。

　　电压偏差——电压偏差是指电网实际电压与额定电压之差。实际电压偏高或偏低对用电设备的良好运行都有影响。以照明白炽灯为例，电压升高，则光效高；但寿命减少，电压降低，则光效严重下降。

　　电压波动和闪变——电网电压方均根值随时间的变化称为电压波动，由电压波动引起的灯光闪烁对人眼脑产生的刺激效应称为电压闪变。当电弧炉等大容量冲击性负荷运行时，剧烈变化的负荷电流将引起线路压降的变化，从而导致电网发生电压波动。电压波动不仅引起灯光闪烁，还会使电动机转速脉动、电子仪器工作失常等。

　　高次谐波——当电网电压波形发生非正弦畸变时，电压中出现高次谐波。电力系统中的发电机发出的电压，一般可认为是 50Hz 的正弦波。但由于系统中有各种非线性元件存在，因而在系统中和用户处的线路中出现了高次谐波，使电压或电流波形发生一定程度的畸变。高次谐波的存在将导致供电系统能耗增大，电气设备尤其是静电电容器过流及绝缘老化加快，并会干扰自动化装置和通信设施的正常工作。

　　三相不对称——三相电压不对称指三个相电压在幅值和相位关系上存在偏差，三相不对称主要由系统运行参数不对称、三相用电负荷不对称等因素引起。供电系统的不对称运行，对用电设备及供配电系统都有危害，低压系统的不对称运行还会导致中性点偏移，从而危及人身和设备安全。

　　(3) 供电系统运行的可靠性

　　由于各种类型用户的负荷运行特点和重要性不一样，它们对供电可靠性的要求则不相同。有的要求很高，有的要求很低，必须根据不同的要求来考虑供电方案。为了合理地选择供电电源及设计供电系统，以满足不同的要求，我国将用户的电力负荷按对其供电可靠性要求不同划分为一级负荷、二级负荷和三级负荷。

　　1）一级负荷

　　一级负荷为中断供电将造成人身伤亡者，或在政治、经济上将造成重大损失者。因此一级负荷要求应由两个独立电源供电，而对特别重要的一级负荷，应由两个独立电源点供电。所谓两个独立电源，是指任一电源故障时，不影响另一电源继续供电。当两个电源具备下列条件时，可视为两个独立电源：两个电源来自不同的发电机；两个电源间无联系，或虽有联系但能够在任一电源故障时自动断开其联系。

　　所谓独立电源点主要是强调几个独立电源来自不同的地点，并且当其中一个独立电源点因故障而停止供电时，不影响其他电源点继续供电。例如两个发电厂，一个发电厂和一个地区电力网等都属于两个独立电源点。

特别重要的一级负荷通常又叫保安负荷，除要求有上述两个电源外，还要求必须增设应急电源。为保证对保安负荷的供电，严禁将其他负荷接入应急供电系统。常用的应急电源可根据一级负荷中特别重要负荷的容量及要求的电流类别分为：独立于正常电源的发电机组；干电池；蓄电池；供电系统中有效地独立于正常电源的专门供电线路。

2）二级负荷

二级负荷为中断供电将在政治、经济上造成较大损失者，如主要设备损坏、大量产品报废、连续生产过程被打乱需较长时间才能恢复、重点企业大量减产等。这类负荷允许短时停电几分钟，它在用户内占的比例最大。

二级负荷应由两回线路供电，两回线路应尽可能引自不同的变压器或母线段。当取得两回线路确有困难时，允许由一回专用架空线路供电。

3）三级负荷

三级负荷为一般的电力负荷，所有不属于上述一、二级负荷者。三级负荷对供电电源无特殊要求，允许较长时间停电，由单回线路供电。

供电可靠性可用供电企业对用户全年实际供电小时数与全年总小时（8760h）的百分比来衡量，也可用全年的停电次数及停电持续时间来衡量。供电企业应不断改善供电可靠性，减少设备检修和电力系统事故对用户的停电次数及每次停电持续时间的影响。供电设备计划检修应做到统一安排。供电设备计划检修时，对 35kV 及以上电压供电用户的停电次数，每年不应超过 1 次；对 10kV 供电的用户，每年不应超过 3 次。

5.4.2 供电系统的继电保护及微机保护

（1）继电保护装置

供电系统和电气设备由于绝缘老化、损坏或其他原因，可能发生各种故障和处于不正常的工作状态，其中最常见的是短路故障。供电系统发生短路故障时，必须迅速切除故障部分，恢复其他无故障部分的正常运行，因此在工厂供电系统中装有不同类型的过电流保护装置。工厂供电系统的过电流保护装置有：熔断器保护、低压断路器保护、继电器保护及微机保护。

继电保护装置的任务是在供电系统发生故障时，必须迅速切除故障，以缩小事故范围，保障系统无故障部分继续正常运行，而当系统出现不正常的工作状态时，要给值班人员发出信号，让值班人员及时处理，以避免引起设备事故。这是供电系统继电保护装置所要承担的任务。

继电保护装置按其所承担的任务，必须满足以下四个基本要求。

1）选择性

当供电系统某部分发生故障时，继电保护装置只将故障部分切除，保证无故障部分继续运行。满足这一要求的动作称为"选择性动作"。如果供电系统发生故障时，靠近故障点的保护装置不动作（拒动作），而远离故障点的一级保护装置动作（越级动作），这就叫做"失去选择性"。

2）速动性

当供电系统发生故障时，为了防止事故扩大，减轻短路电流对电气设备的破坏程度，加速恢复供电系统正常运行的过程，继电保护装置应迅速动作切除故障。

3）可靠性

当被保护设备内发生属于该保护应该反应的故障时，该保护装置不会拒绝动作，而不该动作时又不会误动作。继电保护装置的可靠性与保护装置的接线方式、元件的质量及安装、整定和运行维护等很多因素有关。

4）灵敏性

指继电保护装置对被保护的电气设备可能发生的故障和不正常运行状态的反应能力。如果继电保护装置对其保护区内的极轻微故障都能及时地反应动作，则说明该继电保护装置的灵敏性高。

（2）微机保护装置

随着计算机技术的发展和变电所综合自动化系统的实现，变电所采用无人值班运行方式，常规的模拟式继电保护难以满足系统可靠性对保护的要求，主要表现为没有自诊断功能，元件损坏不能及时发现，易造成严重后果；动作速度慢，一般超过 0.02s；定值整定和修改不便，准确度不高；难以实现新的保护原理或算法、体积大、元件多、维护工作量大。

微机继电保护简称微机保护，是以微处理器为核心组成的继电保护装置。微机保护与传统的机电型继电保护相比，具有下列特点。

1）可靠性高

微机保护可以充分利用和发挥微型计算机的存储记忆、逻辑判断和数值运算等信息处理功能。在应用软件的配合下，具有极强的综合分析和判断能力，能对各种故障进行自动识别和排除干扰，有效防止保护装置的误动和拒动。

2）功能齐全

微机保护装置除了保护功能外，还有测量、自动重合闸、事件记录、自诊断和通信等功能。

3）灵活性高

微机保护可在一套软件程序中设置不同的保护方案，用户可根据需要选择，也可根据系统实际情况随机变化，使保护装置具有自适应能力。

4）调试维护方便

微机保护装置由硬件和软件两大部分组成，由于微机保护具有自诊断功能，能对硬件和软件进行自检，一旦出现异常，就会发出报警信号。微机保护投入运行后，如果没有报警信号，则可确认保护装置完好，因此其调试维护方便，且工作量很小。

5）经济性好

随着微机技术的成熟和发展，微机硬件的价格不断下降，而且微机保护的运行维护费很低，因此其经济性好。

由于微机保护具有以上优点，因此，近十几年来，微机保护在电力系统得到迅速推广应用。配电系统微机保护装置除了保护功能外，还有测量、自动重合闸、事件记录、自检和通信等功能。

1）保护功能

微机保护装置的保护有定时限过电流保护、反时限过电流保护、带时限电流速断保护、瞬时电流速断保护。反时限过电流保护还有标准反时限、强反时限和极强反时限保护等几类。以上各种保护方式可供用户自由选择，并进行数字设定。

2）测量功能

配电系统正常运行时，微机保护装置不断测量三相电流，并在液晶显示器上显示。

3）自动重合闸功能

当上述的保护功能动作，断路器跳闸后，该装置能自动发出合闸信号，即自动重合闸功能，以提高供电可靠性。自动重合闸功能为用户提供自动重合闸的重合次数、延时时间以及自动重合闸是否投入运行的选择和设定。

4）人机对话功能

通过液晶显示器和简洁的键盘提供良好的人机对话界面；保护功能和保护定值的选择和设定；正常运行时各相电流显示；自动重合闸功能和参数的选择和设定；故障时，故障性质及参数的显示；自检通过或自检报警。

5）自检功能

为了保证装置可靠工作，微机保护装置具有自检功能，对装置的有关硬件和软件进行开机自检和运行中的动态自检。

6）事件记录功能

发生事件的所有数据如日期、时间、电流有效值、保护动作类型等都存在存储器中，事件包括事故跳闸事件、自动重合闸事件、保护定值设定事件等，并不断更新。

7）报警功能

报警功能包括自检报警、故障报警等。

8）通信功能

微机保护装置能与中央控制室的监控微机进行通信，接受命令和发送有关数据。

根据配电系统微机保护的功能要求，微机保护装置的硬件结构框图如图 5-17 所示。它由数据采集系统、微型控制器、存储器、显示器、键盘、时钟、通信、控制和信号等部分组成。

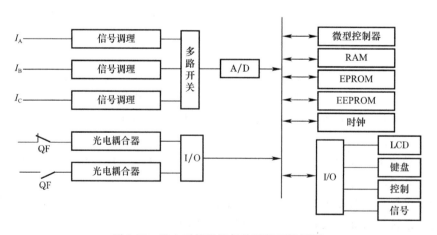

图 5-17　配电系统微机保护硬件系统框图

微机保护装置的软件系统一般包括设定程序、运行程序和中断微机保护功能程序三部分。程序原理框图见图 5-18。

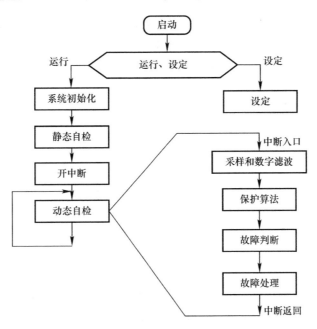

图 5-18　微机保护装置程序原理框图

5.4.3　无功功率补偿

在电力系统中，有许多根据电磁感应原理工作的设备，如变压器、电机、感应炉等，它们都是感性负载，需依靠磁场来传递和转换能量，因而这些设备在运行中，不仅消耗有功功率，而且还需要一定数量的无功功率。

当有功功率一定时，如果无功功率增大，将使视在功率增大，功率因数减小。因此为满足用电单位的需求，就必须增大供电变压器的容量和线路导线的截面积，这样不仅加大投资费用，而且还会因线路的总电流增大，使线路和设备的铜损加大，造成电力的浪费及电压损失增大，电压质量下降。

提高功率因数，首先要设法提高用户的自然功率因数，即指不添加任何无功补偿设备，采用各种技术措施，减少企业供电设备的无功功率消耗量，提高功率因数。当提高自然功率因数仍不能满足要求时，就得采用人工补偿无功功率的方法来提高功率因数。

应用人工补偿无功功率的常用方法有：采用同步补偿机和并联电容器。同步补偿机是一种专门用来改善功率因数的同步电动机，通过调节其励磁电流，可以起到补偿功率因数的作用，通常用在大电网中枢调压或地区降压变电所中。并联电容器也称移相电容器，是一种专门用于改善功率因数的电力电容器。与同步补偿机相比，并联电容器没有旋转部分，运行维护方便，有功损耗也小，占无功功率容量的 0.25%～0.5%，所以在工厂供电系统中应用十分广泛。

用于无功功率补偿的并联电容器分高压和低压两种，高压电容器大多数为单相的，低压电容器大多数为三相的，接线方式有△形和 Y 形两种，但在实际接线中，采用△形接线方式较多，原因是：

1) 电容量相同的电容器△形接线时较 Y 形接线时的等效容量大；

2）采用△形接线时，如果其中一相电容器断线，三相电路仍可得到无功补偿，而采用 Y 形接线时，一相电容器断线时，则该相将失去补偿。

当然，△形接线也存在缺点，若其中一相发生击穿短路时，会造成两相短路，短路电流很大，有可能引起电容器爆炸。

（1）并联电容器的补偿方式

并联电容器按装置的位置分为高压集中补偿、低压集中补偿和低压就地补偿三种方式。

1）高压集中补偿

该种补偿方式是将电容器组集中安装在工厂变配电所 6～10kV 的母线上，这种补偿方式只能补偿 6～10kV 母线前的无功功率，不能补偿低压网络的无功功率。电容器组接成△形，需要放置在高压电容器柜中，为防止电容器击穿造成相间短路，各边接有高压熔断器，控制方式为手动投切。这种补偿方式的初投资较少，电容器的利用率高，可以提高总功率因数，且便于集中运行维护，在一些大中型工厂中应用较为普遍。

2）低压集中补偿

低压集中补偿是将低压电容器集中安装在低压母线上，这种补偿方式能补偿低压母线前的无功功率，能使变压器的无功功率得到补偿，可以减少变压器的容量。它安装在低压配电室内，控制方式为手动投切或自动控制，运行维护方便，在工厂供配电中应用非常普遍。

3）低压就地补偿

低压就地补偿是将电容器组安装在需要进行无功功率补偿的各用电设备附近，这种补偿方式可以补偿安装位置以前所有高、低压线路和变压器的无功功率，补偿范围最大、最彻底，且不占用专门的场地，但它的缺点是总的投资较大，电容器的利用率相对低些。这种补偿方式适用于长期运行的大容量电气设备及所需无功补偿较大的负载。

总之，工厂采用哪种补偿方式最为合适，需进行技术、经济比较后再加以确定。

（2）并联电容器的投入和退出

正常情况下，补偿电容器组在供电系统中的投入运行或退出运行应根据供电系统功率因数或电压情况来决定。如果功率因数过低或电压过低时，应投入电容器组或增加投入；当电容器母线电压超过电容器额定电压的 1.1 倍，或者电流超过额定电流的 1.3 倍及电容器工作环境温度超过 40℃时，应切除电容器组。

1）电容器的退出

当发生下列情况之一时，应当立即切除电容器组。

① 电容器爆炸。

② 电容器喷油或起火。

③ 瓷套管发生放电闪络。

④ 接头严重过热或熔化。

⑤ 电容器内部有异常响声。

⑥ 电容器外壳有异常膨胀。

此外，如遇变配电所停电，应将电容器组切除，以免恢复送电时母线电压过高，造成电容器严重喷油或鼓肚等现象，损坏电容器。

2）电容器的放电

电容器是储能元件，当电容器从电网上切除后，极板上仍储有电荷，因此极板上有残余电压存在，其数值最高可达电网峰值电压。当电容器绝缘良好时，绝缘电阻数值很大，电容器通过绝缘电阻自行放电的速度很慢，不能满足要求。所以每次切除后，必须使电容器通过放电回路自行放电，高压电容器放电时间应超过 5min，低压电容器放电时间应超过 1min。

为确保可靠放电，放电回路不允许装熔断器或开关，即使经过放电回路放电后，电容器仍会有部分残余电压，还需进行一次人工放电。放电时应先将接地端与接地网固定好，再用接地棒多次对电容器放电，直至无火花和放电声为止。此外，检修人员在接触故障电容器前，除进行自动放电和人工放电外，还应戴绝缘手套，用短路线接触故障电容器的两端，使其彻底放电。

3）电容器的运行

对运行中的电容器组应进行日常巡视检查，主要检查电容器的电压、电流及室温等，夏季应在室温最高时进行，其他时间可在系统电压最高时进行。注意检查电容器外壳有无膨胀、漏油的痕迹，有无异常的响声及火花，熔断器是否正常，放电回路是否完好，指示灯是否正常等。对电容器组每月还应进行一次停电检查，检查内容除上述外，还应检查各螺钉接点的接触情况，清除电容器外壳、绝缘子、支架、通风道等处的灰尘及电容器外壳的保护接地线，检查继电保护装置的动作情况等。

对发生断路器跳闸、熔断器熔断等现象的电容器，除立即进行上述检查外，必要时还要对电容器进行试验，在未查出原因之前，不能合闸送电。对电容器还应定期进行预防性实验，以确保电容器的安全可靠。

第6章　计算机应用知识

电子计算机（Computer）是一种按程序控制自动而快速进行信息处理的电子设备，也称信息处理机，俗称电脑。

它接受用户输入指令与数据，经过中央处理器的数据与逻辑单元运算后，以产生或储存成有用的信息。因此，只要有输入设备及输出设备，让你可以输入数据使该机器产生信息的，那就是一台计算机了。计算机包括一般商店用的简易加减乘除计算器、手机、车载GPS、ATM机、个人电脑、笔记本电脑、上网本等，这些都是计算机。

计算机作为一种信息处理工具，具有如下主要特点：

1）运算速度快；

2）运算精度高；

3）具有记忆和逻辑判断能力；

4）存储程序并自动控制。

6.1　计算机硬件

冯·诺依曼体系结构是现代计算机的基础，现在大多数计算机仍是冯·诺依曼计算机的组织结构或其改进体系。

依照冯·诺依曼体系，计算机硬件由以下5部分组成：控制器，运算器，存储器，输入、输出设备。目前，生活中常见的计算机硬件实体与以上5个部分有略微不同，但本身并未跳出冯的体系。

（1）中央处理器

CPU（中央处理器，Central Processing Unit）是计算机的核心部件，其参数有主频、外频、倍频、缓存、前端总线频率、技术架构（包括多核心、多线程、指令集等）、工作电压等。

目前制造个人计算机CPU的厂商主要是两家：英特尔（Intel）公司和AMD公司。相比之下，英特尔公司更具实力，占大部分市场份额。

CPU又分为桌面（台式机上使用）和移动（笔记本上使用）两种。

（2）存储器

存储器是用来存储程序和数据的部件。存储器容器用B、KB、MB、GB、TB等存储容量单位表示。通常将存储器分为内存储器（内存）和外存储器（外存）。

内存储器又称为主存储器，可以由CPU直接访问，优点是存取速度快，但存储容量小，主要用来存放系统正在处理的数据。

日常使用计算机，打开一个应用，计算机会先从硬盘读取该应用的程序数据和配置信息。即使是在固态硬盘逐渐普及的今天，硬盘读写速度依旧远远低于CPU的处理速度。

如果没有内存条，受制于硬盘的读写速度，处理速度会非常慢。内存的出现极大地缓解了两边的速度差距，电脑会将常用数据从硬盘存储至内存条，当想使用该数据时，就可以直接读取内存中的信息，在多数情况下避免了硬盘的速度瓶颈。

内存条按照工作方式，可分为 FPA EDO DRAM、SDRAM、DDR（DOUBLE DATA RAGE）和 RDRAM（RAMBUS DRAM）等。常见的 DDR，又分为 DDR、DDR2 和 DDR3、DDR4 等不同代产品，为了区分，不同代的内存条，接口有所不同。

常见的内存条厂家有：金士顿、三星、东芝、闪迪等。

外存储器又叫辅助存储器，如硬盘、软盘、光盘等，存放在外存中的数据必须调入内存后才能运行。外存存取速度慢，但存储容量大，主要用来存放暂时不用，但又需长期保存的程序或数据。

以硬盘为例，按照存储介质的不同，可以分为三大类：固态硬盘（SSD）、机械硬盘（HDD）和混合硬盘（HHD）。SSD 采用闪存颗粒来存储，HDD 采用磁性碟片来存储，混合硬盘（HHD）是把磁性硬盘和闪存集成到一起的一种硬盘。

（3）主板

主板（Motherboard），即计算机的主电路板。主板之于电脑犹如神经系统之于人，它连接电脑的其余各个组件，在输送电能的同时，为各组件提供传输数据的通道。

典型的主板能提供一系列接合点，供处理器、显卡、声效卡、硬盘、存储器、对外设备等设备接合，它们通常直接插入有关插槽，或用线路连接。主板上最重要的构成组件是芯片组（Chipset），这些芯片组为主板提供一个通用平台供不同设备连接，控制不同设备的沟通。芯片组亦为主板提供额外功能，例如集成显核、集成声卡（也称内置显核和内置声卡）。一些高价主板也集成红外通信技术、蓝牙和 802.11（Wi-Fi）等功能。

（4）输入、输出设备

输入、输出设备（I/O 设备），是数据处理系统的关键外部设备之一，可以和计算机本体进行交互使用。

输入设备（Input Device）是向计算机输入数据和信息的设备，是计算机与用户或其他设备通信的桥梁，是用户和计算机系统之间进行信息交换的主要装置之一。输入设备的任务是把数据、指令及某些标志信息等输送到计算机中去，是人或外部与计算机进行交互的一种装置，用于把原始数据和处理这些数据的程序输入到计算机中。计算机能够接收各种各样的数据，既可以是数值型的数据，也可以是各种非数值型的数据，如图形、图像、声音等都可以通过不同类型的输入设备输入到计算机中，进行存储、处理和输出。

输出设备（Output Device）是把计算或处理的结果或中间结果以人能识别的各种形式，如数字、符号、字母等表示出来，因此输入、输出设备起了人与机器之间进行联系的作用。

常见的输入、输出设备有键盘、鼠标、显示器、投影仪、摄像头、麦克风、打印机、扫描仪等。

6.2　计算机软件

计算机软件（Software，也称软件）是指计算机系统中的程序及其文档，程序是对计算任务的处理对象和处理规则的描述；文档是为了便于了解程序所需的阐明性资料。软件是用户与硬件之间的接口界面，用户主要是通过软件与计算机进行交流，软件是计算机系统设计的重要依据。为了方便用户，使计算机系统具有较高的总体效用，在设计计算机系统时，必须通盘考虑软件与硬件的结合，以及用户的要求和软件的要求。

6.2.1　计算机语言

计算机语言（Computer Language）指用于人与计算机之间通信的语言，计算机语言是人与计算机之间传递信息的媒介。计算机系统最大的特征是指令通过一种语言传达给机器，为了使电子计算机进行各种工作，就需要有一套用以编写计算机程序的数字、字符和语法规则，由这些字符和语法规则组成计算机各种指令（或各种语句），这些就是计算机能接受的语言。计算机语言包括机器语言、汇编语言和高级语言。

（1）机器语言

用机器语言编写程序，编程人员要首先熟记所用计算机的全部指令代码和代码的含义。手编程序时，程序员得自己处理每条指令和每一数据的存储分配和输入输出，还得记住编程过程中每步所使用的工作单元处在何种状态，这是一件十分烦琐的工作，编写程序花费的时间往往是实际运行时间的几十倍或几百倍。而且，编出的程序全是些 0 和 1 的指令代码，直观性差，还容易出错。除了计算机生产厂家的专业人员外，绝大多数程序员已经不再去学习机器语言了。

（2）汇编语言

为了克服机器语言难读、难编、难记和易出错的缺点，人们就用与代码指令实际含义相近的英文缩写词、字母和数字等符号来取代指令代码（如用 ADD 表示运算符号"＋"的机器代码），于是就产生了汇编语言。所以说，汇编语言是一种用助记符表示的仍然面向机器的计算机语言，汇编语言亦称符号语言。汇编语言由于是采用了助记符号来编写程序，比用机器语言的二进制代码编程要方便些，在一定程度上简化了编程过程。汇编语言的特点是用符号代替了机器指令代码，而且助记符与指令代码一一对应，基本保留了机器语言的灵活性，使用汇编语言能面向机器并较好地发挥机器的特性，得到质量较高的程序。

汇编语言中由于使用了助记符号，用汇编语言编制的程序送入计算机，计算机不能像用机器语言编写的程序一样直接识别和执行，必须通过预先放入计算机的"汇编程序"加工和翻译，才能变成能够被计算机识别和处理的二进制代码程序。用汇编语言等非机器语言书写好的符号程序称源程序，运行时汇编程序要将源程序翻译成目标程序，目标程序是机器语言程序，它一经被安置在内存的预定位置上，就能被计算机的 CPU 处理和执行。

汇编语言像机器指令一样，是硬件操作的控制信息，因而仍然是面向机器的语言，使用起来还是比较烦琐费时，通用性也差。汇编语言是低级语言，但是，汇编语言用来编制系统软件和过程控制软件，其目标程序占用内存空间少，运行速度快，有着高级语言不可替代的用途。

（3）高级语言

无论是机器语言还是汇编语言都是面向硬件的具体操作的，语言对机器的过分依赖，要求使用者必须对硬件结构及其工作原理都十分熟悉，这对非计算机专业人员是难以做到的，对于计算机的推广应用是不利的。计算机事业的发展，促使人们去寻求一些与人类自然语言相接近且能为计算机所接受的语意确定、规则明确、自然直观和通用易学的计算机语言，这种与自然语言相近并为计算机所接受和执行的计算机语言称高级语言。高级语言是面向用户的语言，无论何种机型的计算机，只要配备上相应的高级语言的编译或解释程序，则用该高级语言编写的程序就可以通用。

如今被广泛使用的高级语言有 BASIC、PASCAL、C、COBOL、FORTRAN、LOGO以及 VC、VB 等，这些语言都属于系统软件。

计算机并不能直接地接受和执行用高级语言编写的源程序，源程序在输入计算机时，通过"翻译程序"翻译成机器语言形式的目标程序，计算机才能识别和执行。这种"翻译"通常有两种方式，即编译方式和解释方式。编译方式是：事先编好一个称为编译程序的机器语言程序，作为系统软件存放在计算机内，当用户由高级语言编写的源程序输入计算机后，编译程序便把源程序整个地翻译成用机器语言表示的与之等价的目标程序，然后计算机再执行该目标程序，以完成源程序要处理的运算并取得结果。解释方式是：源程序进入计算机时，解释程序边扫描边解释，作逐句输入逐句翻译，计算机一句句执行，并不产生目标程序。

6.2.2 操作系统

操作系统（Operating System，简称 OS）是管理和控制计算机硬件与软件资源的计算机程序，是直接运行在"裸机"上的最基本的系统软件，任何其他软件都必须在操作系统的支持下才能运行。

操作系统是用户和计算机的接口，同时也是计算机硬件和其他软件的接口。操作系统的功能包括管理计算机系统的硬件、软件及数据资源，控制程序运行，改善人机界面，为其他应用软件提供支持，让计算机系统所有资源最大限度地发挥作用，提供各种形式的用户界面，使用户有一个好的工作环境，为其他软件的开发提供必要的服务和相应的接口等。实际上，用户是不用接触操作系统的，操作系统管理着计算机硬件资源，同时按照应用程序的资源请求，分配资源，如划分 CPU 时间、开辟内存空间、调用打印机等。

计算机操作系统的发展经历了两个阶段。第一个阶段为单用户、单任务的操作系统，继 CP/M 操作系统之后，还出现了 C-DOS、M-DOS、TRS-DOS、S-DOS 和 MS-DOS 等磁盘操作系统。计算机操作系统发展的第二个阶段是多用户、多道作业和分时系统。其典型代表有 UNIX、XENIX、OS/2 以及 Windows 操作系统。

Windows 是 Microsoft 公司在 1985 年 11 月发布的第一代窗口式多任务系统，它使 PC机开始进入了所谓的图形用户界面时代。

6.2.3 应用软件

（1）办公软件

办公软件指可以进行文字处理、表格制作、幻灯片制作、图形图像处理、简单数据库处理等方面工作的软件。目前办公软件的应用范围很广，大到社会统计，小到会议记录，数字化的办公，离不开办公软件的鼎力协助。目前办公软件朝着操作简单化、功能细化等方向发展。另外，政府用的电子政务，税务用的税务系统，企业用的协同办公软件，不再限制是传统的打打字、做做表格之类的软件。

现今主要的办公软件是 Microsoft Office。Microsoft Office 是微软公司开发的一套基于 Windows 操作系统的办公软件套装。常用组件有 Word、Excel、Power Point 等。

Word 是文字处理软件，它被认为是 Office 的主要程序，在文字处理软件市场上拥有统治份额。它私有的 DOC 格式被尊为一个行业的标准，虽然 Word 2007 以上版本也支持一个基于 XML 的格式。

Excel 是电子数据表程序（进行数字和预算运算的软件程序），是最早的 Office 组件。Excel 内置了多种函数，可以对大量数据进行分类、排序甚至绘制图表等。

Outlook 是个人信息管理程序和电子邮件通信软件，在 Office 97 版接任 Microsoft Mail。但它与系统自带的 Outlook Express 是不同的，它包括一个电子邮件客户端、日历、任务管理者和地址本。

PowerPoint 是微软公司设计的演示文稿软件。用户不仅可以在投影仪或者计算机上进行演示，也可以将演示文稿打印出来，制作成胶片，以便应用到更广泛的领域中。利用 PowerPoint 不仅可以创建演示文稿，还可以在互联网上召开面对面会议、远程会议或在网上给观众展示演示文稿。

FrontPage 是微软公司推出的一款网页设计、制作、发布、管理的软件。FrontPage 由于良好的易用性，被认为是优秀的网页初学者的工具。

Access 是由微软发布的关联式数据库管理系统，它结合了 Microsoft Jet Database Engine 和图形用户界面两项特点，是 Microsoft Office 的成员之一。Access 能够存取 Access/Jet、Microsoft SQL Server、Oracle，或者任何 ODBC 兼容数据库内的资料。

Visio 是 Windows 操作系统下运行的流程图和矢量绘图软件，它是 Microsoft Office 软件的一个重要组成部分。

（2）数据库

数据库（Database）是按照数据结构来组织、存储和管理数据的仓库，产生于 60 多年前，随着信息技术和市场的发展，特别是 20 世纪 90 年代以来，数据管理不再仅仅是存储和管理数据，而是转变成用户所需要的各种数据管理的方式。数据库有很多种类型，从最简单的存储有各种数据的表格，到能够进行海量数据存储的大型数据库系统，都在各个方面得到了广泛的应用。

所有关系型数据库中的数据全部为结构化数据。有 Oracle、SQLserver、DB2、mysql、Sybase、access、dbase 等。针对同一数据库，还需要了解数据库版本号等信息，比如 oracle 数据库，不同版本导致软件操作方法有所不同。

1）DB2

关系型数据库，适用于大型的分布式应用系统，是应用非常好的数据库。DB2 的稳定性、安全性、恢复性等都无可挑剔，而且从小规模到大规模的应用都非常适合。但是 DB2 使用起来较为烦琐，数据库的安装要求较多，很多软件都可能和 DB2 产生冲突，因此，一般 DB2 都是安装在小型机或者大型服务器上的，一般不建议在 PC 机上安装。

2）Oracle

关系型数据库，具备强大的数据字典，是目前市场占有率最大且最实用的数据库。Oracle 的安装也较为烦琐，需要的程序文件较多，不过使用起来非常灵活，对于初学者来说，它可以有较为简单的配置；对于要求很高的企业级应用，它也提供了高级的配置和管理方法。

3）MS SQL

MS SQL 目前有两个版本，分别是 2000 和 2005，这两个版本差别较大。2000 版本的数据库程序小而简单，功能较全，属于中型数据库；2005 版本中加入了很多功能，操作各方面都变得较为复杂，整体上接近于大型数据库。

4）MYSQL

这是一个很好的关系型数据库。MYSQL 使用免费，程序虽小，但功能却很全，而且安装简单，现在很多网站都用 MYSQL。MYSQL 除了在字段约束上略有不足外，其他方面都很不错。

5）Access

典型的桌面数据库。如果用它做个简单的单机系统，如记账、备忘录之类的，运行起来还算流畅；但如果需要它在局域网里跑个小程序，程序的运行会比较吃力。Access 的数据源连接很简单，是 Windows 自带数据源。

第7章　可编程控制器的应用

可编程控制器（Programmable Controller，简称 PC），因早期主要应用于开关量的逻辑控制，因此也称为 PLC（Programmable Logic Controller），即可编程逻辑控制器。可编程控制器是以微处理器为基础，综合了计算机技术、自动控制技术和通信技术发展起来的一种通用的工业自动控制装置，具有体积小、功能强、灵活通用与维护方便等一系列的优点，特别是它的高可靠性和较强的适应恶劣环境的能力，受到用户的青睐。因而在工业、交通、建设等领域获得了广泛的应用，成为现代工业控制的三大支柱之一。

7.1　可编程控制器特点及组成

在可编程控制器问世以前，工业控制领域中继电器控制占主导地位。这种由继电器构成的控制系统有着体积大、可靠性差、寿命短、运行速度慢等明显缺点，尤其是对生产工艺多变的系统适应性差，如果生产任务和工艺发生变化，就必须重新设计并改变硬件结构，造成了时间和资金的严重浪费。

美国通用汽车公司（GM公司）为了在每次汽车改型或改变工艺流程时，能不改动原有继电器柜内的接线，以便降低生产成本，缩短新产品的开发周期，提出了研制新型逻辑顺序控制装置，并提出了该装置的研制指标要求。美国的数字设备公司（DEC）在 1969年研制出了第一台可编程控制器，其后，日本、西欧各国的各种可编程控制器研制有突破性进展，我国也研制了可编程控制器并在工业领域大面积应用。

7.1.1　可编程控制器的特点及应用

（1）可编程控制器的定义

国际电工委员会 IEC 于 1982 年颁布了 PLC 标准草案，1985 年提交了第 2 版，1987年的第 3 版对 PLC 作了如下的定义：PLC 是一种专门为在工业环境下应用而设计的数字运算操作的电子装置，它采用可以编制程序的存储器，用来在其内部存储执行逻辑运算、顺序运算、计时、计数和算术运算等操作的指令，并能通过数字式或模拟式的输入和输出，控制各种类型的机械或生产过程。PLC 及其有关的外围设备都应按照易于与工业控制系统形成一个整体、易于扩展其功能的原则而设计。

上述定义表明，PLC 是一种能直接应用于工业环境的数字电子装置，是以微处理器为基础，结合计算机技术、自动控制技术和通信技术，用面向控制过程、面向用户的"自然语言"编程，是一种简单易懂、操作方便、可靠性高的新一代通用工业控制装置。

（2）可编程控制器的分类

可编程控制器发展很快，全世界有几百家工厂正在生产几千种不同型号的 PLC。为了便于在工业现场安装，便于扩展，方便接线，其结构与普通计算机有很大区别。通常从组成结构形式上将这些 PLC 分为两类：一类是一体化整体式 PLC，另一类是模块式结构化的 PLC。

1）整体式结构类

从结构上看，早期的可编程控制器是把 CPU、RAM、ROM、I/O 接口及与编程器或 EPROM 写入器相连的接口、输入输出端子、电源、指示灯等都装配在一起的整体装置。它的特点是结构紧凑、体积小、成本低、安装方便，缺点是输入输出点数是固定的，不一定能适合具体的控制现场的需要。这类产品有 OMRON 公司的 C20P、C40P、C60P，三菱公司的 F1 系列，东芝公司的 EX20/40 系列等。

2）模块式结构类

模块式结构又叫积木式，这种结构形式的特点是把 PLC 的每个工作单元都制成独立的模块，如 CPU 模块、输入模块、输出模块、电源模块、通信模块等。另外，机器有一块带有插槽的母板，实质上就是计算机总线，把这些模块按控制系统需要选取后，都插到母板上，就构成了一个完整的 PLC。这种结构的 PLC 的特点是系统构成非常灵活，安装、扩展、维修都很方便，缺点是体积比较大。常见产品有 OMRON 公司的 C200H、C1000H、C2000H，西门子公司的 S5-115U、S7-300、S7-400 系列等。

另外，为了适应不同工业生产过程的应用要求，也可以按照应用规模及功能对可编程控制器进行分类，根据输入和输出点数的多少，可将 PLC 分为超小（微）、小、中、大、超大 5 种类型。

（3）可编程控制器的特点

PLC 能如此迅速发展，除了工业自动化的客观需要外，还因为它具有许多独特的优点，较好地解决了工业控制领域中普遍关心的可靠、安全、灵活、方便、经济等问题。以下是其主要特点：

1）编程方法简单易学；

2）功能强，性价比高；

3）硬件配套齐全，用户使用方便，适应性强；

4）可靠性高，抗干扰能力强；

5）系统的设计、安装、调试工作量少；

6）维修工作量小，维修方便；

7）体积小，能耗低。

（4）可编程控制器的应用

一方面由于微处理机芯片及有关元件的价格大大下降，使得 PLC 的成本下降，另一方面 PLC 的功能大大增强，它也能解决复杂的计算和通信问题。目前，PLC 在国内外已广泛应用于钢铁、采矿、水泥、石油、化工、电力、机械制造、汽车、装卸、造纸、纺织、环保和娱乐等行业。

7.1.2 可编程控制器的组成与基本结构

PLC 是一种工业控制用的专用计算机，它的实际组成与一般微型计算机系统基本相同，也由硬件系统和软件系统两大部分组成。

PLC 的硬件系统由主机系统、输入输出扩展部件及外部设备组成。

（1）主机系统

PLC 的主机系统由微处理器单元、存储器、输入单元、输出单元、输入输出扩展接口、外围设备接口以及电源等部分组成。各部分之间通过内部系统总线进行连接（图 7-1）。

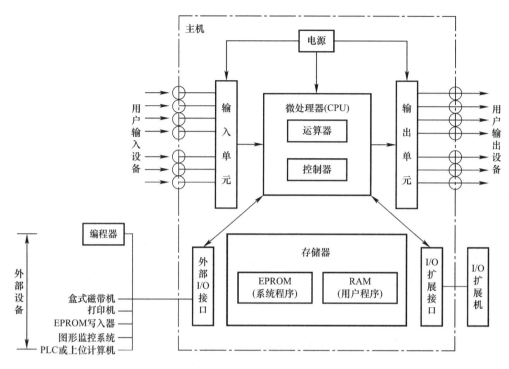

图 7-1　PLC 结构示意图

1）微处理器单元 CPU（Central Processing Unit）

CPU 是 PLC 的核心部分，包括微处理器和控制接口电路。微处理器是 PLC 的运算控制中心，由它实现逻辑运算，协调控制系统内部各部分的工作，它的运行是按照系统程序所赋予的任务进行的。

CPU 的具体作用如下：接受、存储用户程序；按扫描方式接受来自输入单元的数据和各状态信息，并存入相应的数据存储区；执行监控程序和用户程序，完成数据和信息的逻辑处理，产生相应的内部控制信号，完成用户指令规定的各种操作；响应外部设备的请求。

PLC 常用的微处理器主要有通用微处理器、单片机或双极型位片式微处理器，PLC 大多用 8 位和 16 位微处理器。

控制接口电路是微处理器与主机内部其他单元进行联系的部件，主要有数据缓冲、单元选择、信号匹配、中断管理等功能，微处理器通过它来实现与各个单元之间可靠的信息交换和最佳的时序配合。

2）存储器

存储器是 PLC 存放系统程序、用户程序和运行数据的单元，包括只读存储器（ROM）和随机存取存储器（RAM）。只读存储器（ROM）按照其编程方式不同，可分为 ROM、PROM、EPROM 和 EEPROM 等。

3）输入输出模块单元

PLC 的对外功能主要是通过各类接口模块的外接线，实现对工业设备和生产过程的检测与控制。通过各种输入输出接口模块，PLC 既可检测到所需的过程信息，又可将运算处理结果传送给外部，驱动各种执行机构，实现工业生产过程的控制。为适应工业过程现场不同输入输出信号的匹配要求，PLC 配置了各种类型的输入输出模块单元。

其中常用的有以下几种类型。

① 开关量输入单元：它的作用是把现场各种开关信号变成 PLC 内部处理的标准信号。开关量输入单元按照输入端的电源类型不同，分为直流输入单元和交流输入单元。

② 开关量输出单元：它的作用是把 PLC 的内部信号转换成现场执行机构的各种开关信号，按照现场执行机构使用的电源类型不同，可分为直流输出单元（晶体管输出方式或继电器触点输出方式）和交流输出单元（晶闸管输出方式或继电器触点输出方式）。

③ 模拟量输入单元：模拟量输入在过程控制中的应用很广，模拟量输入电平大多是从传感器通过变换后得到的，模拟量的输入信号为 $4\sim20\text{mA}$ 电流信号或 $1\sim5\text{V}$、$-10\sim10\text{V}$、$0\sim10\text{V}$ 的直流电压信号。输入模块接收这种模拟信号之后，把它转换成二进制数字信号，送给中央处理器进行处理，因此模拟量输入模块又叫 A/D 转换输入模块。

④ 模拟量输出单元：它的作用是把 PLC 运算处理后的若干位数字量信号转换成相应的模拟量信号输出，以满足生产过程现场连续信号的控制要求。模拟量输出单元一般由光电耦合器隔离、D/A 转换器和信号转换等环节组成。

⑤ 智能输入输出单元：为了满足 PLC 在复杂工业生产过程中的应用，PLC 除了提供上述基本的开关量和模拟量输入输出单元外，还提供智能输入输出单元，来适应生产过程控制的要求。

智能输入输出单元是一个独立的自治系统，它具有与 PLC 主机相似的硬件系统，也是由中央处理单元、存储器、输入输出单元和外部设备接口单元等部分，通过内部系统总线连接组成。智能输入输出单元在自身的系统程序管理下，对工业生产过程现场的信号进行检测、处理和控制，并通过外部设备接口与 PLC 主机的输入输出扩展接口的连接来实现与主机的通信。PLC 主机在其运行的每个扫描周期中与智能输入输出单元进行一次信息交换，以便能对现场信号进行综合处理。智能输入输出单元不依赖主机的运行方式而独立运行，这一方面使 PLC 能够通过智能输入输出单元来处理快速变化的现场信号，另一方面也使 PLC 能够处理更多的任务。

为适应不同的控制要求，智能输入输出单元也有不同的类型，例如高速脉冲计数器智能单元，它专门对工业现场的高速脉冲信号进行计数，并把累计值传送给 PLC 主机进行处理。如果不用高速脉冲计数智能单元，而用主机的输入输出单元来进行计数操作，则计数速度要受主机扫描速度的影响。当高速脉冲信号的宽度小于主机的扫描周期时，会发生部分计数脉冲丢失的情况，因此，用一般的 PLC 不能正确地进行高速脉冲信号的计数。使用高速脉冲计数智能单元后，由于它脱离主机的扫描周期而独立进行计数操作，而主机仅在每个扫描周期内读出高速脉冲计数智能单元的计数值，因此，使 PLC 系统能正确地对高速脉冲信号进行计数处理。

PID 调节智能单元也是一种智能单元，它能独立完成工业生产过程控制中一个或几个闭环控制回路的 PID 调节。特别是 PID 调节控制软件是由智能单元来执行的，而主机系统仅周期性地把调整参数和设定值传递给 PID 调节智能单元，这样就使主机从烦琐的输入输出操作、复杂的运算处理中解脱出来，从而在其扫描周期内能够处理更多的其他任务。

智能输入输出单元还有位置控制智能单元、阀门控制智能单元等类型，智能输入输出单元为 PLC 的功能扩展和性能提高提供了极为有利的条件。随着智能输入输出单元的品种增加，PLC 的应用领域将越来越广泛，PLC 的主机最终将变为一个中央信息处理机，对与之相连的各种智能输入输出单元的信息进行综合处理。

4）输入输出扩展接口

输入输出扩展接口是 PLC 主机为了扩展输入输出点数和类型的部件，输入输出扩展单元、远程输入输出扩展单元、智能输入输出单元等都通过它与主机相连。输入输出扩展接口有并行接口、串行接口等多种形式。

5）外部设备接口

外部设备接口是 PLC 主机实现人—机对话、机—机对话的通道，通过它，PLC 可以和编程器、彩色图形显示器、打印机等外部设备相连，也可以与其他 PLC 或上位计算机连接。外部设备接口一般是 RS-232C 或 RS-422A 串行通信接口，该接口的功能是串行/并行数据的转换、通信格式的识别、数据传输的出错检验、信号电平的转换等。对于一些小型 PLC，外部设备接口中还有与专用编程器连接的并行数据接口。

6）电源单元

电源单元是 PLC 的电源供给部分，它的作用是把外部供应的电源变换成系统内部各单元所需的电源，有的电源单元还向外提供直流电源，给与开关量输入单元连接的现场电源开关使用。电源单元还包括掉电保护电路和后备电池电源，以保持 RAM 在外部电源断电后存储的内容不丢失。PLC 的电源一般采用开关电源，其特点是输入电压范围宽、体积小、质量轻、效率高、抗干扰性能好。

（2）输入输出扩展模块

输入输出扩展模块是 PLC 输入输出单元的扩展，当用户所需的输入输出点数或类型超出主机的输入输出单元所允许的点数或类型时，可以通过加接输入输出扩展模块来解决。

（3）外部设备

PLC 的外部设备主要是编程器、彩色图形显示器、打印机等。

1）编程器

它是编制、调试 PLC 用户程序的外部设备，是人—机交互的窗口。通过编程器可以把新的用户程序输入到 PLC 的 RAM 中，或者对 RAM 中已有程序进行编辑，通过编程器还可以对 PLC 的工作状态进行监视和跟踪，这对调试和试运行用户程序是非常有用的。

除了专用编程器件外，还可以利用普通个人计算机作为编程器，PLC 生产厂家配有相应的软件包，使用微机编程是 PLC 发展的趋势。现在已有些 PLC 不再提供编程器，而只提供微机编程软件，并且配有相应的通信连接电缆。

2）彩色图形显示器

大中型 PLC 通常配接彩色图形显示器，用以显示模拟生产过程的流程图、实时过程参数、趋势参数及报警参数等过程信息，使得现场控制情况一目了然。

3）打印机

PLC 也可以配接打印机等外部设备，用以打印记录过程参数、系统参数以及报警事故记录表等。

PLC还可以配置其他外部设备，例如，配置存储器卡、盒式磁带机或磁盘驱动器，用于存储用户程序和数据；配置EPROM写入器，用于将程序写入到EPROM中。

PLC除了硬件系统外，还需要软件系统的支持，它们相辅相成、缺一不可，共同构成PLC。PLC的软件系统由系统程序（又称系统软件）和用户程序（又称应用软件）两大部分组成。

（4）系统程序

系统程序由PLC的制造企业编制，固化在PROM或EPROM中，安装在PLC上，随产品提供给用户。系统程序包括系统管理程序、用户指令解释程序和供系统调用的标准程序模块等。

（5）用户程序

用户程序是根据生产过程控制的要求，由用户使用制造企业提供的编程语言自行编制的应用程序。用户程序包括开关量逻辑控制程序、模拟量运算程序、闭环控制程序和操作站系统应用程序等。

7.2 可编程控制器的工作原理

7.2.1 可编程控制器的工作过程

PLC通电后，就在系统程序的监控下，周而复始地按固定顺序对系统内部各种任务进行查询、判断和执行，这个过程实质上是一个不断循环的顺序扫描过程，一个循环扫描过程称为扫描周期。

PLC采用周期扫描机制，简化了程序设计，提高了系统可靠性。具体表现为：在一个扫描周期内，前面执行的任务结果，马上就可被后面将要执行的任务所用；可以通过设定一个监视定时器来监视每个扫描周期的时间是否超过规定值，避免某个任务进入死循环而引起的故障，PLC的工作过程如图7-2所示。

PLC在一个扫描周期内基本上要执行以下6个任务。

（1）运行监控任务

为了保证系统可靠工作，PLC内部设置了系统监视计时器WDT，由它来监视扫描周期是否超时。

（2）与编程器交换信息任务

编程器是PLC的外部设备，它与主机的外部设备接口相连。

（3）与数字处理器（DPU）交换信息任务

一般大中型PLC多为双处理器系统，在一般小型PLC中是没有这个任务的。

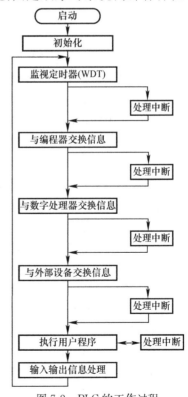

图7-2 PLC的工作过程

（4）与外部设备接口交换信息任务

该任务主要是 PLC 与上位计算机、其他 PLC 或一些终端设备（如彩色图形显示器、打印机等设备）进行信息交换，如果没有连接外部设备，则该任务跳过。

（5）执行用户程序任务

用户程序是由用户根据实际应用情况而编制的程序，存放在 RAM 或 EPROM 中。PLC 在每个扫描周期内都要把用户程序执行一遍，用户程序的执行是按用户程序的实际逻辑关系结构由前向后逐步扫描处理的，并把运行结果装入输出状态暂存区中，系统的全部控制功能都在这一任务中实现。

（6）输入输出信息处理任务

PLC 内部开辟了两个暂存区，即输入信号状态暂存区和输出信号状态暂存区。用户程序从输入信号暂存区中读取输入信号状态，运算处理后将结果放入输出信号状态暂存器中，输入输出状态暂存区与实际输入输出单元的信息交换是通过输入输出任务实现的。

7.2.2　可编程控制器的工作原理

PLC 的工作方式是周期扫描方式，所以其输入输出过程是定时进行的，即在每个扫描周期内只进行一次输入和输出的操作。在输入操作时，首先启动输入单元，把现场信号转换成数字信号后全部读入，然后进行数字滤波处理，最后把有效值放入输入信号状态暂存区；在输出操作时，首先把输出信号状态暂存区中的信号全部送给输出单元，其次进行传送正确性检查，最后启动输出单元把数字信号转换成现场信号输出给执行机构。对用户程序而言，要处理的输入信号是输入信号状态暂存区的信号，而不是实际的信号，运算处理后的输出信号是被放入输出信号状态暂存区中，而不是直接输出到现场的。所以在用户程序执行的这一周期内，其处理的输入信号不再随现场信号的变化而变化；与此同时，虽然输出信号状态暂存区中信号随程序执行的结果不同而不断变化，但是实际的输出信号是不变的，在输出过程中，只有最后一次操作结果对输出信号起作用。

PLC 的中断输入处理方法同一般计算机系统是基本相同的，即当有中断申请信号输入后，系统要中断正在执行的相关程序而转向执行中断子程序；当有多个中断源时，它们将按中断的优先级有一个先后顺序的排队处理，系统可以通过程序设定允许中断或禁止中断。

PLC 对中断的响应不是在每条指令执行结束后进行，而是在扫描周期内某一个任务完成后进行，PLC 的中断源信息是通过输入单元进入系统的。由于 PLC 扫描输入点是按顺序进行的，因此中断源的先后顺序根据其占用的输入点位置而自动排序，当系统接到中断申请后，顺序扫描中断源。

PLC 的中断源有优先顺序，一般无嵌套关系，只有在原中断处理程序结束后，再进行新的中断处理。

PLC 的工作原理与计算机的工作原理是基本一致的，它通过执行用户程序来实现控制任务。但是，在时间上，PLC 执行的任务是串行的，与继电—接触器控制系统中控制任务的执行有所不同。

PLC 工作过程如上所述，可以看到，整个工作过程是以循环扫描的方式进行的。循环扫描方式是指在程序执行过程的周期中，程序对各个过程输入信号进行采样，对采样的信号进行运算和处理，并把运算结果输出到生产过程的执行机构中。

7.3 可编程控制器的编程语言和程序结构

7.3.1 可编程控制器的编程语言

PLC 为用户提供了完整的编程语言，以适应编制用户程序的需要。PLC 提供的编程语言通常有以下几种：梯形图、指令表、功能图和功能块图。下面以 S7-300 系列 PLC 为例加以说明。

(1) 梯形图（LAD）

梯形图编程语言是从继电器控制系统原理图的基础上演变而来的。PLC 的梯形图与继电器控制系统梯形图的基本思想是一致的，只是在使用符号和表达方式上有一定区别。

图 7-3 是典型的梯形图示意，左右两条垂直的线称作母线，母线之间是触点的逻辑连接和线圈的输出。

梯形图的一个关键概念是"能流"（PowerFlow），这仅是概念上的"能流"。图 7-3 中，把左边的母线假想为电源相线，而把右边的母线（虚线所示）假想为电源中性线，如果有"能流"从左至右流向线圈，则线圈被激励，如没有"能流"，则线圈未被激励。

"能流"可以通过被激励（ON）的动合接点和未被激励（OFF）的动断接点自左向右流，"能流"

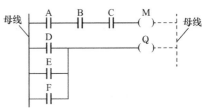

图 7-3 典型梯形图示意

在任何时候都不会通过接点自右向左流。如图 7-3 中，当 A、B、C 接点都接通后，线圈 M 才能接通（被激励），只要其中一个接点不接通，线圈就不会接通；而 D、E、F 接点中任何一个接通，线圈 Q 就被激励。

需强调指出的是，引入"能流"的概念，仅仅是为了和继电控制系统相比较，来对梯形图有一个深入的认识，其实"能流"在梯形图中是不存在的。

有的 PLC 的梯形图有两根母线，但大部分 PLC 现在只保留左边的母线。在梯形图中，触点代表逻辑"输入"条件，如开关、按钮、内部条件等；线圈通常代表逻辑"输出"结果，如灯、电动机、接触器、中间继电器等。对 S7-300 PLC 来说，还有一种输出"指令盒"(方块图)，它代表附加的指令，如定时器、计数器和功能指令等。梯形图语言简单明了，易于理解，是所有编程语言的首选。

(2) 指令表（STL）

指令表编程语言类似于计算机中的助记符语言，它是可编程控制器最基础的编程语言。所谓指令表编程，是用一个或几个容易记忆的字符来代表可编程控制器的某种操作功能。

图 7-4 是一个简单的 PLC 程序，图 (a) 是梯形图程序，图 (b) 是相应的指令表。一般来说，指令表编程适合于熟悉 PLC 和有经验的程序员使用。

(3) 顺序功能流程图（SFC）

顺序功能流程图编程是一种图形化的编程方法，亦称功能图。使用它可以对具有并发、选择等复杂结构的系统进行编程，许多 PLC 都提供了用于 SFC 编程的指令，目前国

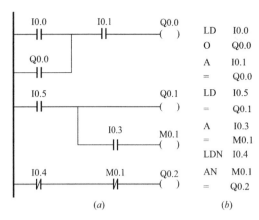

图 7-4　基本指令应用举例

(a) 梯形图；(b) 指令表

际电工协会（IEC）也正在实施并发展这种语言的编程标准。

（4）功能块图（FBD）

S7-300 的 PLC 专门提供了 FBD 编程语言。它没有梯形图编程器中的触点和线圈，但有与之等价的指令，这些指令是作为指令盒出现的，程序逻辑由这些指令盒之间的连接决定。也就是说，一个指令（例如 AND 盒）的输出可以用来允许另一条指令（例如定时器），这样可以建立所需要的控制逻辑。这样的连接思想可以解决范围广泛的逻辑问题，FBD 编程语言有利于程序流的跟踪，但在目前使用较少。

7.3.2　可编程控制器的程序结构

控制一个任务或过程，是通过在 RUN 方式下，使主机循环扫描并连续执行用户程序来实现的，用户程序决定了一个控制系统的功能。

广义上的 PLC 程序由三部分构成：用户程序、数据块和参数块。

（1）用户程序

用户程序是必选项，用户程序在存储器空间中也称为组织块，它处于最高层次，可以管理其他块，是用各种语言（如 STL、LAD 或 FBD 等）编写的用户程序，不同机型的 CPU 其程序空间容量也不同。用户程序的结构比较简单，一个完整的用户控制程序应当包含一个主程序、若干子程序和若干中断程序三大部分。用编程软件在计算机上编程时，利用编程软件的程序结构窗口双击主程序、子程序和中断程序的图标，即可进入各程序块的编程窗口，编译时编程软件自动对各程序段进行连接。对 S7-300 PLC 的主程序、子程序和中断程序来说，它们的结束指令不需编程人员手工输入，编程软件会在程序编译时自动加入相应的结束指令。

（2）数据块

数据块为可选部分，它主要存放控制程序运行所需的数据，在数据块中允许以下数据类型：布尔型，表示编程元件的状态；十进制、二进制或十六进制数；字母、数字和字符型。

（3）参数块

参数块也是可选部分，它存放的是 CPU 组态数据，如果在编程软件或其他编程工具上未进行 CPU 的组态，则系统以默认值进行自动配置。

7.4　程序控制在供水调度中的应用

7.4.1　供水调度系统的特点

城市供水调度系统具有调度模式多样、地域范围广、实时性高、现场环境复杂等特点。系统需要对配水过程中的主要设备、运行参数进行实时监测、分析，以帮助调度人员及时掌握各净水厂送水量以及配水管网检测点运行状态，制定配水需求计划进行生产调度。因此调度系统需要具备如下基本功能：数据通信功能、多信道通信功能、数据管理功能、监测和报警功能、突发事件处理功能。

随着城市自来水供水需求与供水质量的不断提高，许多城市相继建立了计算机供水调度系统，供水系统科学调度的主要目标是在保证供水流量、压力和水质满足有关标准的条件下，尽量节省供水的能量、物质和人力资源消耗，降低供水成本，提高供水系统安全性能和运行管理水平。

近年来随着计算机应用技术、通信和网络技术的不断提高，自来水调度系统应用水平也在日趋完善，自来水调度系统的建立对城市供水产品质量和服务质量，确保水质指标合格率、管网压力合格率、管网修漏及时率、能耗指标等符合考核标准，起到非常重要的作用。

城市自来水管网监测与调度系统的特点，是在整个城市范围内的供水管网上建立一定数量的监测点，由现场的传感器和就地监控设备将监测点的信号收集整理，通过有线或无线通信信道将数据定时传送到监控中心，监控中心对各监测点数据进行分析，然后对城市管网运行情况进行合理的调度，使整个管网系统安全可靠、经济运行。

为了全面反映管网中的资源分布和变化，及时、准确地掌握城市水资源供应状况，在管网上设置适当的监测点是调度系统的关键。对于自来水管网，应该根据地形和管网分布的实际需要，在主干道流量大的地点，各供应区域的代表点、加压泵站、制水厂以及压力最高或最低点，选择适当数量的监测点。

7.4.2 供水调度系统的功能

不同规模的城市所建立的供水调度系统的规模也不同。大中型城市供水系统的调度应该分为两级，第一级是中心调度室对各制水厂、供水管网测点的压力、流量及水质进行监测与调度；第二级是制水厂的控制室对制水工艺设备和水源厂、加压站，以及厂内的各台水泵的参数及运行状态进行监测与调度。系统还要结合管网地理信息系统和历史数据库管理系统，以及水质动态模拟软件，实现供水管网的程序控制和运行调度管理。

供水调度系统的功能应该包括以下几个部分。

（1）城市管网压力实时监测系统

为了使压力监测点能较全面地反映出供水管网内的压力分布和因需水量变化等外部扰动引起的压力变动，并能及时、准确地掌握城市供水的状态，要在供水管网上设置适当数量的测压点。有条件的单位可以在城市中不同供水区域代表点增加测量流量、浊度、余氯，以便反映管网中的水质与供水量。通过长期的数据监测，了解供水区域需水量随时间、季节等不同的变化，为供水系统进行经济合理的调度提供必要的依据。在测压点上可以采用不同类型控制设备进行现场数据采集，采用远程通信方式传送至中心调度室进行集中管理，并在模拟屏或计算机上实时显示、连续监测和自动记录，作为运行调度的决策依据。

（2）分站监测系统

为实现二级调度，在各制水厂、水源厂、加压站建成厂内计算机监测系统，以实现厂级调度。分站监测系统的主要任务是：实时采集现场的各种数据，并通过可编程控制器变换为所需要的数据传送给上位计算机；计算机对这些数据进行处理，并形成相应的现场实时状况模拟图形，给出报警报告；对数据进行统计与分析，形成相应的趋势图和报表。同时还要定时将数据，通过远程通信方式传送到中心调度室。系统根据出水管口的压力，控制水泵的开启台数，或调整水泵变频控制器的频率，以实现恒压供水。

系统监测的范围主要包括：电流、电压、电度量等高低压配电系统运行参数；各机组、阀门、开关柜的开关位置信号；预报与警报信号；压力、水位、流量等水路运行参数；余氯、pH 值、浊度等水质参数；变压器温度、电机温度等物理量。传送到中心调度室的数据包括：出厂水压力、清水池水位、出厂水流量、厂内泵房每泵开停状态及用电量、浊度、余氯、pH 值等，在调度计算机上连续监测和自动记录。

（3）地理信息系统的实现

建立给水管网地理信息系统（GIS）是以城市地形图为背景，以供水管网的空间数据和属性数据为核心，利用计算机技术、地理信息系统技术、数据库技术、图像处理技术、多媒体技术，开发出适合实际需要的供水管网管理系统，实现管网基础资料的动态管理。提供管网及相关资料的查询、统计以及各种输出等管理功能；实现管网分析，包括事故关阀处理、发生火灾时消防栓的搜索等；通过与调度系统的接口，管理测压点、流量计的压力、流量等实时数据。实现管网数据的全面管理，为供水管网预测模型提供依据。

（4）调度软件的实现

在中心调度室建立一套计算机局域网络，以网络服务器为中心，包括调度计算机、工程师站，并将系统扩展到其他职能部门。中心调度室计算机上实现：收集数据、实时监测、远程控制、报表生成、图形显示、报警处理、数据存储、用水预测、调度方案生成、辅助优化调度、系统维护等工作。同时通过计算机网络实现数据共享，将生产调度数据直接用于办公自动化系统，实现"监测、控制、调度、管理"一体化供水调度管理系统，达到科学调度。

（5）PLC 在调度系统中的应用

可编程控制器（PLC）以其自身的一系列特点，在调度系统中使用起来非常方便。PLC 的主要优点是具有高可靠性和稳定性，抗干扰能力强，在恶劣工作环境下可长时间不间断使用，编程简单且维护工作量小，另外配有各类通信接口或通信模块，可以方便地与无线电台和计算机网络相连，能够解决就地编程、监控和通信等问题，在目前许多调度系统中选用 PLC 作为远程监控站的就地控制单元，用它来完成数据采集、现场设备监控、数据通信的全过程。

在监控中心建立局域网络，由计算机来完成系统的监测、调度和维护工作。在这个局域网中必须设立一台通信前置机完成数据的通信。通信前置机的可靠性关系到整个调度系统的成败，而通信前置机也可以用 PLC 来承担。目前许多 PLC 的厂家，开发了具备嵌入的 TCP/IP 通信能力的可编程控制器产品，可以直接连接到监控中心的局域网上，同时完成无线电通信和数据交换。

7.4.3　水厂自控系统

水厂自控系统的系统结构及软硬件配置应按"现场无人值守，水厂监控中心集中管理运行"的标准设计。采用以 PLC 为基础的集散系统，充分利用现场总线及以太网通信技术，确保系统的可靠性以及流程的正常运作。

（1）控制系统结构

水厂自控系统分为三层结构：信息层、控制层和设备层。

信息层：由水厂监控中心的工程师站、历史信息服务器、WEB 服务器、以太网交换机、大屏幕显示屏等监控操作设备及局域网组成。

控制层：由分散在各主要构筑物内的现场 PLC 主站、子站及运行数据采集服务器，工业以太环网交换机及全厂环形 100Mbps 快速光纤以太网、控制子网等组成。

设备层：由现场运行设备、检测仪表、高低压电气柜上智能单元、专用工艺设备附带的智能控制器以及现场总线网络等组成。

（2）控制模式

水厂运行规模的自动化系统为以 PLC 控制为基础的集散型控制系统。设备的软硬件及系统配置按"现场无人值守，水厂监控中心集中管理运行"的标准设计。

水厂设备的控制模式设三级控制：就地、现场 PLC 控制站、监控中心。上、下控制级之间，下级控制的优先权高于上级。就地控制级设有"就地/遥控"两种方式，各设备均可通过"就地/遥控"选择开关切换实现手动操作。当现场 PLC 站发生故障时，可通过"就地/遥控"选择开关切换实现设备的就地手动操作。

现场 PLC 控制站及监控中心均通过软件设置"程序自动/设备点动"两种模式。一般情况下，监控中心负责远程监视水厂运行及必要的参数调整与设备点动，水厂各流程的设备自动控制均由现场 PLC 站完成。

当监控中心的设备或通信网络发生故障时，不影响水厂各净水构筑物的正常运行，各现场 PLC 站可按预先设置的运行模式来监控各工艺流程的运行，操作人员也可通过柜面设置的触摸屏调整运行参数及点动控制。

（3）自控系统技术指标

72h 无需人为干预，生产正常运行，出厂水质、水压、水量符合指标，设备正常运行。

PLC 系统、计算机系统及通信系统平均无故障间隔时间 $MTBF > 20000$h，可用率 $A \geqslant 99.8\%$。

系统综合误差：$\sigma \leqslant 1.0\%$。

数据正确率 $I > 99\%$。

数据通信负载容量平均负荷 $a \leqslant 2\%$，峰值负荷 $A \leqslant 10\%$。

时间参数：

主机的联机启动时间 $t \leqslant 2$min；

报警响应时间 $t \leqslant 3$s；

查询响应时间 $t \leqslant 5$s；

实时数据更新时间 $t \leqslant 3$s；

控制指令的响应时间 $t \leqslant 3$s；

计算机画面的切换时间 $t \leqslant 0.5$s。

（4）数据通信方式

根据系统不同功能层次以及位置宜采用如下通信方式。

1）水厂各 PLC 主站及控制中心以光纤连接成环网，采用工业以太网通信协议，实现厂区级控制数据通信。

2）各子站及远程 IO 以专用工业以太环网的方式接入就近 PLC 主站。

3）流量仪表、部分水质仪表及计量泵、变频器等智能驱动设备采用 Profibus-DP 通信方式接入就近 PLC 站。

4）所有电力系统参数采用 Modbus 通信方式接入就近 PLC 站。

5）配套控制系统等成套控制系统采用以太网方式接入就近 PLC 主站交换机。

（5）计算机控制系统

计算机控制系统是融计算机技术与工业过程控制于一体的综合性技术，是在常规仪表控制系统的基础上发展起来的。

液位控制系统是一个基本的常规控制系统，结构组成如图 7-5 所示。系统中的测量变送器对被控对象进行检测，把被控量（如温度、压力、流量、液位、转速、位移等物理量）转换成电信号（电流或电压）再反馈到控制器中。控制器将此测量值与给定值进行比较，并按照一定的控制规律产生相应的控制信号驱动执行器工作，使被控量跟踪给定值，从而实现自动控制的目的，原理如图 7-6 所示。

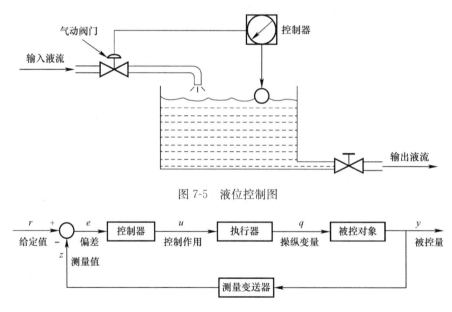

图 7-5　液位控制图

图 7-6　传统仪表控制系统原理框图

如图 7-7 所示，构成了一个典型的计算机控制系统的结构。把图 7-6 中的控制器用控制计算机即计算机及其输入/输出通道来代替，常把被控对象及一次仪表统称为生产过程。这里，计算机采用的是数字信号传递，而一次仪表多采用模拟信号传递。因此，系统中需要有将模拟信号转换为数字信号的模/数（A/D）转换器，以及将数字信号转换为模拟信号的数/模（D/A）转换器。图 7-7 中的 A/D 转换器与 D/A 转换器就表征了计算机控制系统这种典型的输入/输出通道。

（6）水厂自动控制

1）取水（一级）泵房

取水泵房的工作任务是从水源中采集原水，实际的控制比较简单，主要是对设备的操作，控制其运行。

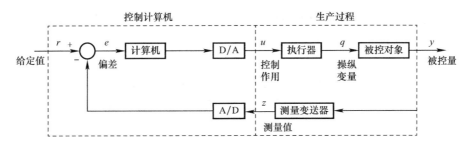

图 7-7　计算机控制系统原理框图

对于取水泵房的控制，首先是控制格栅的清洁。大、中型水厂的格栅都是机械式的，可以通过控制器控制清洁装置（如抓斗等），将格栅前的筛除物从水中捞除，这种清洁能够定时自动进行。同样，除砂、除泥装置也应实现定时进行冲洗、排泥的功能。

水泵是水厂的主要设备，也是主要的耗能设备，电耗很高，水泵控制是取水泵房的主要控制内容。为了保障整个生产、给水系统的高效运行，并且尽量节约能耗，降低生产成本，必须对水泵的工况进行调节，这一般是通过调节水泵转速实现的，常用的方法有串级调速、变频调速等。

控制功能：

格栅根据水位差和时间的自动控制；

格栅的冲洗控制；

机组通过程序实现开停的一步化操作；

水泵根据全厂生产的需要可自动调节水泵开停数量或调节转速；

水泵机组根据运行时间自动切换等优化运行控制；

泵机故障监测和保护；

水泵泵后电动阀故障监测和保护；

通过通信模块采集综保系统数据，包括断路器工况、电流、电压等；

根据吸水井液位及取水口液位进行低液位保护；

监测水泵的实时温度，设置相应的报警及动作限值，进行水泵、电机及泵轴保护。

仪表配置：

吸水井液位仪、水泵前压力表、水泵后压力表、水泵机组温度巡检仪、智能电能表等。

2）沉淀池与综合加药间

加药间和沉淀池是对原水进行混凝、沉淀的车间，混凝、沉淀是净水处理工艺中最重要的环节，加药间的控制质量要求很高，对水厂出水质量、生产成本等有重要意义。

加药间的控制过程总体上分为两个部分，分别为配药过程和加药过程。配药过程需要控制的设备主要有进水阀门和搅拌机，加药过程需要控制的设备主要有计量泵。配药过程的目标是控制在药剂中加入一定倍数的清水，使药剂达到目标浓度。加药过程是对原水的水质变化情况以及出水的水质进行分析，然后将适量的药剂投放到水处理系统中。

关于投药的控制，一直是水厂控制的难点之一。影响混凝剂投量的因素众多且复杂，目前还只能定性分析，达不到定量化。选择不同的因素作为控制的输入参数，并通过不同的方法确定输出参数，就构成混凝投药的各种不同的技术方法。常见的有：模拟法，通过某种相似模拟关系来确定投药量；水质参数法，通过水质参数建立经验模型，作为控制依

129

据；特性参数法，利用混凝过程中某种微观特性的变化作为控制依据；效果评价法，以投药混凝后观察到的实际效果作为调整投药量的依据。

控制功能：

多参数自动加矾：根据进水流量、原水浊度、原水 pH 值、原水电导等多参数控制加矾量，结合滤池出水浊度等参数的统计分析，形成专家型加矾控制系统；

采用投加泵系统自动控制，实现加药控制；

采用体积法自动配置矾液；

加药泵的检测和管理，自动切换等优化控制；

原水参数的检测，仪表数据采集；

反应区自动排泥；

排泥机自动排泥控制。

仪表配置：

沉淀池：沉淀池进水流量仪、沉淀池出水浊度仪；

加药间：矾液池液位仪、矾液稀释池液位仪、投加泵后压力表、加矾流量仪；

加药间一般还配置原水检测仪表，包括浊度、溶解氧、电导、pH 值、COD、氨氮、温度等。

3）滤池和反冲洗泵房

滤池控制系统的任务就是控制过滤、反冲洗，目的是保证滤后水的浊度符合要求。过滤时要求维持一定的滤速，需通过控制滤池的液位来实现，即过滤时要进行恒液位控制。

当过滤进行一段时间后，滤料吸收的悬浊物积累到一定数量，对滤后水浊度的稳定有不利影响，需要进行反冲洗。反冲洗就是对滤层的清洗，需要控制水泵、风机等冲洗设备，以及滤池相关阀门的开关。反冲洗与过滤是交替进行的，反冲洗过后进入过滤阶段，经过一定周期后需要再起动反冲洗。反冲洗的起动共有三个条件，按照优先级从高到低的顺序依次是手动强制反冲、出水浊度达到设定上限值或定时反冲洗。在自动运行方式时，反冲洗 PLC 现场站接受每格滤池子站发出的反冲洗申请信号，按先进先出、后进后出的原则对每格滤池执行反冲洗。

控制功能：

滤池按工艺要求自动生产，恒水位过滤；

滤池滤格的冲洗请求排队，协调各滤池的自动反冲洗；

通过现场总线获取低压开关柜上的进线电压、电流等电气信号，以及鼓风机、冲洗泵电机电流、功率、有功电度信号；

鼓风机、冲洗泵的控制、检测和按策略（时间）优化运行。

仪表配置：

滤池：滤池液位仪、水头损失计；

反冲洗泵房：吸水渠液位仪、反冲洗泵后压力表、反冲洗水总管压力表、反冲洗水流量仪、反冲洗风机压力表、反冲洗气总管压力表、反冲洗气体流量仪。

4）加氯间

加氯车间负责的是净水生产流程中的消毒环节，通常以液氯作为消毒剂。由于氯气是有毒气体，在做好净水消毒控制的同时，也要做好防范氯气泄漏的安全工作。这个车间的控制就是对氯气的自动投加控制，按控制系统的形式划分，可以有以下几种。

流量比例前馈控制：即控制氯气投加量与水流量成一定比例。

余氯反馈控制：按照投加以后水中的余氯进行反馈控制。

前馈反馈控制：即按照水流量和余氯进行的前馈反馈控制，或双重余氯串级控制等。

控制功能：

根据检测参数实现自动加氯，实现比例投加，根据投加经验，实现智能加氯控制；

监控氯库、加氯管道、蒸发设备、加氯设备、中和设备，实现漏氯报警风扇及中和设备自动运行；

氯瓶切换，漏氯中和控制。

仪表配置：

一般随工艺设备会配置氯瓶称重、漏氯报警仪、加氯流量计、管道压力表等仪表。

5）送水（二级）泵房

清水池储蓄处理完毕的清水，通过二级泵站以一定压力送往市区。这个车间是净水厂生产的最后一个环节。与取水口一级泵站类似，二级泵站的控制内容主要也是水泵的调速，以控制出水的压力。在用水高峰期，应结合清水池内清水的自身液位，通过调速等方法，把水厂出水压力调整到一定的设定值上。

控制功能：

抽真空系统的自动运行；

送水泵站机组通过程序实现开停的一步化操作；

水泵根据生产的需要可自动调节水泵开停数量或运行转速；

水泵机组根据运行时间自动切换，优化运行；

泵机故障监测和保护；

水泵泵后电动阀故障监测和保护；

通过通信模块采集综保系统数据，包括断路器工况、电流、电压等；

根据吸水井液位及取水口液位进行低液位保护；

采集水泵温度的实时温度，设置相应的报警及动作限值，进行水泵、电机及泵轴保护。

仪表配置：

清水池液位仪、吸水井液位仪、清水池进水流量仪、泵后压力表、机组温度检测仪、出水流量仪、出水压力表、出水浊度仪、出水余氯仪。

6）臭氧站

臭氧活性炭工艺是目前广泛采用的深度处理技术，臭氧车间就是完成臭氧的制备和投加的一个环节。臭氧系统为配套的成套系统，由专业臭氧设备提供商提供的控制站，接入控制网，实现与中控系统的融合。

臭氧控制站的控制内容包括液氧站的监视、臭氧按投加量制备、预臭氧、臭氧的投加。前（预）臭氧投加控制，一般采用设定臭氧投加率，根据水量变化比例投加，采用PLC自动控制臭氧发生器的产量。后臭氧投加控制，一般采用设定臭氧投加率，根据水量变化与水中余臭氧的变化，双因子投加控制，水量是前馈条件，余臭氧是反馈条件。

控制功能：

臭氧的自动制备，臭氧自动投加（由成套设备实现）；

对后臭氧接触池进水流量进行检测，并将相关数据传输给臭氧系统用于后臭氧投加控制；

通过总线采集电能参数；

臭氧泄露报警及联动。

第8章 供水调度专业知识

8.1 供水调度基本知识

8.1.1 供水系统与调度概念

（1）供水系统的概念

随着城市规模与城市人口的增加，供水企业的规模也随之增大，与乡镇及小城市供水相比，大城市的供水已由单水源简单管网供水，发展到多水源取水、多水厂制水、多区域增压站联合供水的复杂结构，无论是水源还是管网，都发生了巨大变化。将如此多的设备作为一个整体，为城市提供安全、稳定的饮用水，就形成了一个系统。

供水系统是由水源、自来水厂、输水管线、增压泵站、仪器仪表及各类用水设施共同组成的有机整体。

（2）调度的概念

调度是指在生产活动中对整个过程的指挥，是实现生产控制的重要手段。

生产活动是企业一切活动的基础，供水调度工作对供水企业的生产供应起着统帅作用，其工作的好坏会影响企业信誉和生产成本。

根据自来水的生产过程，供水调度可分为原水调度、水厂调度、管网调度和站库调度。由于自来水生产、供应的连续性，这几方面的调度会相互影响、相互制约，任一调度出现问题都会影响供水系统的良性运行，只有在一个统一机构的协调下相互配合，才能确保供水系统的稳定、安全、经济运行，这个机构就是中心调度。

供水调度模式如图8-1所示：

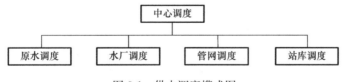

图8-1 供水调度模式图

上述调度模式也称为两级调度，全国大、中城市自来水公司普遍采用此模式供水。随着生产过程自动化控制水平的不断提高，部分城市由中心调度直接全面控制生产，即一级调度模式。具体采用何种调度模式，应结合生产实际合理设置。

8.1.2 供水调度原则

（1）原水调度

原水调度是指同一水厂采用两路及以上水源进行生产时，对不同水源水量、水质的调配。原水调度的原则是按需供水、合理调配。原水泵房直接向水厂一泵房或配水井供水，水厂生产一般比较稳定，原水泵房的水量供应也相对平稳；不同水源的水质会有所差异，尤其是在汛期和枯水期，通过调节不同水源的水量，调配出最有利于水厂生产的原水，是原水调度的重中之重。

（2）水厂调度

水厂是供水企业的水量供应部门，它的任务是为城镇居民、企业等用户提供生产、生活及消防用水，做到经济合理、安全可靠地满足各用户在水量、水质和水压方面的要求。水厂调度的基本原则是产供平衡、降低成本。供是送水，受需求限制，产是制水，受送水限制，社会需求是动态的，若要制水有一定的稳定性，必须利用贮水池进行调节，贮水池的水量调蓄能力，是实现产供平衡的关键。供水行业是一个特殊企业，而自来水更是一种具有特殊地位的食品，此性质决定了其必须满足用户对水量、水质、水压的要求。

作为供水企业，在保证社会效益的同时，也要尽可能提高经济效益。降低成本，是提高经济效益的主要途径，在供水企业的运行成本中，电耗占据很大的比重。如何根据外部用水量的变化，合理配置水厂一、二泵房台时及频率，使机组在高效率状态运行，是水厂调度需要长期摸索和解决的问题。

（3）管网调度

管网调度的基本原则是均衡压力，减少跑、漏。

均衡压力，即根据管网流量、控制压力、等压线、漏损率等技术参数，使市区供水区域内压力相对均衡，其实施的主要手段是靠管网配水调整，环状管网供水方式是实现压力均衡的最佳供水方式，但是，它给管网维护增加困难。供水区域的划分是根据城市的地理环境、供水方式及用水性质所确定的，其服务压力标准也是不同的。

减少跑、漏是降低损漏率的主要手段之一，它与压力均衡是相辅相成的，压力均衡稳定是减少管网漏水的保证，跑水漏水的增加，给实现压力均衡增加了难度。

漏损率是指管网的漏损水量与供水总量的比值。

管网的漏损水量＝供水总量－售水总量－消防、冲洗管道等实际有效使用而未收到水费的水量。

漏损率可以比较准确地衡量供水企业的生产效率，反映出水的实际利用率。降低漏损率，有利于提高供水企业的经济效益，也有利于减少水资源的浪费。

（4）站库调度

区域扩张、高楼林立是现代城市发展的常态，更高的服务水压和更远的输送距离也就成了供水系统发展的趋势。为满足管网末梢和高楼层用户的用水，大型区域增压站和小区二次增压站应势而生。错峰调蓄、平衡压力是站库调度的基本原则。

作为水厂供水的延伸，其首要任务是为管网末梢、高层建筑和其他低压区域提供满足用户要求的自来水。根据中心调度安排，合理利用增压站水库错峰进水、平衡管网水压、减轻水厂供水负荷，也是增压站的重要作用之一。

（5）中心调度

中心调度的基本原则是供需平衡、经济运行。

供需平衡，即根据需求供应水量，管网用水需求是时刻变化的，且表现为管网水压的波动，控制好管网水压，也就达到了供需平衡的要求。供需平衡，换句话说就是"以压为度，稳定供水"。由于是根据压力波动进行水厂台时调度，中心调度指令存在一定的滞后性，因此供需平衡是动态变化的，管网压力也是实时波动的。部分城市采用水量预测模型和频率自动调节等措施，缩短了滞后时间，在一定程度上减小了管网压力波动的幅度。

经济运行是供水企业降低成本、提高经济效益的根本途径，也是中心调度指挥生产的根本原则。在满足服务需求的前提下，如何分配各水厂、增压站的水量及供水台时，使机泵处于高效状态运行，是中心调度日常工作中非常重要的一环。

8.1.3 调度的职责及主要影响因素

（1）调度的职责

原水调度的职责主要包括：了解水源水文信息，监测原水水质，确保原水供水机泵运行正常，掌握水厂原水需水情况，根据原水水质调节不同水源的取水量等。

水厂调度的职责主要包括：监控各工艺环节的生产，确保沉淀池、滤池、清水池等各工艺点出水水质合格；掌握水厂停电、断矾、水质异常等情况的应急预案，出现紧急情况应能熟练处理；根据中心调度指令调节供水量，合理控制水厂生产的电耗、矾耗和消毒剂用量等。

管网调度的职责主要包括：分析管网实时等水压线、等水头线，寻找管网压力不合理区域、流速不经济管段，并制定合理方案，对管网相关阀门进行调整。

站库调度的职责主要包括：监控区域增压站和小区二次供水增压站机泵运行状态，确保各机泵运行良好；监控增压站进出水压力、流量、水质和水库水位等数据，完成各项生产指标等。

中心调度的职责主要包括：监视水厂、增压站供水机泵状态、进出水压力、流量、水质等数据，了解水厂、增压站生产状况；监控管网各测压点水压，充分发挥水厂、增压站的供水能力，合理调配水厂、增压站台时和频率，使供水系统在最经济合理的状态下运行；制定合理的供水方案，配合、协调水厂、增压站及管道工程的实施；熟悉管网供水应急预案，合理处置突发供水事件等。

（2）主要影响因素

供水系统所包含的设备、工艺较多，调度需要管理和调配供水系统包含的所有对象，故影响调度指挥的因素非常多，主要包括以下几部分。

1）地位因素

供水调度工作的顺利开展，能确保城市供水系统良性运行，是城市用水的安全保障，也是降低供水成本、提高企业经济效益的有力措施。中心调度对下级调度的有力指挥和下级调度对中心调度的积极配合，以及下级调度对自身所辖生产的有序管理，是供水调度工作顺利开展的保障。

供水调度的地位因素主要体现在以下两个方面。

① 机构设置的合理性

指的是调度模式的采用和调度内部机构的设置是否合理。调度模式的采用要根据供水的规模、范围及管理方式等来选择，调度模式应随着供水系统规模化的发展不断优化调整；调度内部机构的设置是指调度值班人员和调度管理人员的配置，供水企业应根据自身调度的职责合理设置。

② 职责范围的权威性

调度机构在企业中，尤其是大型供水企业中，虽然不具体管理人、财、物，但在实际生产指挥中却往往要调动一切人力、财力、物力来保障供水系统的正常运行。调度指令的实施是调度发挥作用的关键，尤其是中心调度的指令，关系着整个供水系统的运行。供水调度的权威性是供水系统良性运行的有力保障，管理者应该树立供水调度在企业中的权威。

2）素质因素

近年来，供水企业逐渐认识到调度在企业经济效益中发挥的作用，对调度的重视程度也在提高，调度部门的专业技术力量普遍有所增强，特别是城市供水数据采集和监控系统（SCADA 系统）的运用，实现了生产数据的实时监控。随着供水系统的不断发展，供水企业对调度工作的要求也随之提高，只靠以往的经验进行调度，已无法满足科学调度的需求，提高调度人员的技术素质，是调度建设的重要工作。

提高调度人员的素质水平，可从以下几个方面入手。

① 专业化

根据调度工作的特性，针对性地招聘、培养符合专业要求的技术和值班人员，培养调度行业技术骨干，保持队伍的稳定性，促进全体调度人员素质的提高。

② 年轻化

年轻化是培养生产调度管理人员的需要，也是适应先进技术应用的需要。

③ 规范化

规范化是调度工作有序开展的基础，体现了调度运行的规律性，也是供水系统良性运行的保障。

④ 考核化

考核化是保证职业技能水平不断提高的长期要求，也是保证生产及调度工作顺利进行的需要。

3）设备因素

优良的设备配置是供水系统运行的物质基础，也是实现调度指挥职能的有力保障。

影响调度指挥的设备主要有以下三个。

① 通信系统

主要指电话和网络系统，通信是否畅通、高效，会直接影响到调度指令传递的速度和生产数据采集的及时性。

② 信号采集系统

主要指各种传感器、可编程控制器、信号传输设备及计算机软硬件设备等。

③ 计量仪器

主要指各种流量仪、液位仪、水质仪表及压力传感器等，仪器仪表测量值是否准确、测量精度是否满足要求，是实现精细化生产、自动化控制的基础。

8.2　供水调度运行

8.2.1　供水调度常用仪器仪表

供水是一个工业生产过程，供水调度需要通过多种仪器仪表采集信息，来实现对供水全过程的控制和管理。供水调度常用仪器仪表有：流量检测仪、压力检测仪、液位检测仪、温度检测仪、浊度检测仪、pH 检测仪、溶解氧分析仪、氨氮分析仪、COD 在线分析仪等，下面对这些常用的仪器仪表进行介绍，包括类型、工作原理、安装和维护管理等。

（1）流量检测与仪表

工业生产过程中流量是一个重要参数。流量指的是单位时间内流经某一截面的流体数量。流量可用体积流量和质量流量来表示，其单位分别用 m^3/h、L/h 等。

流量计是指测量流体流量的仪表，它能指示和记录某瞬时流体的流量值；计量表是指测量流体总量的仪表，它能累计某段时间间隔内流体的总量，即各瞬时流量的累加和，如水表、煤气表等。在供水行业中，流量计一般安装在管道上，包括原水进水管、沉淀池进出水管、滤池进出水管、清水池进出水管、二泵房进出水管、加矾加氯管道、管网测流管道、管网用户进水管等。

工业上常用的流量仪表可分为两大类。

速度式流量计：以测量流体在管道中的流速作为测量依据来计算流量的仪表。如差压式流量计、变面积流量计、电磁流量计、漩涡流量计、冲量式流量计、激光流量计、堰式流量计和叶轮水表等。

容积式流量计：以单位时间内所排出的流体固定容积的数目作为测量依据。如椭圆齿轮流量计、腰轮流量计、刮板式流量计和活塞式流量计等。

1）差压式流量计

① 测量原理

在管道中流动的流体具有动能和位能，在一定条件下这两种能量可以相互转换，但参加转换的能量总和是不变的。利用这个原理，应用节流元件实现流量的测量。

根据能量守恒定律及流体连续性原理，节流装置的流量公式可以写成：

$$Q_v = \alpha \varepsilon A_d \sqrt{2 \frac{\Delta P}{\rho}} \tag{8-1}$$

式中　α——流量系数是受许多因素影响的综合性系数；

　　　ε——流体膨胀系数；

　　A_d——节流装置开孔面积；

　　ΔP——节流装置前后的压力差；

　　　ρ——被测流体的密度。

由上式可知，差压 ΔP 与流量 Q 有固定的对应关系，以及流量 Q 与差压 ΔP 的平方根成正比，所以用差压及测出 ΔP 就可以得到流量 Q 的大小。

② 差压计的安装

a. 引压管及差压变送器的安装

引压管的安装。流体经过节流装置后将被测介质的流量信号变换成差压信号，差压信号是通过两根引压管传递到差压变送器，从而显示流量的大小。引压管能否准确如实地传递差压信号，主要来自引压管的精确设计和正确安装。引压管尽量最短距离敷设，总长不应超过 50m，引压管线的拐弯处应是均匀的圆角。引压管的安装应保持垂直或与水平面之间成一定的倾斜度，便于排除引压管中积存的气体、水分、液体或固体微粒而影响差压信号的精确传递。此外，还应加装排污阀门，便于进行定期排除。引压管应远离热源，并有防冻保温措施，便于差压信号的畅通准确的传递。引压管密封性要好，全部引压管均无泄漏现象。

差压变送器的安装。主要应便于维修，选择周围环境条件（温度、湿度、腐蚀性、震动等）较好的地点安装差压变送器。对于尘土较大、腐蚀性较强的恶劣环境均应有防护箱加以防护。安装差压变送器的支架、引压管的连接均应按差压变送器说明书规定、安装规程要求进行安装。

b. 不同介质对差压式流量计的安装要求

测量液体流量，首先要防止液体中有气体进入并积存在导压管内，其次还应防止液体中有沉淀物析出。为达到上述两点要求，差压变送器应安装在节流装置的下方。但在某些地方达不到这点，或环境条件不具备，需将差压变送器安装在节流装置上方，则从节流装置开始引出的导压管先向下弯，而后再向上，形成 U 形液封，在导压管的最高点安装集气器。

2）转子流量计

转子流量计是工业上最常用的一种流量计，又被称为面积式流量计，它是以流体流动时的节流原理为基础的流量测量仪表。

转子流量计的特点：可测多种介质的流量，特别适用于测量中小管径、雷诺数较低的中小流量；压力损失小且稳定；反应灵敏，量程较宽，示值清晰，近似线性刻度；结构简单、价格便宜，使用维护方便；还可测有腐蚀性的介质流量。但转子流量计的精度受测量介质的温度、密度和黏度的影响，而且仪表必须垂直安装等。

① 转子流量计的工作原理

转子流量计本体可以用两端法兰、螺纹或软管与测量管道连接，垂直安装在测量管道上。当流体自下而上流入锥管时，被转子截流，这样在转子上、下游之间产生压力差，转子在压力差的作用下上升，这时作用在转子上的力有三个：流体对转子的动压力、转子在流体中的浮力和转子自身的重力。

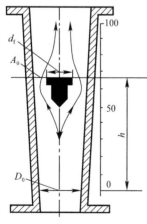

图 8-2　转子流量计原理
示意图

流量计垂直安装时，转子重心与锥管管轴会相重合，作用在转子上的三个力都平行于管轴。当这三个力达到平衡时，转子就平稳地浮在锥管内某一位置上。此时，重力＝动压力＋浮力。对于给定的转子流量计，转子大小和形状已经确定，因此它在流体中的浮力和自身重力都是已知的常量，唯有流体对浮子的动压力是随来流流速的大小而变化的。因此，当来流流速变大或变小时，转子将作向上或向下的移动，相应位置的流动截面积也发生变化，直到流速变成平衡时对应的速度，转子就在新的位置上稳定。对于一台给定的转子流量计，转子在锥管中的位置与流体流经锥管的流量的大小成一一对应关系（图 8-2）。

有流量公式：

$$Q_v = \alpha \varepsilon A_0 \sqrt{\frac{2V(\rho_t - \rho_f)g}{\rho_f A}} \qquad (8\text{-}2)$$

式中　α——流量系数；

g——重力加速度；

ε——流体膨胀系数；

A_0——环隙面积，对应于转子高度 h；

V——转子体积；

ρ_t——转子密度；

ρ_f——测量介质密度。

② 转子流量计的安装

转子流量计是由一个上大下小的锥管和置于锥管中可以上下移动的转子组成。从结构特点上看，它要求安装在垂直管道上，垂直度要求较严，否则势必影响测量精度。第二个要求是流体必须从下向上流动。若流体从上向下流动，转子流量计便会失去功能。

转子流量计分为直标式、气传动与电传动三种形式。对于流量计本身，只要掌握上述两个要点，就会较准确地测定流量。

转子流量计是一种非标准流量计。因为其流量的大小与转子的几何形状、转子的大小、重量、材质、锥管的锥度，以及被测流体的雷诺数等有关，因此虽然在锥管上有刻度，但还附有修正曲线。每一台转子流量计有其固有的特性，不能互换，特别是气、电远传转子流量计。若转子流量计损坏，但其传动部分完好时，不能拿来就用，还需经过标定。

3）超声波流量计

利用超声波测量流体的流速、流量的技术。其主要特点是：流体中不插入任何元件，对流束无影响，也没有压力损失；能用于任何液体，特别是具有高黏度、强腐蚀、非导电性等性能的液体的流量测量；对于大口径管道的流量测量，不会因管径大而增加投资；量程比较宽，可达 5：1；输出与流量之间呈线性等优点。超声波流量计的缺点：当被测液体中含有气泡或有杂声时，将会影响声的传播，降低测量精度；超声波流量计实际测定的流体流速，当流速分布不同时，将会影响测量精度，故要求变送器前后分别应有 $10D$ 和 $5D$ 的直管段；此外，它的结构较复杂，成本较高。

① 测量原理

设静止流体中的声速为 c，流体流动的速度为 u，传播距离为 L（图 8-3）。当声波与流体流动方向一致时（即顺流方向），其传播速度为 $c+u$；而声波传播方向与流体流动方向相反时（即逆流方向），其传播速度为 $c-u$。在相距为 L 的两处分别放置两组超声波发生器与接收器（T_1、R_1）和（T_2、R_2），当 T_1 顺方向、T_2 逆方向发射超声波时，超声波分别到达接收器 R_1 和 R_2 所需的时间分别为 t_1 和 t_2：

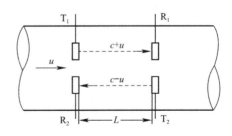

图 8-3 超声波测速原理

$$t_1 = \frac{L}{c+u} \tag{8-3}$$

$$t_2 = \frac{L}{c-u} \tag{8-4}$$

由于在工业管道中，流体的流速比声速小得多，即 $c \gg u$，因此两者的时差为：

$$\Delta t = t_2 - t_1 = \frac{2Lu}{c^2} \tag{8-5}$$

由公式（8-5）可知，当声波在流体中的传播速度 c 已知时，只要测出时差 Δt 便可求出流速 u，进而就能求出流量，利用这个原理进行流量测量的方法称为时差法。

② 超声波流量计的安装

选择安装点是能否正确测量的关键，选择安装点必须考虑下列因素的影响：满管、稳流、结垢、温度、压力、干扰。

满管

为保证测量精度和稳定性，测量点的流体必须充满管段。所以应满足下列条件：两个传感器应该安装在管道轴面的水平方向上，在如图 8-4 所示范围内安装，以防止上部有不满管、气泡或下部有沉淀等现象影响传感器正常测量。

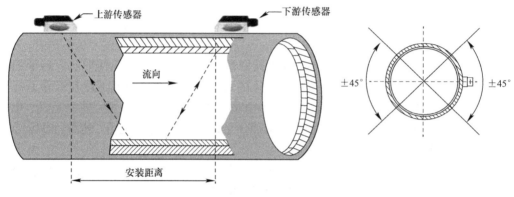

图 8-4　安装满管示意图

稳流

稳定流动的流体有助于保证测量精度，而流动状态混乱的流体会使测量精度难以得到保证。

满足稳流条件的标准要求：

a. 管道远离泵出口、半开阀门，上游 $10D$、下游 $5D$（D 为外管径）；

b. 距离泵出口、半开阀门 $30D$。

达不到稳流条件的标准要求，下列情况也可以尝试测量：

a. 泵出口、半开阀门和安装点之间有弯头或者缓冲装置；

b. 泵的入口、阀门的上游；

c. 流体的流速为中、低流速。

下列情况很难保证稳流，安装时需慎重：

a. 距离泵出口、半开阀门直管段不能保证 $10D$，且没有弯头等缓冲装置；

b. 距离泵出口、半开阀门直管段不能保证 $10D$，流速较高；

c. 垂直向下流动，斜向下流动；

d. 下游距离管道敞开出口处小于 $10D$。

传感器安装点示例，如图 8-5 所示。

结垢

管内壁结垢会衰减超声波信号的传输，并且会使管道内径变小，所以管内壁结垢的管道会使流量计不能正常测量或影响测量精度。因此，要尽量避免选择管道内壁结垢的地方

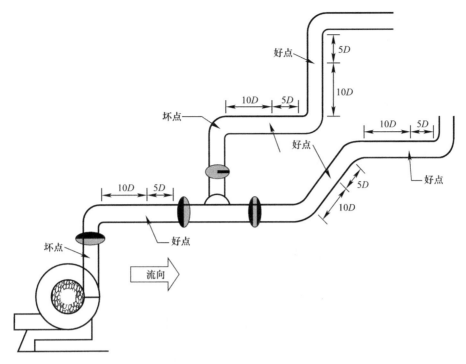

图 8-5　传感器安装点示意图

作为安装点。如果无法避开结垢的安装点，可采取下列措施消除或减小管道内壁结垢对测量的影响（图 8-6）：

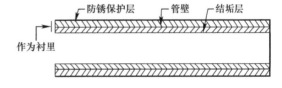

图 8-6　管内壁结垢示意图

　　a. 更换一段测量点的管道；

　　b. 用锤子用力敲击测量点的管道直到测量点的信号明显增大；

　　c. 选用 Z 法测量，并把结垢设置为衬里以取得更好的测量精度。

温度

　　超出传感器的使用温度范围很容易造成传感器的损坏或者大幅缩短传感器的寿命。因此，安装点的流体温度必须在传感器的安装使用范围内，且尽量选择温度更低的安装点。所以，同一管线尽量避免锅炉水出口、换热器出口的地方，尽可能安在回水管道上。

压力

　　插入式和管段式传感器可承受的最大压力理论值为 1.6MPa。安装时应了解或观察安装点的压力，超过此压力进行安装，会给安装人员造成危险。即使安装成功，长期使用传感器，漏水的可能性也会增大。

干扰

　　超声波流量计的主机、传感器以及电缆很容易受到变频器、电台、电视台、微波通信站、手机基站、高压线等干扰源的干扰。所以选择传感器和主机安装点时，尽量远离这些干扰源；主机机壳、传感器、超声波电缆的屏蔽层都要接地；不要和变频器采用同一路电源，应采用隔离的电源，给主机供电。

4）电磁流量计

电磁流量计是利用电磁感应原理制成的流量测量仪表，可用来测量导电液体体积流量。变送器几乎没有压力损失，内部无活动部件，用涂层或衬里易解决腐蚀性介质流量的测量。检测过程中不受被测介质的温度、压力、密度、黏度及流动状态等变化的影响，没有测量滞后现象（图 8-7）。

① 电磁流量计的测量原理

电磁流量计是电磁感应定律的具体应用，当导电的被测介质垂直于磁力线方向流动时，在与介质流动和磁力线都垂直的方向上产生一个感应电动势 E_x（图 8-8）。

图 8-7　电磁流量计示例图

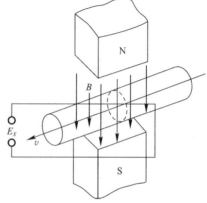

图 8-8　电磁流量计原理图

$$E_X = BDVK \tag{8-6}$$

式中　B——磁感应强度，T；

　　　D——导管直径，即导体垂直切割磁力线的长度，m；

　　　V——被测介质在磁场中运动的速度，m/s；

　　　K——几何校正因数。

因体积流量 $Q(\mathrm{m^3/s})$ 等于流体流速 v 与管道截面积 A 的乘积，直径为 D 的管道的截面积 $A=\dfrac{\pi D^2}{4}$，故：

$$Q = \frac{\pi D^2}{4}v \tag{8-7}$$

将公式（8-7）代入公式（8-6）中，可得：

$$E_X = \frac{4B}{\pi D}Q = KQ \tag{8-8}$$

式中，K 为仪表常数，取决于仪表几何尺寸磁感应强度。

显然，感应电动势 E_X 与被测量 Q 具有线性关系，在电磁流量变送器中，感应电动势由一个与被测介质接触的电极检测，且在电磁流量计中采用的是高变磁场，则 E_X 为交流电势信号，此信号经转换器转换成标准直流信号，送到显示仪表，指示出被测量的大小。测量原理示意图如图 8-9 所示。

② 电磁流量计特点

电磁流量计是根据电磁感应原理工作的，其特点是管道内没有活动部件，压力损失很小，甚至几乎没有压力损失，反应灵敏，流量测量范围大，量程比宽，流量计的管径范围大。适用于一般流量测量，同样适用于脉动流量测量。传感器的输出电势与体积流量呈线性关系，而与被测介质的流动、温度、压力、密度及黏度均无关。目前，电磁流量计的精度较高，一般为 0.5 级。

③ 电磁流量计结构

以科隆墙挂式电磁流量计为例，电磁流量计由三个部分组成，分别是测量传感器、信号转换器和链接电缆（图 8-10）。

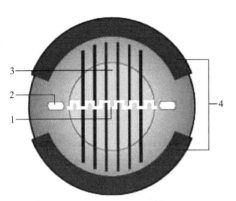

图 8-9　测量传感器构造示意图

1—电压（感应电压正比于流速）；2—电极；
3—磁场；4—励磁线圈

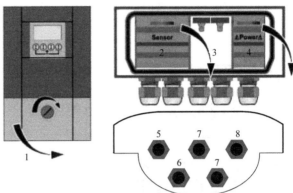

图 8-10　墙挂型信号转换器结构

1—接线腔体的盖子；2—测量传感器的接线腔体；3—输入和输出的
接线腔体；4—带保护罩的电源接线腔体；5—信号电缆接入口；6—励
磁电缆接入口；7—输入和输出电缆接入口；8—电源电缆接入口

a. 测量传感器

电磁流量计的传感器安装在被测的工艺管道上，产生流量的感应信号，工作时必须在励磁线圈中输入励磁电流。

传感器由导管、线圈、电极、衬里、外壳和法兰组成。

b. 信号转换器

信号转换器由电源电路、前置电路、Up 主机电路、I/O 输出电流、通信接口电路、显示电路和励磁电流电路组成。

④ 使用

a. 开启电源

开启电源前，必须检查系统安装是否正确。包括：必须保证仪器机械上安全，并且按规定进行安装；必须按规定进行电源连接；必须对电气接线腔体进行保护，并且将盖子拧紧，然后开启电源。

b. 启动信号转换器

测量仪器由测量传感器和信号转换器组成。开启电源后，仪器将进行一次自测。自测结束后，仪器立即开始测量并显示当前值。通过操作按键↑和↓，可在两个测量值窗口、趋势显示窗口和状态信息列表窗口之间切换。

c. 显示及操作按键

信号转换器显示面板及按键如图 8-11 所示。

其中 4 个光敏键的动作点位于玻璃的正前方。推荐从前方按正确的角度触发按键，从侧面触摸可能造成误操作。

在测量模式下，按住">"键 2.5s 后释放，即可调出设置菜单。具体的菜单设置参考说明书。

④ 安装

传感器上箭头方向必须与实际流量方向一致，且必须保证满管测量状态，安装位置应避免过大的振动和磁场干扰。一些通用安装位置如下。

管径与安装位置关系的选择应满足前"5"后"2"，如图 8-12 所示。

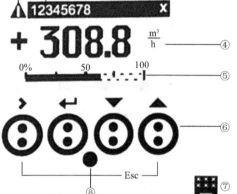

图 8-11　信号转换器显示面板及按键
①—显示状态列表中可能出现的状态信息；②—台位号；③—表示按下了一个按键；④—用大字体显示第 1 个测量变量；⑤—条形图显示；⑥—按键；⑦—GDC 总线接口；⑧—红外线传感器

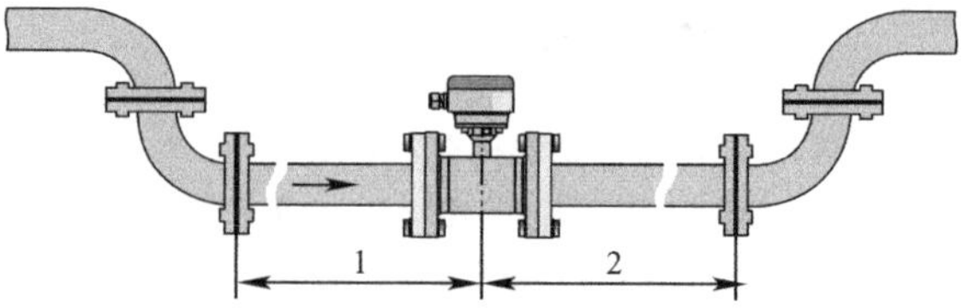

图 8-12　管径与安装位置关系
1—≥5DN；2—≥2DN

弯管安装，如图 8-13 所示。

在开放式排放口或流量控制阀前安装，在泵后安装，如图 8-14 所示。

（2）压力检测与仪表

压力是工业生产中的重要参数之一，为了保证生产正常运行，必须对压力进行监测和控制。但需说明的是，这里所说的压力，实际上是物理概念中的压强，即垂直作用在单位面积上的力。供水行业中，压力检测仪器一般安装在需要检测压力的管道或者设备上，主要包括水泵进出水管道、管网测压管道、加矾泵出液管道、加氯管道等。

在压力测量中，常有绝对压力、表压力、负压力或真空度之分。所谓绝对压力是指被测介质作用在容器单位面积上的全部压力，用符号 P_j 表示。用来测量绝对压力的仪表称为绝对压力表。地面上的空气柱所产生的平均压力称为大气压力，用符号 P_q 表示。用来测量大气压力的仪表叫气压表。绝对压力与大气压力之差，称为表压力，用符号 P_b 表示，即 $P_b = P_j - P_q$。当绝对压力值小于大气压力值时，表压力为负值（即负压力），此负压力值的绝对值，称为真空度，用符号 p_x 表示。用来测量真空度的仪表称为真空表，既能测量压力值又能测量真空度的仪表叫压力真空表。

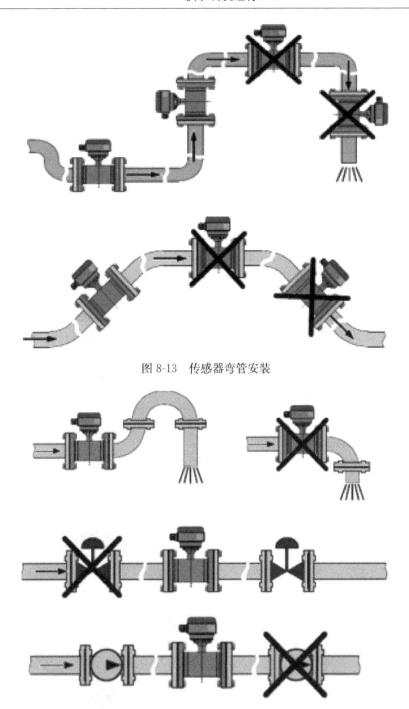

图 8-13 传感器弯管安装

图 8-14 传感器配合其他设备安装

1）弹簧压力表及膜片、膜盒压力表

弹簧压力表主要由表壳、表罩、表针、弹性元件、机芯、封口片、连杆、表盘、接头组成，其工作原理是弹簧管在压力和真空的作用下，产生弹性变形引起管端位移，其位移通过机械传动机构进行放大，传递给指示装置，再由指针在表盘上偏转指示出压力或真空值（图 8-15）。

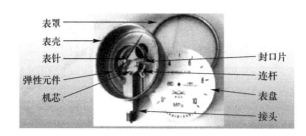

图 8-15　弹簧压力表的结构

弹簧管压力表用于大于 0.06MPa 以上量程的气体或液体压力测量，精度为±1％、±1.5％。

膜片压力表是指以金属波纹膜片作为弹性元件的压力表。膜片压力表主要由下接体、上接体、弹性膜片、连杆、机芯、指针、表盘等组成。

膜片压力表的内部结构如图 8-16 所示。

膜片压力表是指以金属膜片为弹性敏感元件的压力表。膜片压力表的工作原理是在压力的作用下，膜片产生变形位移，并借助固定在膜片中心的连杆带动机芯指示出压力值。膜片压力表的优点是能根据不同的被测腐蚀介质，选取不同的膜片材料，以达到最好的耐腐蚀性。

膜片压力表用于 2.5MPa 以下具有腐蚀性的气体、液体、浆液的压力测量。最小量程为 0~1kPa，精度为±1.5％、±2.5％。

膜盒压力表是以膜盒作为弹性敏感元件来测量微小压力的压力表。膜盒敏感原件由两块焊接在一起的显圆形波浪的膜片组成。

当被测压力从接头进入膜盒腔内后，膜盒自由端受压而产生位移，此位移借助连杆带动机芯中轴转动，由指针将被测压力值在表盘上指示出来，膜盒压力表的内部结构如图 8-17 所示。

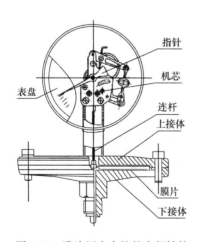

图 8-16　膜片压力表的的内部结构　　　　图 8-17　膜盒压力表

膜盒压力表用于微压气体测量，精度为±1.5％、±2.5％。

2）智能压力变送器

智能压力变送器是把带隔离的硅压阻式压力敏感元件封装于不锈钢壳体内制作而成。

146

它能将感受到的液体或气体压力转换成标准的电信号对外输出，广泛应用于供/排水等工业过程现场测量和控制。

本节以 E+H Cerabar M PMC51 智能压力变送器为例来介绍。

Cerabar M 智能压力变送器具有智能化、模块化、抗过载三大特点。其技术要点包括：模拟、数字量压力变送器；线性化精度：0.2%；量程比：10∶1；长期稳定性：0.1%每年；介质温度：−40～100℃；抗电磁干扰：10V/m。

① 模块化包括：模拟或智能电路、模拟型带模拟显示、智能型带数字显示、电缆接口、过程连接（图 8-18）。

图 8-18　压力变送器模块化

E+H Cerabar M PMC51 压力变送器采用电容式测量单元，带陶瓷过程隔离膜片。电容式压力变送器是根据变电容原理工作的压力检测仪表，是利用弹性元件受压变形来改变可变电容器的电容量，从而实现压力—电容的转换。

电容式压力变送器具有结构简单、体积小、动态性能好、电容相对变化大、灵敏度高等优点，因此获得广泛应用。

② 测量原理

图 8-19 为陶瓷传感器的测量原理。

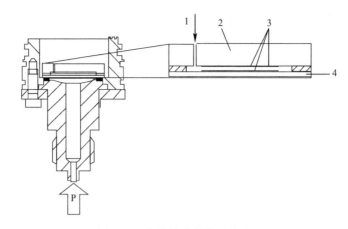

图 8-19 陶瓷传感器的测量原理

1—大气压（表压传感器）；2—陶瓷基板；3—电极；4—陶瓷过程隔离膜片

陶瓷传感器是非充油拟传感器（干式传感器）。过程压力直接作用在结构坚固的陶瓷过程隔离膜片上，导致膜片发生形变。陶瓷基板和过程隔离膜片上与压力成比例关系的电容变化量被测量。陶瓷过程隔离膜片的厚度确定了测量范围。

其优点为：抗过载能力高达 40 倍标称压力；采用 99.9% 超纯的陶瓷，具有极强的化学稳定性、低松弛度、高机械稳定性；可在绝对真空条件下使用；具有极佳的表面光洁度。

③ 使用表压传感器进行电子差压测量

如图 8-20 所示，两台 Cerabar M 仪表（均带表压传感器）连接在一起。通过两台独立工作的 Cenbar M 即可测量差压值。

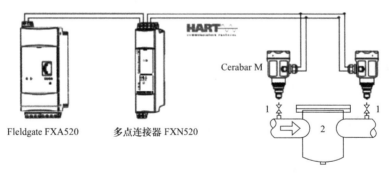

图 8-20 用表压传感器进行电子差压测量

1—截止阀；2—滤波器

3）压力仪表的安装

① 压力取源部件的安装

a. 安装条件

压力取源部件有两类。一类是取压短节，用来焊接管道上的取压点和取压阀门。一类是外螺纹短节，在管道上确定取压点后，把没有螺纹的一端焊在管道上的压力点，有螺纹的一端便直接拧上内螺纹截止阀即可。

不管采用哪一种形式取压，压力取源部件安装必须符合下列条件：取压部件的安装位置应选在介质流速稳定的地方；压力取源部件与温度取源部件在同一管段上时，压力取源部件应在温度取源部件的上游侧；压力取源部件在施焊时要注意端部不能超出工艺设备或工艺管道的内壁；测量带有灰尘、固体颗粒或沉淀物等混浊介质的压力时，取源部件应倾斜向上安装，在水平工艺管道上应顺流束成锐角安装；当测量温度高于60℃的液体、蒸汽或可凝性气体的压力时，就地安装压力表的取源部件应加装环形弯或U形冷凝弯。

b. 就地安装压力表

水平管道上的取压口一般从顶部或侧面引出，以便于安装。安装压力变送器，导压管引远时，水平和倾斜管道上取压的方位要求如下：流体为液体时，在管道的下半部，与管道水平中心呈45°的夹角范围内，切忌在底部取压；流体为蒸汽或气体时，一般为管道的上半部，与管道水平中心线呈0°～45°的夹角范围内。

c. 导压管

安装压力变送器的导压管应尽可能地短，并且弯头尽可能地少。

导压管管径的选择：就地压力表一般选用 $\phi18\times3$ 或 $\phi14\times2$ 的无缝钢管；压力表环形弯或冷凝弯优先选用 $\phi18\times3$；引远的导压管通常选用 $\phi14\times2$ 无缝钢管；压力高于22MPa的高压管道应采用 $\phi14\times2$ 或 $\phi14\times5$ 优质无缝钢管；在压力低于16MPa的管道上，导压管有时也采用 $\phi18\times3$，但它冷煨很难一次成型，一般不常用；对于低压或微压的粉尘气体，常采用1″水煤气管作为导压管。

导压管水平敷设时，必须要有一定的坡度，一般情况下，要保持1∶10～1∶20的坡度。在特殊情况下，坡度可达1∶50。管内介质为气体时，在管路的最低位置要有排液装置；管内介质为液体时，在管路的最高点设有排气装置。

d. 隔离法测量压力

腐蚀性、黏稠介质的压力采用隔离法测量，分为吹气法和冲液法两种。吹气法进行隔离，用于测量腐蚀性介质或带有固体颗粒悬浮液的压力；冲液法进行隔离，适用于黏稠液体以及含有固体颗粒的悬浮液。

e. 垫片

压力表及压力变送器的垫片通常采用四氟乙烯垫。对于油品，也可采用耐油橡胶石棉板制作的垫片。蒸汽、水、空气等不是腐蚀性介质，垫片的材料可选普通的石棉橡胶板。

② 压力管路连接方式与相应的阀门

a. 按阀门和管接头分类

管路连接系统主要采用卡套式阀门与卡套或管接头。其特点是耐高温、密封性能好、装卸方便、不需要动火焊接。

管路连接采用外螺纹截止阀和压垫式管接头，是化工常用的连接形式。

管路连接系统采用外螺纹截止阀、内螺纹截止阀和压垫式管接头，是炼油系统常用的连接形式。

上述三种方法可以随意选用，但在有条件时，尽可能选用卡套式连接形式。

b. 压力测量常用阀门

卡套式阀门——卡套式连接时，应采用卡套式阀门，如卡套式截止阀、卡套式节流阀和卡套式角式截止阀。这种阀可作为根部阀，也可作切断阀，也可作放空阀和排污阀。

内、外螺纹截止阀——这类截止阀也可作为一次阀、切断阀、放空阀和排污阀。

常用压力表截止阀——除上述阀门接上 M20×1.5 接头可互接压力表外，还有带压力表接头的截止阀，其型号为 J11-64、J11-200 和 J11-400，适合于高、中、低压力测量。

（3）物位检测与仪表

物位测量仪是应用最广泛的非接触式测量方法。两种不相溶的物质的界面位置叫做界位，液位、料位以及相界面总称为物位，对物位进行测量的仪表被称为物位检测仪表。供水行业中的物位检测仪表主要指液位仪，包括原水液位仪、清水池液位仪、一二泵房吸水井液位仪和矾液池液位仪等。

物位测量的主要目的有两个：一是通过物位测量来确定容器中的原料、产品或半成品的数量，以保证连续供应生产中各个环节所需的物料或进行经济核算；另一个是通过物位测量，了解物位是否在规定的范围内，以便使生产过程正常进行，保证产品的质量、产量和生产安全。

测量液位的仪表种类很多，有玻璃管式、称重式、浮力式、静压力公式（压力式、差压式）、电容式、电感式、电阻式、超声波式、放射性式、激光式及微波式等。

1）浮力式液位计

浮力式液位计是根据浮在液面上的浮球或浮标随液位的高低而产生上下位移，或浸于液体中的浮筒随液位变化而引起浮力的变化原理而工作的。

浮力式液位计结构简单、造价低、维护方便，因此在工业生产中应用广泛。

浮力式液位计有两种。一种是维持浮力不变的液位计，称为恒浮力式液位计，如浮球、浮标式等；另一种是在检测过程中浮力发生变化的，叫做变浮力式液位计，如沉筒式液位计。本节以恒浮力式液位计为例展开介绍。

① 恒浮力式液位计

恒浮力式液位计是利用浮子本身的重量和所受的浮力均为定值，使浮子始终漂浮在液面上，并跟随液面的变化而变化的原理来测量液位的。

图 8-21 为机械式就地指示的液位计示意图。浮子和液位指针直接用钢带相连，为了平衡浮子的重量，使它能准确跟随液面上下灵活移动，在指针一端还装有平衡锤，当平衡时可用下式表示：

$$G - F = W \qquad (8-9)$$

式中 G——浮子的重量；

F——浮子所受的浮力；

W——平衡锤的重量。

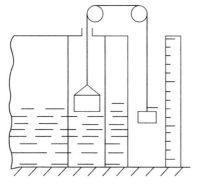

当液位上升时，浮子所受的浮力 F 增大，即 $G-F$ 小于 W，使原有的平衡关系被破坏，平衡锤将通过钢带带动浮子上移，与此同时，浮力 F 将减小，即 $G-F$ 将增大，直到 $G-F$ 重新大于 W 时，仪表又恢复了平衡，即浮子已跟随液面上移到了一个新的平衡位置。此时指针即在容器外的刻度尺上指示出变化后的液位。当液位下降时，与此相反。

公式（8-9）中 G、W 均可视为常数，因此，浮子平衡在任何高度的液面上时，F 的值均不变，故把这类液位计称为恒浮力式液位计。

图 8-21 机械式就地指示的液位计

② 浮力式液位计的安装

浮球式液位计安装应注意保证浮球活动自如，常用于在公称压力小于1MPa的容器内的液位测量，安装的要求也不高。

浮标式液位计在大罐上常用，适用于精度不高、只要求直观的场合。

浮筒液位计分位内、外浮筒，安装重点是垂直度。内装在浮筒内的浮杆必须自由上下，不能有卡涩现象，垂直度保证不了，就会影响测量精度。安装时除保证其垂直度外，还要注重法兰、螺栓、垫片、切断阀的选择与配合。切断阀须试压合格。

2）差压式液位计

差压式液位计是利用容器内的液位改变时，液柱产生的静压也相应变化的原理而工作的。

① 差压式液位计的特点：

a. 检测元件在容器中几乎不占空间，只需在容器壁上开一个或两个孔即可；

b. 检测元件只有一、两根导压管，结构简单，安装方便，便于操作维护，工作可靠；

c. 采用法兰式差压变送器可以解决高黏度、易凝固、易结晶、腐蚀性、含有悬浮物介质的液位测量问题；

d. 差压式液位计通用性强，可以用来测量液位，也可用来测置压力和流量等参数。

图 8-22 所示为差压式液位计测量原理图。当差压计一端接液相，另一端接气相时，根据流体静力学原理有：

$$P_B = P_A + \rho g H \tag{8-10}$$

式中　H——液位高度；

　　　ρ——被测介质密度；

　　　g——被测介质的重力加速度。

由公式（8-10）可得：

$$\Delta P = P_B = P_A = \rho g H \tag{8-11}$$

在一般情况下，被测介质的密度和重力加速度都是已知的，因此，差压计测得的差压与液位的高度 H 成正比，这样就把测量液位高度的问题变成了测量差压的问题。

使用差压计测量液位时，必须注意以下两个问题。

a. 遇到含有杂质、结晶、凝聚或易自聚的被测介质，用普通的差压变送器可能引起连接管线的堵塞，此时需要采用法兰式差压变送器（图 8-23）。

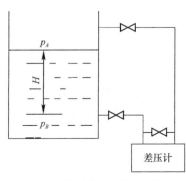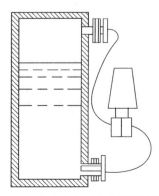

图 8-22　差压式液位计测量原理　　图 8-23　法兰式差压变送器测液位仪

151

b. 当差压变送器与容器之间安装隔离罐时，需要进行零点迁移。

② 差压式液位变送器安装

对于敞开式容器的液位测量，变送器安装于容器底部液位工艺零点位置，取压点通过测量导管与变送器"＋"压室相连，"－"压室通大气作为参考点。对于智能差压式液位变送器，如果测量导管与变送器"＋"压室、"－"压室连接相反，只需将变送器测量量程进行反向设置即可，不用更改导压管连接方式。差压变送器的安装高度不应高于下部取压口。

对于密闭式容器的液位测量，其下部取压点通过导压管与变送器的"＋"压室相连，其上部取压点与变送器的"－"压室相连。由于密闭容器内除了被测液体的静压外，容器内还存在气压，再由于气体的可压缩性，所以，在使用过程中一定要将变送器"＋"压室导压管内积存的气体排放彻底，确保其测量导管充满被测液体，以免测量信号失真。对于容器内含有杂质结晶凝聚或易自聚的被测液体及黏度较大的被测液体，可选用毛细管式差压变送器以避免测量导管堵塞。

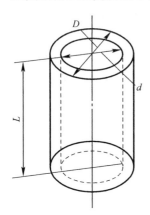

图 8-24　圆筒形电容器

3）电容式物位计

电容式物位计是电学式物位检测方法之一，直接把物位变化量转换成电容的变化量，然后再变换成统一的标准电信号，传输给显示仪表进行指示、记录、报警或控制。

① 工作原理

电容式物位计的电容检测元件是根据圆筒形电容器原理进行工作的，结构形式如图 8-24 所示。

电容器由两个相互绝缘的同轴圆柱极板内电极和外电极组成，在两筒之间充以介电常数为 ε 的电介质时，两圆筒间的电容值为：

$$C = \frac{2\pi\varepsilon L}{\ln D/d} \tag{8-12}$$

式中　L——两极板相互遮盖部分的长度；

　　　D——外电极的内径；

　　　d——圆筒形内电极的外径；

　　　ε——中间介质的电介常数，$\varepsilon = \varepsilon_0 \times \varepsilon_p$，其中 $\varepsilon_0 = 8.84 \times 10^{-12} \mathrm{F/m}$ 为真空介电常数，ε_p 为介质的相对介电常数。

由公式（8-12）可知，只要 ε、L、D、d 中任何一个参数发生变化，就会引起电容 C 的变化。在实际应用中，D、d、ε 是基本不变的，故测得 C 即可知道液位的高低。

② UYB-11A 型电容液位计

图 8-25 所示为 UYB-11A 型电容液位计的外形。这种液位计用来测量导电液体的液位，由不锈钢电极套上聚四氟乙烯绝缘套管构成，这时不锈钢棒作为一个电极，导电液体作为另一个电极，聚四氟乙烯绝缘套管作为中间的填充介质，三者构成一圆柱形电容器（图 8-26）。

UYB-11A 电容液位传感器的电容变化量为：

$$C = \frac{2\pi\varepsilon H}{\ln D_2/D_1} - C_0 \tag{8-13}$$

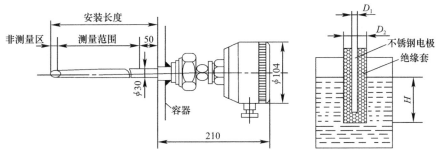

图 8-25 电容液位计的外形尺寸　　图 8-26 电容液位计结构图

式中，C_0 为容器未放液体时，不锈钢电极对容器壁的初始电容。

③ 电容式物位计的安装

安装电容式物位计时应根据现场实际情况选取合适的安装点，要避开下料口及其他料位剧烈波动或变化迟缓的地方，要做好信号线的屏蔽接地，防止干扰。

4）超声波物位计

声波可以在气体、液体、固体中传播，并有一定的传播速度。声波在穿过介质时会被吸收而衰减，气体吸收最强，衰减最大；液体次之；固体吸收最少，衰减最小。声波在穿过不同密度的介质分界面处还会产生反射。超声波物位计就是根据声波从发射至接收到反射回波的时间间隔与物位高度成比例的原理来检测物位的。

① 测量原理（图 8-27）

传感器向被测物表面发送超声波脉冲，超声波脉冲在被测物表面被反射回来，并被传感器接收。测量脉冲发送和接收之间的时间 t，用时间 t 和声速 c 计算传感器膜片与被测物表面间的距离 D：

$$D = c \times t / 2 \tag{8-14}$$

由输入的已知空罐距离 E 计算料位如下：

$$L = E - D \tag{8-15}$$

本节以西门子 THE PROBE 一体式超声波液位计为例展开介绍（图 8-28）。

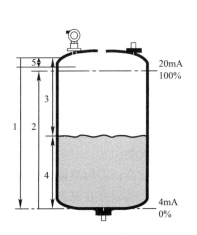

图 8-27 超声波液位仪测量原理

1—空罐距离；2—量程（满罐距离）；3—从传感器
膜片到被测物表面的距离；4—物位；5—死区

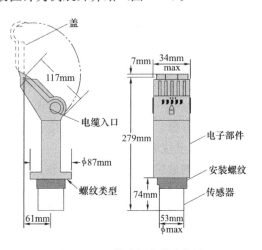

图 8-28 一体式超声波液位计

153

② 使用

液位计 mA 输出可与液位成正比。查看对应该 mA 值的原距离值，将界面与传感器表面距离调整至期望值，根据说明书使用对应按键标定。设定新的参考距离值，查看或标定后，液位计会自动转为 RUN 方公式（6s），标定值以传感器表面为参照物。

设定盲区是为了忽略传感器前面这个区域，在这个区域里，无效回波达到一定强度并干扰了真实回波的处理。它是从传感器表面向外的一段距离。建议最小盲区设为 0.25m，但为了扩大盲区，也可增大该值。

③ 安装

a. 传感器与罐壁距离要大于储罐直径的 1/6；

b. 为了防止阳光和雨水直射，要用防雨罩；

c. 不要将两个超声波传感器安装在一个储罐上，因为两个信号会相互影响（图 8-29）。

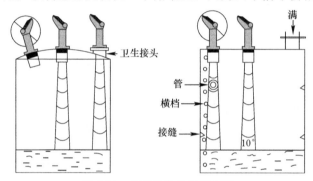

图 8-29　超声波物位计的安装

在狭窄的通道中有很强的干扰回波，建议用最小直径 200mm 的超声导波管，要保证管子不受淤积的污泥所污染。需要时，要定期清洗管子。

（4）温度检测与仪表

温度是表征物体冷热程度的物理量。温度只能通过物体随温度变化的某些特性来间接测量，而用来测量物体温度数值的标尺叫温标。它规定了温度的读数起点（零点）和测量温度的基本单位。目前国际上用得较多的温标有华氏温标、摄氏温标、热力学温标和国际实用温标。供水行业中，温度检测仪主要用来检测水温、电器设备温度、室内温度等。

华氏温标（℉）规定：在标准大气压下，冰的熔点为 32℃，水的沸点为 212℃，中间划分 180 等份，每等份为华氏 1 度，符号为℉。

摄氏温标（℃）规定：在标准大气压下，冰的熔点为 0℃，水的沸点为 100℃，中间划分 100 等份，每等份为摄氏 1 度，符号为℃。

1）温度仪表的分类

温度测量仪表按测温方式可分为接触式和非接触式两大类。

通常来说接触式测温仪表比较简单、可靠，测量精度较高；但因测温元件与被测介质需要进行充分的热交换，需要一定的时间才能达到热平衡，所以存在测温的延迟现象，同时受耐高温材料的限制，不能应用于很高的温度测量。非接触式仪表测温是通过热辐射原理来测量温度的，测温元件不需与被测介质接触，测温范围广，不受测温上限的限制，也不会破坏被测物体的温度场，反应速度一般也比较快；但受物体的发射率、测量距离、烟尘和水汽等外界因素的影响，其测量误差较大。

2）温度仪表的安装

温度一次仪表安装按固定形式可分为四种：法兰固定安装、螺纹连接固定安装、法兰和螺纹连接共同固定安装、简单保护套插入安装。安装位置应选在介质温度变化灵敏且具有代表性的地方，不宜选在阀门、焊缝等阻力部件的附近和介质流束呈死角处。就地指示温度计要安装在便于观察的地方。

（5）浊度检测仪

浊度是指光线透过水中悬浮物所发生的阻碍程度。水中的悬浮物一般是泥土、砂粒、微细的有机物和无机物、浮游生物、微生物和胶体物质等。水的浊度不仅与水中悬浮物质的含量有关，而且与它们的大小、形状及折射系数等有关。泥土、粉砂、微细有机物、无机物、浮游生物等悬浮物和胶体物都可以使水质变得浑浊而呈现一定浊度。水质分析中规定：1L 水中含有 1mg SiO_2 所构成的浊度为一个标准浊度单位，简称 1 度。通常浊度越高，溶液越浑浊。现代仪器显示的浊度是散射浊度单位 NTU。供水行业中浊度检测仪一般用来检测原水浊度、沉淀池出水浊度、滤池进出水浊度、二泵房出水浊度、管网控制点自来水浊度等。

1）工作原理

浊度仪传感器头部总成的一束平行强光，向下进入浊度仪中的试样。平行光遇到试样中的悬浮颗粒产生散射。浸没在水中的光电池，检测与入射光束 90°角方向的光线强度（图 8-30）。

散射光的量正比于试样的浊度。如果试样的浊度可忽略不计，几乎没有多少光线被散射，光电池也检测不出多少散射光线，这样浊度读数将很低。反之，高浊度会造成很高程度的散射光线，并产生一个高读数值。

HACH 1720E 为代表的在线式浊度检测仪，在自来水厂滤前、滤后、沉淀和出厂水的浊度监测、市政管网水质监测等方面得到广泛应用。本节以此型号为例展开介绍。

2）使用

① 面板介绍

控制器采用 SC200，其面板如图 8-31 所示。面板按键功能见表 8-1。

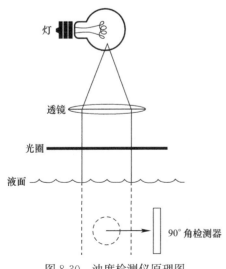

图 8-30 浊度检测仪原理图

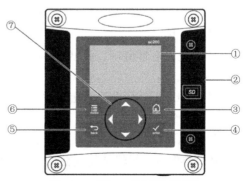

图 8-31 SC200 控制器面板图

①—仪器显示屏；②—安全数码存储卡插槽盖；③—Home 键；

④—Enter 键；⑤—Back 键；⑥—Menu 键；⑦—方向键

表 8-1 SC200 面板按键功能

1. 仪器显示屏	5. Back 键。在菜单层次结构中后退一层
2. 安全数码存储卡插槽盖	6. Menu 键。从其他屏幕和子菜单转到 Settings Menu（设置菜单）
3. Home 键。从其他屏幕和子菜单转到 Main Measuremen（主测量）屏幕	7. 方向键。用于导航菜单、更改设置及增加或减小数字
4. Enter 键。接受输出值、更新或显示的菜单选项	

按下向上或向下方向键，切换测量显示底部的状态栏。页脚栏显示控制器、传感器或网卡错误和警告，传感器和网卡处理事件，次要测量和输出。

如果菜单具有可一次显示的多个选项，显示屏右侧将出现滚动条。按下向上或向下方向键，在可用菜单项之间滚动。

② 一般操作

将传感器的电缆接头上的定位突舌对准控制器接口内的凹槽，使传感器插入控制器。向里推着旋转紧固连接；向外轻轻地拉拽检查连接；当所有管道和电气连接完成并经检查后，把首部放在本体上并向系统提供电源。

供电时要确保首部固定在本体上。当一个控制器第一次接通电源时，屏幕上将出现一个语言选择菜单，在所显示的多个选项中选择一种正确的语言。使用 UP（向上）和 DOWN（向下）键突出显示适当的语言，并按下 ENTER（键入）键完成选择。在语言选择后再接通电源，控制器将搜索相连接的各个传感器。显示屏将显示主测量屏面。按下 MENU（菜单）键以进入各个菜单。

③ 启动试样流动

打开试样供应阀启动试样流过仪表。让浊度仪运行足够长的时间，使管道和仪表本体被完全湿润，并使显示屏上的读数稳定。最初要达到完全稳定可能需要 1～2h 或更长时间。在完成仪表设置值或进行校正前通过充分的调节使各种读数变得稳定。

④ 传感器校准

1720E 浊度仪在装运之前由工厂使用 StablCal 经稳定化的福尔马肼进行校正。该仪表在使用之前必须复校，以使其符合签发的精确度技术条件。此外，为保证精度，在重大维护或修理后，以及在正常运行中至少每三个月也进行复校。在初次使用前和每次校正前，浊度仪本体和气泡捕集器必须彻底清洗和冲洗。

校准建议如下。

a. 经常清洗光电管窗口、浊度仪本体。在进行校正前用去离子水冲洗并用一块柔软不起毛的布擦干。

b. 在开启 StablCal 标准溶液瓶子之前先轻轻地倒置瓶子 1min，不要摇动，这样能确保标准溶液有一个恒定的浊度。

c. 如果让 20.0 NTU StablCal 标准溶液停留在校正圆筒或浊度仪本体 15min 以上，在使用之前必须再混合（轻轻地使其在校正圆筒里涡动），以确保一个始终如一的浊度。

d. 在按照容器上的各项说明使用完标准液后，所有的标准液都要废弃掉。绝对不要把标准液再倒回原来的容器，否则会造成污染。

StablCal 校准步骤如表 8-2 所示。

表 8-2 StablCal 校准步骤

步骤	选择	菜单层次/说明	确认
1	⬅ back	Main Memu（主菜单）	—
2	⌄	Sensor Setup（传感器启动）	✓ enter
3	—	Calibrate（校正）	✓ enter
4	⌄	Stablecal Cal（用 StablCal 标准溶液校正）	✓ enter
5	⌄	Output Mode（输出方式） 选择 Active（现用的）、Hold（保持）、或 Transfer（转换）	✓ enter
6	—	Pour 20 Ntu Std Into Cyl/Body。 Replace Head（向圆筒或仪表本体灌入 20 Ntu 标准溶液，重新安装首部）	✓ enter
	—	测量结果读数（按 1.0 增益量进行）被显示	✓ enter
	—	Good Cal! Gain：X.XX Ener To Cont （校正合格！增益：X.XX 输入到计数器）	✓ enter （存储）
	—	验证 Cal（校正）	✓ enter （验证） ⬅ back （不进行验证而退出）
	—	选择 Verification（验证）类型 （从第 44 页上的第 5.4.1 节或第 45 页上的第 5.4.2 的步骤 7 开始） 或进入初始状态值以完成校正	✓ enter
7	menu　home	Main Memu or Main Measurement Screen（主菜单或主测量屏面）	—

3）安装

① 浊度仪安装

浊度仪本身的设计适用于墙壁上装配。除非使用一个延长电缆，浊度仪传感器必须装配在距控制器 6 英尺（1 英尺＝0.3048m）的范围内，最大电缆长度为 9.6m。在安装之前按要求清洗浊度仪本体和气泡捕集器，把浊度仪布置在尽量接近取样点的位置，试样通过较短距离会产生较快的响应时间。浊度仪本体结构如图 8-32 所示。

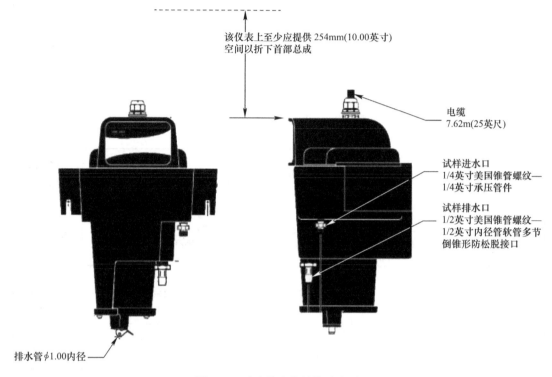

图 8-32　浊度仪本体结构示意图

② 安装试样接口

在浊度仪本体上有试样进口及排水口接口。在本体上安装的试样进口管件是一个 1/4 英寸（1 英寸≈0.025m）NPT×1/4 英寸承压管件。随浊度仪供货的另一个管件是一个 1/2 英寸 NPT 与软管的连接管件，用于排水口上的一个 1/2 英寸内径柔性塑料管连接，试样抽头分接头装置安装方式如图 8-33 所示。

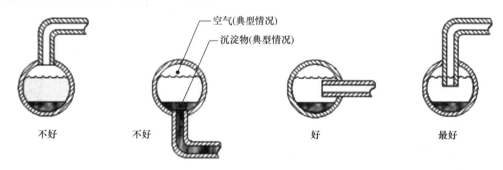

图 8-33　几种试样抽头分接头装置

所要求的流量是介于 200～700mL/min 之间。进入浊度仪的流量可以用进水管线上的一个节流装置来控制。低于 200mL/min 的各种流量将减少响应时间，并造成不正确的读数。高于 750mL/min 的各种流量将使浊度仪发生溢流，说明流量太高。试样接口如图 8-34 所示。

4）维护

① 维护注意事项及日程

对 1720E 仪表预定的各项定期维护包括校正及清洗光电管窗口、气泡捕集器及本体。定期进行维护，根据经验制定维护日程，还取决于装置、取样类型，以及季节等条件。维护注意事项及频度见表 8-3。

维持浊度仪本体内部和外部、首部总成、一体式气泡捕集器及周围区域的清洁非常重要。这样会确保精确的低数值浊度测量结果。在校正和验证

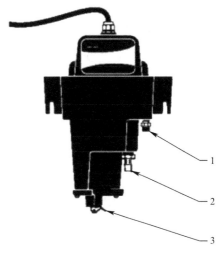

图 8-34　试样接口示意图
1—试样进口；2—试样排水口；
3—维修排水口

前清洗仪表本体（特别是准备在 1.0NTU 或更低浊度下测取结果时）。在 Sensor Setup/Calibrate（传感器启动/校正）项下可以得到一个校正历史菜单选项。

表 8-3　浊度仪维护

维护工作	频度
清洗传感器	每次校正之前和必要时，根据试样性质而定
校正传感器（按管理机构要求进行）	按管理机构指示的日程表进行

② 清洗

a. 控制器的清洗

在外壳关闭严密的情况下，用一块湿布擦洗控制器的外部。

b. 光电池窗口的清洗

经常检查光电池窗口以确定是否需要清洗，在进行标准校验或校正之前去除光电池窗口上的任何有机物生长物或薄膜，使用一个棉布和异丙醇或是一种柔和的清洁剂去除绝大多数的沉淀物和污物。

c. 清洗浊度仪本体及气泡捕集器

在持续使用后浊度仪本体内部可能聚积沉淀物，读数的噪声（波动）会指示必须清洗本体及/或气泡捕集器，可能需要拆下仪表的气泡捕集器及底板使清洗更容易进行，在每次进行校正之前进行浊度仪排液和清洗，确定一个定期实施的日程表或者根据目检决定是否进行清洗。

d. 更换灯泡总成

灯泡位于首部总成上面。在正常使用情况下，一年更换一次灯泡以保持最佳性能。更换灯泡步骤如下：

拔下连接器接头，切断浊度仪仪表的电源，断开灯泡引线；

等待灯泡已经冷却；

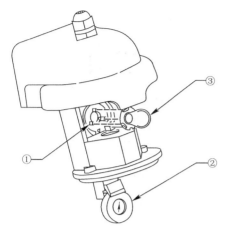

图 8-35　灯泡总成示意图

①—灯口；②—灯泡总成；③—光线接收器

戴上棉布手套保护您的双手并避免把手印留在灯泡上；

抓住灯泡并逆时针方向旋转灯泡，轻轻地向外拽，直到它离开灯口；

通过灯口内的孔拉出灯泡引线和连接器。

不要用赤裸的双手触摸一个新的灯泡，这样会造成灯泡被侵蚀，寿命被减少。戴上棉布手套或用一张纸巾抓住灯泡以避免污染灯泡。如果发生了污染，使用异丙醇擦拭玻璃泡部分。

按上述各项说明相反顺序重新安装灯泡，灯泡底座只适用于一种方式，把金属灯泡接口上的凹槽对准灯座内的孔。灯泡总成示意图如图 8-35 所示。

5）常见故障及处理

① 灯故障：灯泡烧坏或光源衰弱，需更换灯泡。

② 关闭光源告警：感光元件损坏，如果不影响测量，可关电等待几分钟后重启。

③ Dark Reading Warning：暗读数检测到太多的光线。本体漏光严重，将本体放入测量桶中。

④ 传感器丢失：检查传感器是否连接好，重新扫描传感器。

⑤ 显示****/——：测量值超量程，检查样水清洁度，将本体放入测量桶中。

（6）余氯/总氯分析仪

余氯是指水中投氯，经一定时间接触后，在水中余留的游离性氯和结合性氯的总称。供水行业中，余氯仪主要用来检测清水池余氯、二泵房出水余氯、管网水质控制点余氯。

氯投入水中后，除了与水中细菌、微生物、有机物、无机物等作用消耗一部分氯量外，还剩下了一部分氯量，这部分氯量为余氯。余氯可分为：化合性余氯（指水中氯与氨的化合物，有 NH_2Cl、$NHCl_2$ 及 $NHCl_3$ 三种，以 $NHCl_2$ 较稳定，杀菌效果好），称为结合性余氯；游离性余氯指水中的 OCl^+、$HOCl$、Cl_2 等，杀菌速度快，杀菌力强，但消失快，称为自由性余氯；总余氯即化合性余氯与游离性余氯之和。

余氯/总氯分析仪是为测量水中余氯/总氯的仪表，也是水处理工艺中非常重要的数据之一。

1）工作原理

哈希 CL17 型余氯分析仪（图 8-36）采用微处理器控制，是设计用于连续监测样品流路中余氯含量的过程分析仪。可监测余氯和总氯浓度，其测量范围为 0～5mg/L。余氯或总氯的分析测量精度由所使用的缓冲液和指示剂决定。

仪器使用 DPD 比色方法，包括 N，N-Diethyl-p-phenylenediamine（DPD：二乙基对苯二胺）指示剂和缓冲液。指示剂和缓冲液被引入样品中，产生红色，其颜色深浅与余氯浓度成正比。通过光度测量的余氯浓度显示在前面板上，三数字显示，LCD 读数，单位为 mg/L。

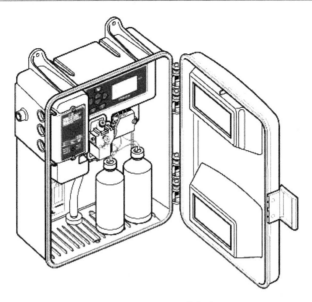

图 8-36 CL17 型余氯仪

水体中可利用的余氯（次氯酸和次氯酸根）在 pH 值介于 6.3～6.6 时会将 DPD 指示剂氧化成紫红色化合物，显色的深浅与样品中余氯含量成正比。针对余氯的缓冲溶液可维持适当的 pH 值。

可利用的总氯（可利用的余氯与化合后的氯胺之和）可通过在反应中投加碘化钾来确定。样品中的氯胺将碘化物氧化成碘，并与可利用的余氯共同将 DPD 指示剂氧化，氧化物在 pH 值为 5.1 时呈紫红色。一种含碘化钾的缓冲液可维持反应的 pH 值，该化学反应完成后，在 510nm 的波长照射下，测量样品的吸光率，再与未加任何试剂的样品的吸光率比较，由此可计算出样品中的氯浓度。

2）使用

CL17 余氯仪面板如图 8-37 所示。

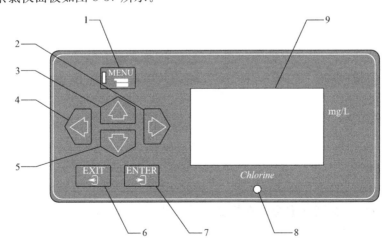

图 8-37 CL17 余氯仪面板

1—MENU（菜单）；2—右箭头；3—上箭头；4—左箭头；5—下箭头；6—EXIT（退出）；7—ENTER（进入）；
8—报警发光管；9—显示器屏

① 装入试剂

分析仪要求两类试剂：缓冲溶液和指示剂。仪器箱内空间可安装两个 500mL 的试剂瓶。余氯分析使用到的两种试剂安装在分析仪的液路模块中，并且每个月进行更新。缓冲溶液是余氯缓冲液，用于确定游离态可利用余氯；或是总氯缓冲液，用于总氯分析。缓冲溶液完全在工厂进行配制，随时可以安装。将缓冲溶液瓶的瓶盖和封条打开，盖好BUFFER（缓冲液）标签的盖子，管子插入缓冲液瓶中。

第二种试剂（指示剂溶液）必须被配备。在使用以前将指示剂溶液和指示剂粉末进行混合，试剂新鲜可以确保最佳的分析效果。使用维护成套部件中所提供的粉末漏斗，将一瓶 DPD 高量程粉末倒入一瓶总氯指示剂溶液，或一瓶余氯指示剂溶液。并予以搅拌或振荡，直到粉末完全溶解为止。取下试剂瓶的瓶盖，将贴有 INDICATOR（指示剂）标签的盖子和管子安装到试剂瓶。管子应插入瓶底，以防止瓶中水平面下降时管子吸入空气。

② 放入搅拌棒

随仪器一同提供的安装成套部件中包括有色度计装置中样品室使用的一根小搅拌棒。该搅拌棒必须安装在仪器中，以保证正常运行。

取下色度计顶部的塞子，将搅拌棒滑落到孔中，确保搅拌棒下落到色度计中，并停留在其中，重新插上塞子（图 8-38）。搅拌棒应靠在垂直内腔的底部。

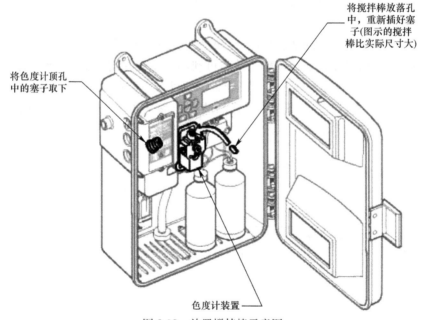

图 8-38　放置搅拌棒示意图

③ 样品进样

打开进样阀后样品流开始通过仪器，让管路中压力保持稳定并检查泄漏情况。样品室表面应被完全润湿，否则气泡会贴在样品室壁，从而导致不稳定读数。这种状态是暂时的，其延续时间依赖于样品特性。

④ 电源供给

电源开关位于凹槽区到色度计之间。电源（—/O）开关设置为打开（—），并让分析仪运行约 2h，以确保管子系统完全湿化。

⑤ 设置菜单

CL17 分析仪的主菜单由 ALARMS（报警）、RECRDR（记录）、MAINT（维护）和 SETUP（设置）构成。具体菜单参数可参考说明书。

⑥ 校准

CL17 余氯分析仪在出厂时进行过校准，一条固定的电子曲线程序被预先编排到仪器中。一般情况下仪器不要求重新校准，若需要校准时，可按下列步骤完成。

a. 通过投加约 4mL 的硫酸亚铁铵到约 2L 的正常样品或不含余氯的软化水中，制备成零位余氯参比溶液。

b. 将一个盛装零位参比水的容器放置在分析仪顶盖上方至少 2 英尺处，保持系统垂直，以确保样品流路关断后，零位参比水能以适当的位置进入分析仪。零位参比水通入分析仪运行约 10min。

c. 当读数稳定时，设置零位参比：

进入 SETUP 菜单；

按下箭头键，直至 CAL ZERO（校准零位）显示出来；

按 ENTER 显示当前的测量值；

再次按 ENTER，将该值强行更改为零。

d. 用浓度值介于 3~5mg/L 的溶液制备余氯标准溶液，确定标准值的准度接近 0.01mg/L。

e. 取走零位参比水的容器，并替换为余氯标准溶液。将分析仪通过标准溶液运行约 10min。

f. 当读数稳定时，进入 SETUP 菜单。

g. 按下箭头键，直至 CAL STD（校准标准）显示出来。按 ENTER 显示当前的测量值。

h. 按 ENTER，并编辑该值。再次按 ENTER 接受编辑值，测量值将被强行更换成输入值。按 EXIT 键三次，返回正常显示模式。

i. 取走标准液，恢复样品流路进入分析仪。仪器此刻完成校准。

3）安装

仪器外壳设计适用于常规用途的室内安装，而操作环境温度应保持在 10~40℃。安装时注意防水防阳光直射。在现场安装时，尽量将仪器靠近采样点，以确保每个工作周期都可完成样品的更新。在仪器侧面和底部留出足够的空间以方便接管线和电线。余氯仪尺寸及安装示意图如图 8-39 所示。

样品进口和排出口连接处位于仪器的底部，使用快速接管装置，所接管道的外径为 1/4 英寸。只要将外径为 1/4 英寸的管道插入接管装置中就可进行连接。当管道为正确连接时，两个特殊的卡套将相互对接上（图 8-40）。

选择一个好的具有代表性的采样点，对于实现仪器的最佳分析效果非常重要。分析的样品必须能够代表整个水质系统状况。如果采样点太靠近水样流路中添加化学物质的位置，或混合不充分，或化学反应未进行完全等原因，显示的读数将出现不稳定。

4）维护

① 常规操作

a. 每月更换一次试剂，包括缓冲液、总或余氯指示液。

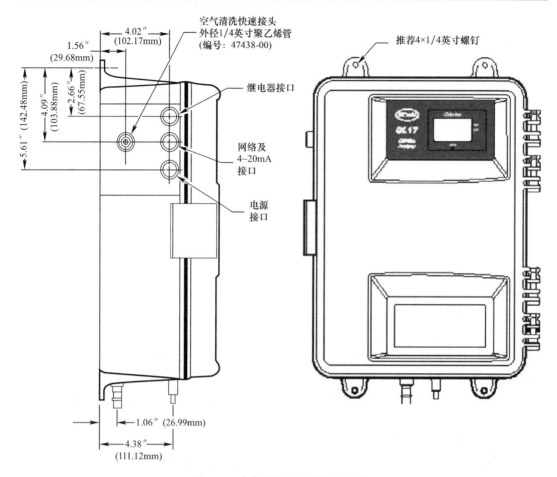

图 8-39 余氯仪尺寸及安装示意图

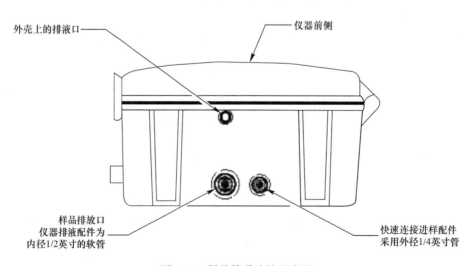

图 8-40 样品管道连接示意图

b. 更换试剂时，尽量避免气体进入管线，装完后，运行 PRIME 程序。

c. 根据实际水质情况，必须定期检查水样进口管线及溢流口，保证使用中不能断水。

② 不定时维护

a. 替换泵管道

在一段时间内，泵/阀模块的夹压作用将使管道变软，导致破裂和阻塞液流。在温度较高时，这种破裂会加速进行。基于四周环境温度，低于27℃时，间隔6个月更换一次；高于27℃时，间隔3个月更换一次。

b. 清洗色度计

色度计的测量室可积累沉积物或在室壁内侧形成一层薄膜。建议每月使用酸溶液和棉花签进行清洗。根据样品状况，若有必要，清洗的时间间隔可以缩短。

c. 分析管及接试剂瓶的软管更换周期为一年。

（7）pH检测仪

PH（Pondus Hydrogenii）是用来度量物质中氢离子的活性。这一活性直接关系到水溶液的酸碱性。pH值是水溶液最重要的理化参数之一，供水行业中主要用来检测原水来水和出厂水的酸碱度。水的pH值是表示水中氢离子活度的负对数值，表示为：

$$pH = -\lg a^{H+} \tag{8-16}$$

pH值有时也称氢离子指数，由于氢离子活度的数值往往很小，应用不便，所以就用pH值来作为水溶液酸性、碱性的判断指示。而且，氢离子活度的负对数值能够表示出酸性、碱性的变化幅度数量级的大小，这样应用起来就十分方便，并由此得到：

中性水溶液，$pH = -\lg a^{H+} = -\lg 10^{-7} = 7$；

酸性水溶液，$pH < 7$，pH值越小，表示酸性越强；

碱性水溶液，$pH > 7$，pH值越大，表示碱性越强。

pH计是一种常用的仪器设备，主要用来精密测量液体介质的酸碱度值。pH计被广泛应用于环保、污水处理、科研、自来水等领域。本节以 HACH pH 检测仪为例介绍。

1）工作原理

测量pH值的方法很多，主要有化学分析法、试纸法、电位法。工业现主要使用电位法测pH值。电位分析法所用的电极被称为原电池。pH指示电极是一个对pH值敏感的玻璃电极，它的端部被吹成泡状。管内充填有含饱和 AgCl 的 3mol/L kcl 缓冲溶液，pH值为7。pH计的参比电极电位稳定，在温度保持稳定的情况下，溶液和电极所组成的原电池的电位变化，只与玻璃电极的电位有关，而玻璃电极的电位取决于待测溶液的pH值，因此通过对电位的变化测量，就可以得出溶液的pH值。

原电池是一个系统，它的作用是使化学反应能量转化为电能。电池的电压称为电动势，此电动势由两个半电池构成，其中一个半电池称作指示电极，它的电位与特定的离子活度有关；另一个半电池为参比半电池，通常称作参比电极，一般与测量溶液相通，并且与测量仪表相连。工业用pH计的特点是要求稳定性好、工作可靠、有一定的测量精度、环境适应能力强、抗干扰能力强，具有模拟量输出、数字通信、上下限报警和控制功能等。

2）安装

pH检测仪传感器在不同场合有不同的安装方式。有关传感器在不同应用中的安装示例，如图8-41所示。

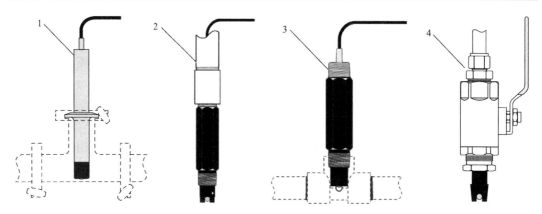

图 8-41　传感器在不同应用中的安装示例

1—卫生级安装；2—管浸入端；3—流通安装；4—球阀插件

（8）溶解氧分析仪

溶解在水中的空气中的分子态氧称为溶解氧，水中溶解氧的含量与空气中氧的分压、水的温度都有密切关系。在自然情况下，空气中的含氧量变动不大，故水温是主要的因素，水温越低，水中溶解氧的含量越高。水中溶解氧的多少是衡量水体自净能力的一个指标。供水行业中主要用来检测原水来水的溶解氧。

溶解氧通常有两个来源：一是水中溶解氧未饱和时，大气中的氧气向水体渗入；二是水中植物通过光合作用释放出的氧。因此，水中的溶解氧会因空气里氧气的溶入及绿色水生植物的光合作用而得到不断补充。但当水体受到有机物污染，耗氧严重，溶解氧得不到及时补充时，水体中的厌氧菌就会很快繁殖，有机物因腐败而使水体变黑、发臭。溶解氧值是研究水自净能力的一种依据。水里的溶解氧被消耗，要恢复到初始状态，所需时间短，说明该水体的自净能力强，或者说水体污染不严重。否则说明水体污染严重，自净能力弱，甚至失去自净能力。

溶解氧的在线测量方法分为电极法和荧光法，其中荧光法更为普及且维护方便。荧光法溶解氧仪是基于物理学中特定物质对活性荧光的猝熄原理。传感器前端的荧光物质是特殊的铂金属卟啉复合了允许气体子通过的聚酯箔片，表面涂了一层黑色的隔光材料以避免日光和水中其他荧光物质的干扰。调制的绿光照到荧光物质上使其激发，并发出红光。

由于氧分子可以带走能量（猝熄效应），所以激发红光的时间和强度与氧分子的浓度成反比。我们采用了与绿光同步的红光光源作为参比，测量激发红光与参比光之间的相位差，并与内部标定值比对，从而计算出氧分子的浓度，经过温度补偿输出最终值。

所以本节将以目前先进的荧光法测量技术为基础，并以 HACH LDO 荧光法无膜溶解氧分析仪为例展开对溶解氧分析仪的介绍。

1）工作原理

探头的组成包括四部分，如图 8-42 所示。

测量探头最前端的传感器罩上覆盖有一层荧光物质，LED 光源发出的蓝光照射到荧光物质上，荧光物质被激发，并发出红光；内置光电池检测荧光物质从发射红光到回到基态所需要的时间。这个时间只和蓝光的发射时间以及氧气的多少有关，探头另有一个 LED

光源，在蓝光发射的同时发射红光，作为蓝光发射时间的参考。传感器周围的氧气越多，荧光物质发射红光的时间就越短。由此计算出溶解氧的浓度（图 8-43）。

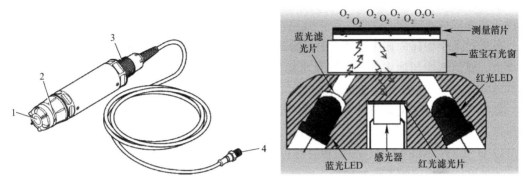

图 8-42 溶解氧分析仪探头的组成

1—传感器盖帽；2—温度传感器；

3——英寸 NPT；4—连接器

图 8-43 溶解氧工作原理

2）安装

溶解氧分析仪传感器在不同场合有不同的安装方式。有关传感器在不同应用中的安装示例，如图 8-44 所示。

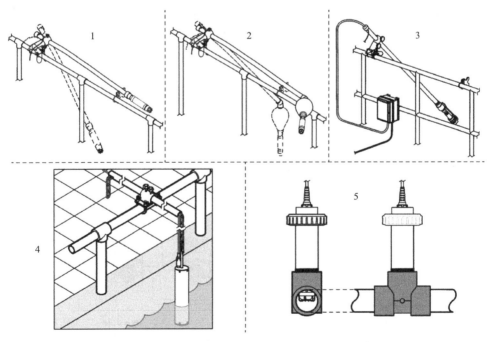

图 8-44 传感器不同的安装方式

1—导轨式安装；2—浮点式安装；3—鼓风系统安装；4—链式安装；5—联合安装

（9）氨氮分析仪

氨氮是指水中以游离氨（NH_3）和铵离子（NH_4^+）形式存在的氮。动物性有机物的含氮量一般较植物性有机物为高。同时，人畜粪便中含氮有机物很不稳定，容易分解成氨。因此，水中氨氮含量增高时指以氨或铵离子形式存在的化合氮。供水行业中氨氮检测仪一般用来检测原水中氨氮的含量。

水中的氨氮可以在一定条件下转化成亚硝酸盐，如果长期饮用，水中的亚硝酸盐将和蛋白质结合形成亚硝胺，这是一种强致癌物质，对人体健康极为不利。

氨氮对水生物起危害作用的主要是游离氨，其毒性比铵盐大几十倍，并随碱性的增强而增大。氨氮毒性与池水的 pH 值及水温有密切关系，一般情况下，pH 值及水温越高，毒性越强，对鱼的危害类似于亚硝酸盐。

氨氮在线分析仪是为测量水中（饮用水地表水/工业生产过程用水/污水处理）的铵根离子（NH_4^+）浓度而设计的在线分析仪，对水质中氨氮的实时监测是具有重要意义的。本节以 HACH AMTAX inter2 氨氮在线分析仪单通道模式为例来展开介绍。

氨氮在线分析仪的工作原理分为两类，一类是比色法测量，包括后发展而来的分光光度法，另一类是电极法测量。

HACH AMTAX inter2 氨氮在线分析仪属于比色法测量，采用水杨酸-次氯酸测量原理，通过双光束、双滤光片光度计测量水中 NH_4^+ 离子浓度。通过参比光束的测量，仪器消除了样品中浊度、电源的波动、元器件的老化等因素对测量结果的干扰，从而提高了测量精度。

1）化学反应原理

在催化剂的作用下，铵根离子在 pH 值为 12.6 的碱性介质中，与次氯酸根离子和水杨酸盐离子反应，生成靛酚化合物，并呈现出绿色。在仪器测量范围内，其颜色改变程度和样品中的铵根离子浓度成正比，因此，通过测量颜色变化的程度，从而计算出样品中铵根离子的浓度。

2）仪器工作原理

氨氮在线分析仪的硬件部分，由溢流瓶、捏阀、样品泵、试剂泵、混合室、光度计、管路和试剂组成（图 8-45）。

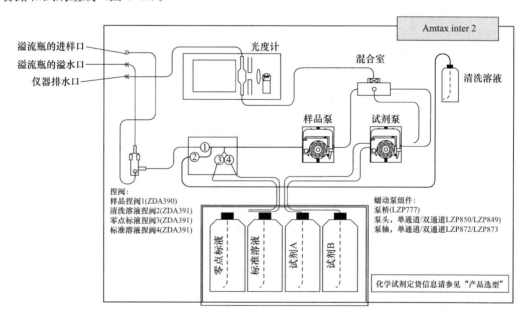

图 8-45　氨氮在线分析仪硬件组成

在每一个测量周期的开始阶段，为了彻底清除上一次测量的残余物，仪器将用待测样品清洗整个测量系统；然后，光度计对样品进行清零测量；在测量模式下，样品首先通过泵 P1 打入搅拌容器中，120s 之后，加入试剂 A 和试剂 B 进行精确定量。在搅拌容器中彻底混合之后，溶液流入比色池，泵被关闭。由于氨离子的存在，比色池中会出现靛蓝色的显色反应。使用双光束双滤光片技术对颜色的深度进行比色测量，环境温度的影响由温度传感器进行补偿。经过一段时间，光度计再次对样品进行测量，并且和反应前的测量结果进行比较，从而计算出氨氮的浓度值。

（10）COD 在线分析仪

COD 的中文名称是化学需氧量。它是一种常用的评价水体污染程度的综合性指标，是指利用化学氧化剂将水中的还原性物质（如有机物）氧化分解所消耗的氧量，反映了水体受还原性物质污染的程度。由于有机物是水体中最常见的还原性物质，因此，COD 在一定程度上反映了水体受有机物污染的程度。COD 越高，污染越严重。我国《地表水环境质量标准》GB 3838—2002 规定，生活饮用水源 COD 浓度应小于 15mg/L，一般景观用水 COD 浓度应小于 40mg/L。供水行业中，COD 在线分析仪主要检测原水中 COD 含量。

化学需氧量（COD）的测定，随测定水样中还原性物质以及测定方法的不同，其测定值也有不同。目前应用最普遍的是酸性高锰酸钾氧化法与重铬酸钾氧化法。高锰酸钾（K_2MnO_4）法，氧化率较低，但比较简便，在测定水样中有机物含量的相对比较值时，可以采用。重铬酸钾（$K_2Cr_2O_7$）法，氧化率高，再现性好，适用于测定水样中有机物的总量。

本节将以 HACH 203ACOD 分析仪为例来展开介绍，其测量方法为高锰酸钾（K_2MnO_4）法。

HACH 203ACOD 分析仪为箱体式，结构分为前后两侧，分别设置有可供打开的门。前面部分有仪器工作的主要部件，如控制面板、计量容器、反应槽、加热槽、电极、滴定泵和下部储存的试剂。后面部分主要包括电源的开关、进出样管路、废液槽、活性炭过滤器等（图 8-46、图 8-47）。

试剂组成分为 5 种，分别是零水、试剂 1 标准液、试剂 2 硫酸、试剂 3 草酸钠和试剂 4 高锰酸钾，前两者用于校准，后三者用于测定 COD 的反应。

反应原理：高锰酸钾指数是指在一定条件下，以高锰酸钾为氧化剂，处理水样时所消耗的氧量，以氧的 mg/L 来表示。水中部分有机物及还原性无机物均可消耗高锰酸钾。因此，高锰酸钾指数常作为水体受有机物污染程度的综合指标。水样加入硫酸使呈酸性后，加入一定量的高锰酸钾溶液，并在沸水浴中加热反应一定的时间。剩余的高锰酸钾加入过量草酸钠溶液还原，再用高锰酸钾溶液回滴过量的草酸钠，通过计算求出高锰酸盐指数。

工作流程：①水样润洗，抽取样水进入计量容器 1，定量计量水样后压送至反应槽，润洗后将水样排至废液槽。②反应，再次抽取样水进入计量容器 1，同时滴定泵抽取高锰酸钾，定量计量水样后压送至反应槽，抽取定量硫酸试剂加入反应槽，滴定泵自动去除气泡后加入反应槽，此时加热槽开始工作，加热 25min，为反应槽提供反应条件。③测量，加热过后抽取草酸钠加入试剂 3 容器，定量计量，滴定泵抽取高锰酸钾，压送草酸钠进反应槽，此时滴定泵自动去除气泡后，缓缓滴定入反应槽，通过参比电极测量出 COD 的值。④排放及洗涤，后续排放废液，重复水样进水，洗涤各个容器。

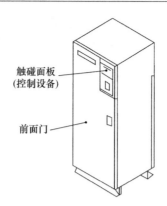

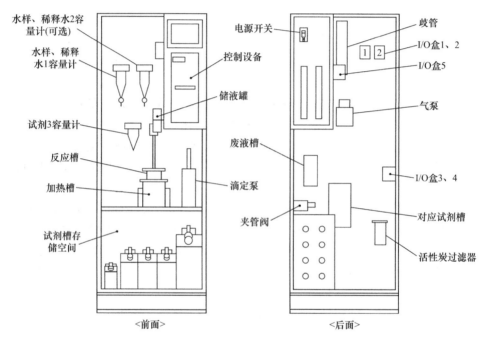

图 8-46　主要部件名称

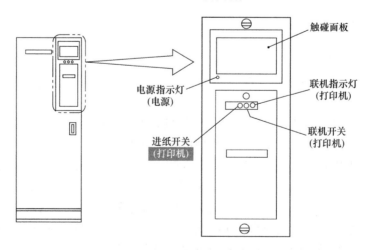

图 8-47　控制装置前面板

170

需要说明的是，COD仪为在线仪表，数据是分时段测量的，频次最高可设置每小时一次，实时反映水样在这一时段的COD值，便于使用者了解详细的水样数据，对水样进行监测与调控，避免危险与危害的发生。

8.2.2 调度常用运行参数

作为供水调度人员，应该熟悉调度运行中接触到的常用参数，了解其含义，且能对参数的变化进行合理的分析，以调节生产，确保供水安全、经济。调度运行常用参数如下。

(1) 水量

1) 一泵房取水量（m^3/h）

一泵房单位时间取水总量，即总进水量。可以通过流量仪计量，由PLC输出到自控系统显示、记录和保存。

总进水量大体决定了整个水厂的运行规模，用以指导调整各净水构筑物的水量分配、运行负荷，机泵的运行组合，判断水泵运行工况。

① 总进水量受一泵房运行台时和吸水井水位的影响，台时不变时，吸水井水位越高，进水量越大。总进水量应满足二泵房供水及生产用水的需要。

② 进水量是控制加矾量的主要参数之一，进水量变化时要及时调整加矾量。

③ 进水量大幅度变化时会影响混凝沉淀效果，从而影响沉淀池出水水质，进水量应尽量保持平稳。

异常处理：

① 进水量突然减小可能是一泵房出现跳车（或空车），检查机泵状态、恢复台时；

② 进水量突然增大可能是出水管道漏水，水泵运行扬程降低，应及时检查维修。

2) 二泵房供水量

二泵房供水量指二泵房总出水量。可以通过流量仪计量，由PLC输出到自控系统显示、记录和保存。

① 用于计算供水单位电耗、矾耗、氯耗等生产指标。

② 二泵房供水量是调度调节生产工艺运行的依据。

③ 二泵房供水量受运行台时（频率）、清水池水位和出水压力影响。

④ 供水量突然减小可能是二泵房出现跳车（或空车）；供水量突然增大可能是外部管道漏水或其他水厂二泵房出现跳车（或空车）。

(2) 水压（单位：kPa或MPa）

1) 出厂水压力

出厂水压力指水厂出厂母管中的水压。可以通过压力表显示，在二泵房母管压力表上抄见。

通过观测出厂水压力了解二泵房水泵机组运行的工作扬程，掌握二泵房压力的变化情况，保障供水管网的服务压力。

出厂水压力出现异常的可能原因如下：

① 水泵运行故障，二泵房机组空车、跳车，重新开车或调用备用机组；

② 出水阀门开启度不足导致出水压力异常上升，开启出水阀门；

③ 厂外爆管，压力降低，出水量增大，及时与公司调度联系，汇报情况；

④ 仪表故障，维修或更换压力表。

2）平均压力

平均压力指多台水泵工作扬程的平均值，水泵工作扬程计算由机泵进出口压力表读数相加得出，在近似计算时，可通过机泵出口压力表结合吸水井或长江水位换算得出。

通过平均压力可以了解机组运行的工作扬程，是分析机组运行工况的重要参数，也为统计配水单位电耗提供数据。

如果平均压力出现异常需检查压力表工作是否正常，出水阀门是否完全开启。

（3）水位（单位：m）

1）原水水位

取水水源自由水面高程（吴淞标高、黄海标高等）。

原水水位通过取水头部的标尺或水位仪读出。

原水水位的变化对水源水质状况、水厂的制水成本、一泵房进水量和供水调度都有影响。水位低时，水泵扬程变高、电耗变高，水源自净能力不强，水质相对较差；如果水位过低，发生汽蚀的可能也增大，取水头部高出水面，还会造成取水困难。水位高时，水泵扬程变低、电耗变低，水源自净能力增强，水质相对较好，但高水位易造成下水道排放不畅，对水厂污水排放和厂区防汛影响很大。原水水位的高与低，同时也影响水泵启动时抽真空的时间。

2）清水池水位

水厂清水池内水体自由水面的高程。

① 《生活饮用水卫生标准》GB 5749—2006 中规定，出厂水游离性余氯在与水接触30min 后不应低于 0.3mg/L。因此，需要保证清水池水位处于一定高度以上，确保足够的消毒接触时间。

② 清水池水位高位运行时，如果清水池进水量偏小，容易造成停留时间过长。氯气自我消耗增加，降低出厂水余氯，增加氯耗。

③ 清水池是制水过程中重要的调节构筑物，科学合理地利用其调蓄空间，减少一级泵房开关车频次，有利于沉淀池加矾和加氯间加氯的稳定。

④ 清水池水位过低，清水池入口在线式余氯仪采样泵采不到水。水位过高，清水池溢流，浪费水量。

⑤ 清水池水位的高与低将影响到吸水井的水位，也会影响到二泵房机泵的供水量和单位电耗。水位过低还会增大机泵抽真空的时间。

清水池水位低时应增加一泵房台时，增加滤格，暂停排泥和反冲洗，必要时减少二泵房台时。清水池水位高时应减少一泵房台时，减少滤格，开排泥和反冲洗。

（4）原水温度（单位：℃）

用来表示原水冷热程度的物理量。水温对混凝效果有明显影响。低温时混凝效果较差，主要原因如下。

1）无机盐混凝剂水解是吸热反应，低温水混凝剂水解困难。

2）低温水的黏度大，使水中杂质颗粒布朗运动强度减弱，碰撞机会减少，不利于胶粒脱稳凝聚。同时，水流剪力增大，影响絮凝体的成长。

3）胶体颗粒水化作用增强，妨碍胶体凝聚，且水化膜内的水由于黏度和重度增大，影响了颗粒之间的黏附强度。

低温时，常用方法是适当增加混凝剂的投加量和投加高分子助凝剂，以提高混凝沉淀效果。

（5）浊度（单位：NTU）

是用来反映水中悬浮物浓度的水质参数，仪器通过在与入射光成 90°角的方向上测量散射光强度获得。浊度不仅与悬浮物的含量有关，而且与水中杂质的成分、颗粒大小、形状及其表面的发射性能有关。

1）原水浊度

指原水的浑浊程度，原水浊度变化影响沉淀池运行。

① 原水浊度升高，需要及时调整加矾量或矾液配比浓度，保障水质。

② 原水浊度升高，需要及时调整排泥设备的排泥周期，及时排泥。

2）沉淀水浊度

指沉淀池出口水的浑浊程度，反映沉淀池运行状态。

① 沉淀池出水浊度一般宜控制在 3NTU 以下。

② 当沉淀池出水浊度过高时，会增加滤池负荷，缩短滤池过滤周期，增加滤池水耗。

当沉淀池出水浊度超过控制标准，需判断原因并采取措施。

① 沉淀池进水量增大，需及时增大投矾量。

② 原水浊度升高，需及时增大投矾量。

③ 加矾系统存在堵塞、管道泄漏或计量泵故障，需及时检修。

3）滤后水浊度

指滤后水的浑浊程度，反映滤池运行状态。

滤后水浊度直接影响出厂水浊度，按照《生活饮用水卫生标准》GB 5749—2006 规定，自来水浊度应小于 1NTU，水厂通过严格控制滤后水浊度来确保出厂水水质，部分先进水司滤后水浊度控制在 0.2NTU 以下。

当滤后水浊度超过控制标准，需判断原因并采取措施。

① 调整滤池工作周期，及时反冲洗。

② 测定滤池反冲洗强度、砂层含污量、滤料级配，及时调整冲洗强度、换砂或补砂。

③ 及时对滤池清洗和消毒。

4）出厂水浊度

指出厂水的浑浊程度，反映水厂运行状态。

① 按照《生活饮用水卫生标准》GB 5749—2006 规定，自来水浊度应小于 1NTU，部分先进水司出厂水浊度控制在 0.2NTU 以下。

② 出厂水浊度超标一般是由于沉淀、过滤环节水质超标引起的。

③ 清水池沉积物也会造成低水位运行时出水浊度超标，应定期清洗清水池。

出厂水浊度超标时应检查滤后水浊度和沉淀池出口水浊度，分析原因正确处理。

① 沉淀池出水浊度高时，应增加投矾量、增加排泥次数。

② 滤后水浊度高时，应调整运行周期、加强反冲洗。

③ 由于超负荷运行造成出水浊度高时，可根据外部情况降低供水量。

（6）余氯（单位：mg/L）

1）清水池进水余氯

指清水池进口附近水中剩余游离态氯的含量。

清水池进口余氯是指导氯气投加的最重要指标，能够极大地改变采用出厂水余氯反馈所带来的滞后性影响。通常在生产运行中，进口余氯处于设定好的区间内运行，当余氯值偏高时，很有可能是由于滤池进行反冲洗造成进水量减少；当余氯值偏低，原因可能是一泵房增开机泵、进水量加大，或原水水质污染增加。

① 余氯仪读数显示异常，可以采用手工比色法比对，判断是否为仪表故障。仪表故障需及时报修。

② 采样水不通畅。采样水不通畅需检查采样泵是否正常运行，清水池水位是否过低，采样水管路是否堵塞、漏水或有阀门被关闭。

③ 当余氯值偏高时，很有可能是由于滤池进行反冲洗造成进水量减少，需及时降低投加量。

④ 当余氯值偏低，原因可能是一泵房增开机泵、进水量加大，或原水水质污染增加，需及时增加投加量。在判断水量无明显增大的状况下，应及时通知化验室进行水质污染检测。

2）二泵房出水余氯

指出厂水中剩余游离态氯的含量。按照《生活饮用水卫生标准》GB 5749—2006 规定，氯气与水接触时间≥30min，出厂水中余氯含量≥0.3mg/L，管网末梢余氯含量≥0.05mg/L。各水司可根据各自管网具体情况，合理控制出厂水余氯，以满足水质要求。

① 为了抑制水中残余细菌的再度繁殖，出厂水中需要保证少量剩余氯。

② 水中余氯过高会有刺激性气味。

③ 水量、水质突变会影响出水余氯，应根据水量、水质变化及时调节加氯量。

异常处理：

① 余氯仪读数显示异常，可以采用手工比色法比对，判断是否为仪表故障，仪表故障需及时报修；

② 采样水不通畅，采样水不通畅需检查采样泵是否正常运行，清水池水位是否过低，采样水管路是否堵塞、漏水或有阀门被关闭。

③ 出厂水余氯值偏高和偏低时应结合清水池进口余氯值判断原因（具体参照清水池进口余氯异常处理），原水水质异常影响出水余氯时应加强水质监控、留取水样，由于氨氮偏高造成的可将出厂水余氯指标改为总氯指标控制。

（7）原水 pH 值

pH 值又称氢离子浓度指数、酸碱度，是溶液中氢离子活度的一种标度，也就是通常意义上溶液酸碱程度的衡量标准。

1）《地表水环境质量标准》GB 3838—2002 规定，原水 pH 值处于 6～9 之间。

2）pH 偏酸性，影响混凝剂水解、聚合，水处理效果不佳，同时容易导致管道、设备的腐蚀。

3）pH 偏碱性，阻碍次氯酸生成，影响消毒效果。

原水 pH 值超出正常范围时，怀疑水体受到污染，应及时与环保部门联系，了解上游污染源，加强生产环节水质检测，有针对性地采取措施。

（8）原水溶解氧（单位：mg/L）

溶解氧是指溶解在水里的氧的量，通常记作 DO，用每升水里氧气的毫克数表示。

1）《地表水环境质量标准》GB 3838—2002 规定，Ⅱ类水溶解氧≥6mg/L。

2）溶解氧值是研究水自净能力的一种依据。水里的溶解氧被消耗，要恢复到初始状态，所需时间短，说明该水体的自净能力强，或者说水体污染不严重。否则说明水体污染严重，自净能力弱，甚至失去自净能力。

3）溶解氧含量偏低，预示着有机物含量较高，会导致沉淀（澄清）后的水浊度偏高。

发现有机物污染，可开启粉末活性炭投加系统，通过活性炭吸附降低水中有机污染物含量。

（9）原水氨氮（单位：mg/L）

指水中含有游离氨（NH_3）和铵离子（NH_4^+）的质量浓度，是一个能直接快速反映出水体受到污染的化学指标。

1）《地表水环境质量标准》GB 3838—2002 中规定，Ⅱ类水原水氨氮含量≤0.5mg/L。

2）氨氮对加氯消毒影响较大，如果沉淀池、滤池去除氨氮效率不高，则会直接影响清水池中的余氯量。

3）氨氮含量偏高，预示着有机物含量较高，水质受污染严重。

出现异常应加强水质监测，预防原水水质污染，采取投加粉末活性炭、前加氯等措施。

（10）原水 COD（单位：mg/L）

在一定条件下，氧化 1L 水样中还原物质所消耗的氧化剂的量，折算成每升水样全部被氧化后，需要的氧的毫克数，以 mg/L 表示。以高锰酸钾溶液为氧化剂测得的化学需氧量，称高锰酸钾指数 COD_{Mn}。以重铬酸钾溶液为氧化剂测得的化学需氧量，称 COD_{Cr}。

1）《地表水环境质量标准》GB 3838—2002 规定，Ⅱ类水 COD_{Mn}≤4mg/L、COD_{Cr}≤15mg/L。

2）化学需氧量（COD）又往往作为衡量水中有机物质含量多少的指标。化学需氧量越大，说明水体受有机物的污染越严重。会消耗大量氯气，同时产生三卤甲烷等副产物，影响水质。

原水 COD 较高时，可以开启粉末活性炭投加系统，通过活性炭吸附降低水中有机污染物含量。

（11）电耗

1）供水单位电耗（单位：kW·h/m³）

泵房每供出单位体积的水所消耗的电量。泵房供水电耗＝泵房用电量/泵房进水量。

① 用于统计分析泵房运行的经济性。

② 供水单位电耗与机泵性能、机泵组合、运行效率、清水池水位、吸水井水位等因素有关。

③ 降低泵房供水单位电耗的主要手段是合理调度、优化台时组合、提高运行效率、减少开关次数。

2）配水单位电耗（单位：kW·h/km³·MPa）

指二泵房将单位体积的水提升 1MPa 所消耗的电量，二泵房配水电耗＝二泵房用电量/二泵房配水量。

① 二泵房配水单位电耗是消耗的电能与水获得的能量（动能＋势能）的比值，反映二泵房机泵运行效率，数值越小则机泵损耗越小，水获得的能量（动能＋势能）越大。

② 二泵房配水单位电耗与机泵自身的特性，以及水泵并联后的特性曲线有关，合理搭配机泵使其运行在高效区，可以降低二泵房配水单位电耗。

③ 长期不能运行在高效区的机泵应更换或改造。

（12）矾耗（单位：g/m^3）

处理单位体积的水量所消耗混凝剂的质量（通常为每立方米的水中所投加混凝剂的克数）。

1）用来计算混凝剂的投加量和生产成本。

2）原水水质的变化（通常为浊度），会造成矾耗变化。浊度升高，容易引起矾耗升高。

3）采用投加助凝剂、改善混合效果、调整合适的矾液稀释比等方法可以降低矾耗。

（13）氯耗（单位：g/m^3）

单位体积的水中所投加氯气的质量（通常为每立方米的水中所投加氯气的克数）。

1）用来计算消毒剂的投加量和生产成本。

2）水中污染物质含量的多少，尤其是氨氮、高锰酸盐指数、亚硝酸盐、细菌总数等指标的高低对氯耗影响较大。

3）氯气与水的混合效果对氯耗影响较大。在投加点氯气能否及时、迅速、充分地扩散到水中，以及清水池廊道式的设计结构，都会影响混合效果，造成氯耗升高。

4）在采用手动投加时，当一段时间内的原水水质状况比较稳定、生产工艺无明显改变时，前期氯耗可以指导当前状况下的氯气投加。

氯耗异常一般是由原水中污染物质含量升高造成的，如果是有机物污染，可以开启粉末活性炭应急投加系统；如果原水氨氮值偏高，造成氯耗异常偏高，出厂水余氯很低，可以参考出厂水总氯值控制氯气投加。

8.2.3　原水调度

当城市有多个水源，且各水源的水质、水量不尽相同时，原水调度的主要任务是掌握水源特点，为净水厂提供水量充沛、水质优良的原水。

（1）取水口

1）在水源保护区或地表水取水口上游 1000m 至下游 100m 范围内（有潮汐的河道可适当扩大），必须依据国家有关法规和标准的规定定期进行巡视。

2）汛期应了解上游汛情，检查地表水取水口构筑物的完好情况，防止洪水危害和污染。冬季结冰的地表水取水口应有防结冰措施及解冻时防冰凌冲撞措施。

3）在固定式取水口上游至下游适当地段应装设明显的标志牌，在有船只来往的河道，还应在取水口上装设信号灯，应定期巡视标志牌和信号灯的完好。

4）固定式取水口的调度运行应符合下列规定。

① 取水口应设有格栅，定时检查；当有杂物时，应及时进行清除处理。必要时启动（或自动启动）格栅清扫机。

② 当清除格栅污物时，有充分的安全防护措施，操作人员不得少于 2 人。

③ 当测定水位低于常值时，需对泵房流量进行校对，若流量低于设计值，可调整运

行水泵，必要时启动新水泵。若启动变频水泵，则需记录变频泵频率，校核水泵是否处于高效区。

④ 藻类杂草较多的地区应保证格栅前后的水位差不超过 0.3m。

⑤ 取水口应每 2～4h 巡视一次，预沉池和水库应至少每 8h 巡视一次。

5）移动式取水口的调度运行应符合下列规定。

① 取水头部应符合第 2）条的规定。

② 应加设防护桩并装设信号灯或其他形式的明显标志，定期巡视。

③ 在杂草旺盛季节，应设专人及时清理取水口。

（2）原水输水管线

1）承压输水管道每次通水时均应先检查所有排气阀、排泥阀、安全阀，正常后方可投入运行。

2）输水管线的调度运行应符合下列规定。

① 严禁在管线上圈、压、埋、占；沿线不应有跑、冒、外溢现象。应设专人并佩戴标志定期进行全线巡视。发现危及城市输水管道的行为应及时制止并上报有关主管部门。

② 承压输水管线应在规定的压力范围内运行，沿途管线宜装设压力检测设施进行监测。

③ 原水输送过程中不得受到环境水体污染，发现问题应及时查明原因并采取措施。

④ 根据当地水源情况，可采取适当的措施防止水中生物生长。

3）对低处装有排泥阀的管线应定期排放积泥。其排放频率应依据当地原水的含泥量而定，宜为每年 1～2 次。

（3）原水泵房

1）取水泵房水量宜稳定，应根据清水池水位，并结合净水构筑处理能力合理调度水泵运行。对取水泵房所有水泵（单台）及组合机组，试验不同集水井水位时的总扬程、流量、功率，记录在案。

2）取水水位变幅较大时，宜采用水泵调速技术，使水泵运行在高效区。

① 多台同型号水泵并联供水时，若均采用调速泵，泵的转速宜保持相同；若采用调速泵和定速泵搭配供水，调速泵的转速不宜过低。

② 多台不同型号水泵并联供水时，应根据水泵性能曲线合理调速，若采用调速泵和定速泵搭配供水，流量大、扬程高的水泵宜进行调速运行。

3）定期巡视电机水泵运行状态，确保机组运行正常，遇到机组出现异常，及时停泵。

（4）常用仪表配置及测定参数。

1）流量检测仪：一泵房取水量。

2）压力检测仪：水泵前真空表、水泵后压力表。

3）液位检测仪：原水水位。

4）温度检测仪：原水温度。

5）浊度检测仪：原水浊度。

6）pH 检测仪：原水 pH 值。

7）溶解氧分析仪：原水溶解氧。

8）氨氮分析仪：原水氨氮。

9）COD 在线分析仪：原水 COD。

8.2.4 水厂调度

（1）总则

1）制水系统水量应统一调度，并应保持水量平衡。

2）制水系统各种阀门应统一调度，并应掌控运行状态。

3）采集、分配、储存各工艺设施、供电设施的运行数据，应包括水质、水量、水压、水位、电压、电流、电量等参数。

4）对工艺设施进行检修时，应执行停水、生产运行调度方案。

5）各种设备大修后投入生产时应进行验收。

6）对制水系统中出现的重大设备、水质和运行事故应进行分析处理。

7）必须执行企业中心调度室的指令。

（2）预处理

1）自然预沉淀的调度运行应符合下列规定。

① 正常水位控制应保持经济运行，运行水泵或机组记录运行起止时间。

② 高寒地区在冰冻期间应根据本地区的具体情况制定水位控制标准和防冰凌措施。

③ 应根据原水水质、预沉池的容积及沉淀情况确定适宜的排泥频率，并遵照执行。

2）生物预处理（生物接触氧化）的调度运行应符合下列规定。

① 生物预处理池进水浑浊度不宜高于 40NTU。

② 生物预处理池出水溶解氧应在 2.0mg/L 以上。曝气量应根据原水水质中可生物降解有机物、氨氮含量及进水溶解氧的含量而定，气水比宜为 0.5:1～1.5:1。

③ 生物预处理池初期挂膜时，水力负荷应减半，应以氨氮去除率大于 50% 为挂膜成功的标志。

④ 生物预处理池应观察水体中填料的状态是否有水生物生长。填料流化应正常，填料堆积应无加剧；水流应稳定，出水应均匀，并应减少短流及水流阻塞等情况发生。当生物预处理池反冲洗时应观察水体中填料的状态，应无短流及水流阻塞等情况发生，布水应均匀。

⑤ 运行时应对原水水质及出水水质进行检测。有条件的应设置自动检测装置。测试项目应包括水温、DO、NH_4^+-N、NO_2^- 等。

3）臭氧接触池的调度运行应符合下列规定。

① 氧化剂应主要采用氯气、臭氧、高锰酸钾、二氧化氯等。

② 所有与氧化剂或溶解氧化剂的水体接触的材料必须耐氧化腐蚀。

③ 预氧化处理过程中氧化剂的投加点和加注量应根据原水水质状况并结合试验确定，但必须保证有足够的接触时间。

④ 预臭氧接触池应符合下列规定：

a. 臭氧接触池应定期清洗；

b. 当接触池入孔盖开启后重新关闭时，应及时检查法兰密封圈是否破损或老化，当发现破损或老化应及时更换；

c. 臭氧投加量应根据实验确定；

d. 接触池出水端应设置水中余臭氧监测仪，臭氧工艺应保持水中剩余臭氧浓度在

0.2mg/L。

⑤ 高锰酸钾预处理池应符合下列规定：

a. 高锰酸钾宜投加在混凝剂投加点前，且接触时间不应低于 3min；

b. 高锰酸钾投加量应控制在 0.5～2.5mg/L，实际投加量应通过烧杯搅拌实验确定；

c. 高锰酸钾配制浓度应为 1％～5％，且应计量投加，配制好的高锰酸钾溶液不宜长期存放。

4）常用仪表配置及测定参数。

① 浊度检测仪：生物预处理池进水浑浊度。

② 溶解氧分析仪：生物预处理池出水溶解氧。

③ 臭氧监测仪：接触池出水端臭氧浓度。

（3）加药

1）混凝剂配制应符合下列规定。

① 对固体混凝剂的配制，其溶解时应在溶解池内经机械或空气搅拌，使其充分混合、稀释，药剂的质量浓度宜控制在 5％～20％范围内，药液配好后，应继续搅拌 15min，并静置 30min 以上方可使用。

② 对液体混凝剂的配制，原液可直接投加或按一定的比例稀释后投加。

2）混凝剂投加应符合下列规定。

① 混凝剂宜自动投加，控制模式可根据各供水厂条件自行决定。

② 采用重力式投加应在加药管的始端装设压力水冲洗装置。

③ 吸入与重力相结合式投加应符合下列规定：

a. 泵前加药，药管宜装在吸水口前 0.5m 处；

b. 高位罐的药液进入转子流量计前，应安装恒压设施。

④ 压力式投加药剂应符合下列规定：

a. 采用手动方式应根据絮凝、沉淀效果及时调节；

b. 定期清洗泵前过滤器和加药泵或计量泵；

c. 更换药液前，必须清洗泵体和管道；

d. 各种形式的投加工艺均应配置计量器具，并定期进行检定；

e. 当需要投加助凝剂时，应根据试验确定投加量和投加点。

3）常用仪表配置及测定参数。

① 流量检测仪：加矾流量。

② 压力检测仪：投加泵后压力表。

③ 液位检测仪：矾液池液位、矾液稀释池液位。

（4）混合、絮凝

1）混合的调度运行应符合下列规定。

① 混合宜控制好 GT 值，当采用机械混合时，GT 值应在供水厂搅拌试验指导基础下确定。

② 当采用高分子絮凝剂预处理高浑浊度水时，混合不宜过分急剧。

③ 混合设施与后续处理构筑物的距离应靠近，并采用直接连接方式，混合后进入絮凝，最长时间不宜超过 2min。

2) 絮凝的调度运行应符合下列规定。

① 当初次运行隔板、折板絮凝池时，进水速度不宜过大。

② 定时监测絮凝池出口絮凝效果，做到絮凝后水体中的颗粒与水分离度大、絮体大小均匀、絮体大而密实。

③ 絮凝池宜在 GT 值设计范围内运行。

④ 定期监测积泥情况，并避免絮粒在絮凝池中沉淀；当难以避免时，应采取相应排泥措施。

（5）沉淀

1) 平流式沉淀池的调度运行应符合下列规定。

① 平流式沉淀池必须严格控制运行水位，防止沉淀池出水淹没出水槽现象产生。

② 平流式沉淀池必须做好排泥工作，采用排泥车排泥时，排泥周期根据原水浊度和排泥水浊度确定，沉淀池前段宜加强排泥。采用其他形式排泥的，可依具体情况确定。

③ 平流式沉淀池的出口应设质量控制点，浊度指标一般宜控制在 3NTU 以下。

④ 平流式沉淀池的停止和启用操作应尽可能减少滤前水浊度的波动。

⑤ 藻类繁殖旺盛时期，应采取投氯或其他有效除藻措施，防止滤池阻塞，提高混凝效果。

2) 斜管、斜板沉淀池的调度运行应符合下列规定。

① 必须做好排泥工作，保持排泥阀的完好、灵活，排泥管道的畅通。排泥周期根据原水浊度和排泥水浊度确定。

② 启用斜管（板）时，初始的上升流速应缓慢，防止斜管（板）漂起。

③ 斜管（板）表面及斜管管内沉积产生的絮体泥渣应定期进行清洗。

④ 斜管、斜板沉淀池的出口应设质量控制点。

⑤ 斜管、斜板沉淀池出水浑浊度指标宜控制在 3NTU 以下。

3) 常用仪表配置及测定参数。

① 流量检测仪：沉淀池进水流量。

② 浊度检测仪：沉淀池进水浊度、沉淀池出水浊度。

（6）澄清

1) 机械搅拌澄清池的调度运行应符合下列规定。

① 机械搅拌澄清池宜连续运行。

② 机械搅拌澄清池初始运行时应符合下列规定：

a. 运行水量应为正常水量的 50%～70%；

b. 投药量应为正常运行投药量的 1～2 倍；

c. 当原水浑浊度偏低时，在投药的同时可投加石灰或黏土，或在空池进水前通过排泥管把相邻运行的澄清池内的泥浆压入空池内，然后再进原水；

d. 第二反应室沉降比达 10% 以上和澄清池出水基本达标后，方可减少加药量、增加水量；

e. 增加水量应间歇进行，间隔时间不应少于 30min，增加水量应为正常水量的 10%～15%，直至达到设计能力；

f. 搅拌强度和回流提升量应逐步增加到正常值。

③ 短时间停用后重新投运时应符合下列规定：

a. 短时间停运期间搅拌叶轮应继续低速运行；

b. 重新投运期间搅拌叶轮应继续低速运行；

c. 恢复运行量不应大于正常水量的70%；

d. 恢复运行时宜用较大的搅拌速度以加大泥渣回流量，增加第二反应室的泥浆浓度；

e. 恢复运行时应适当增加加药量；

f. 当第二反应室内泥浆沉降比达到10%以上后，可调节水量至正常值，并减少加药量至正常值。

④ 机械搅拌澄清池在正常运行期间每2h应检测第二反应室泥浆沉降比值。

⑤ 当第二反应室内泥浆沉降比达到或超过20%时，应及时排泥，沉降比值宜控制在10%～15%。

⑥ 机械搅拌澄清池不宜超负荷运行。

⑦ 机械搅拌澄清池的出口应设质量控制点。

⑧ 机械搅拌澄清池出水浑浊度指标宜控制在3NTU以下。

2）脉冲澄清池的调度运行应符合下列规定。

① 脉冲澄清池宜连续运行。

② 脉冲澄清池初始运行时应符合下列规定：

a. 初始运行时水量宜为正常水量的50%左右；

b. 投药量应为正常投药量的1～2倍；

c. 当原水浑浊度偏低时，在投药的同时可投加石灰或黏土，或在空池进水前通过底阀把相邻运行澄清池的泥渣压入空池内，然后再进原水；

d. 应调节好冲放比，初运行时冲放比宜调节到2∶1；

e. 当悬浮层泥浆沉降比达到10%以上，出水浑浊度基本达标后，方可逐步增加水量，每次增水间隔不应少于30min，且量不大于正常水量的20%；

f. 当出水浑浊度基本达标后，方可逐步减少加药量直到正常值；

g. 当出水浑浊度基本达标后，应适当提高冲放比至正常值。

③ 短时间停运后重新投运时应符合下列规定：

a. 应打开底阀，先排除少量底泥；

b. 恢复运行时水量不应大于正常水量的70%；

c. 恢复运行时，冲放比宜调节到2∶1；

d. 宜适当增加投药量，为正常投药量的1.5倍；

e. 当出水浑浊度达标后，应逐步增加水量至正常值；

f. 当出水浑浊度达标后，应逐步减少投药量至正常值。

④ 在正常运行期间，脉冲澄清池应定时排泥；或在浓缩室设泥位计，根据浓缩室泥位适时排泥。

⑤ 应适时调节冲放比。冬季水温低时，宜用较小冲放比。

⑥ 脉冲澄清池不宜超负荷运行。

⑦ 脉冲澄清池的出口应设质量控制点，浑浊度指标宜控制在3NTU以下。

3）水力循环澄清池的运行应符合下列规定。

① 水力循环澄清池宜连续运行。

② 水力循环澄清池初始运行时应符合下列规定：

a. 初始运行时水量宜为正常水量的 50%～70%；

b. 投药量应为正常投加量的 2～3 倍；

c. 原水浑浊度偏低时，可投加石灰或黏土，或者在空池进水前通过底阀把相邻运行的池子中的泥浆压入空池，然后再进水；

d. 初始运行前，应调节好喷嘴和喉管的距离；

e. 当澄清池开始出水后，应观察出水水质，当水质不好时，应排放掉，不让其进入滤池；

f. 当澄清池出水后应检测第二反应室泥水的沉降比，当沉降比达到 10% 以上时，方可逐步减少投药量并逐渐增加进水量。

③ 水力循环澄清池正常运行时，水量应稳定在设计范围内，并应保持喉管下部喇叭口处的真空度，且保证适量污泥回流。

④ 水力循环澄清池正常运行时，应每 2h 测定 1 次第一反应室出口处的沉降比。

⑤ 当第一反应室出口处沉降比达到 20% 以上时，应及时排泥。

⑥ 短时间停运后恢复投运时，应先开启底阀排除少量积泥。

⑦ 短时停运后恢复投运时，应适当增加投药量，进水量控制在正常水量的 70%，待出水水质正常后，逐步增加到正常水量，同时减少投药量至正常投加量。

⑧ 恢复启用前，应打开底阀先排出少量泥渣，初始水量不应大于正常水量的 2/3。

⑨ 泥渣层恢复后方可调整水量至正常值。

⑩ 水力循环澄清池的出口应设质量控制点，浑浊度指标宜控制在 3NTU 以下。

4）常用仪表配置及测定参数。

① 流量检测仪：澄清池进水流量。

② 浊度检测仪：澄清池进水浊度、澄清池出水浊度。

（7）过滤

1）普通快滤池的调度运行应符合下列规定。

① 冲洗滤池前，在水位降至距滤料层 200mm 左右时，应关闭出水阀，缓慢开启冲洗阀，待气泡全部释放完毕，方可将冲洗阀逐渐开至最大。

② 砂滤池单水冲洗强度宜为 12～15L/($s \cdot m^2$)。当采用双层滤料时，单水冲洗强度宜为 14～16L/($s \cdot m^2$)。

③ 有表层冲洗的滤池表层冲洗和反冲洗间隔应一致。

④ 冲洗滤池时，排水槽、排水管道应畅通，不应有壅水现象。

⑤ 冲洗滤池时，冲洗水阀门应逐渐开大，高位水箱不得放空。

⑥ 滤池冲洗时的滤料膨胀率宜为 30%～40%。

⑦ 用泵直接冲洗滤池时，水泵填料不得漏气。

⑧ 冲洗结束时，排水的浑浊度不宜大于 10NTU。

⑨ 滤池进水浑浊度宜控制在 3NTU 以下。

⑩ 滤池运行中，滤床的淹没水深不得小于 1.5m。

⑪ 正常滤速宜控制在 9m/h 以下；当采用双层滤料时，正常滤速宜控制在 12m/h 以下。滤速应保持稳定，不宜产生较大波动。

⑫ 滤池应在过滤后设置质量控制点，滤后水浑浊度应小于设定目标值。设有初滤水排放设施的滤池，在滤池冲洗结束重新进入过滤后，应先进行初滤水排放，待滤池初滤水浑浊度符合企业标准时，方可结束初滤水排放和开启清水阀。

⑬ 滤池反冲洗周期应根据水头损失、滤后水浑浊度、运行时间确定。

⑭ 滤池新装滤料后，应在含氯量 30mg/L 以上的水中浸泡 24h 消毒，并应经检验滤后水合格后，冲洗两次以上方能投入使用。

⑮ 滤池初用或冲洗后上水时，池中的水位不得低于排水槽，严禁暴露砂层。

⑯ 应每年对每格滤池做滤层抽样检查，含泥量不应大于 3%，并应记录归档。采用双层滤料时，砂层含泥量不应大于 1%，煤层含泥量不应大于 3%。

⑰ 应定期观察反冲洗时是否有气泡，全年滤料跑失率不应大于 10%。

⑱ 当滤池停用一周以上时，应将滤池放空；恢复时必须进行反冲洗后才能重新启用。

2）V 型滤池（气水冲洗滤池）的调度运行应符合下列规定。

① 滤速宜为 10m/h 以下。

② 反冲洗周期应根据水头损失、滤后水浑浊度、运行时间确定。

③ 反冲洗时应将水位降到排水槽顶后进行。滤池应采用气-气水-水冲洗方式进行反冲洗，同时用滤前水进行表面扫洗。气冲强度宜为 13～17L/(s·m²)，历时 2～4min；气水冲时，气冲强度宜为 13～17L/(s·m²)，水冲强度宜为 2～3L/(s·m²)，历时 3～4min；单独水冲时，冲洗强度宜为 4～6L/(s·m²)，历时 3～4min，表面扫洗强度宜为 2～3L/(s·m²)。

④ 运行时滤层上水深应大于 1.2m。

⑤ 滤池进水浑浊度宜控制在 3NTU 以下，应设置质量控制点，滤后水浑浊度应小于设定目标值。设有初滤水排放设施的滤池，在滤池冲洗结束重新进入过滤后，不得先开启清水阀，应先进行初滤水排放，待滤池初滤水浑浊度符合企业标准时，方可结束初滤水排放和开启清水阀。

⑥ 当滤池停用一周以上恢复时，必须进行有效的消毒、反冲洗后方可重新启用。

⑦ 滤池新装滤料后，应在含氯量 30mg/L 以上的溶液中浸泡 24h 消毒，并经检验滤后水合格后，冲洗两次以上方可投入使用。

⑧ 滤池初用或冲洗后上水时，严禁暴露砂层。

⑨ 每年对每格滤池做滤层抽样检查，含泥量不应大于 3%，否则应翻床洗砂，重新按级配装填滤料，并应记录归档。

3）常用仪表配置及测定参数。

① 流量检测仪：滤池进水流量、滤池出水流量、反冲洗水流量、反冲洗气流量。

② 压力检测仪：水头损失计、反冲洗泵后压力、反冲洗风机后压力表。

③ 液位检测仪：滤池液位。

④ 浊度检测仪：滤池出水浊度、滤池反冲洗排水浊度。

（8）消毒

1）消毒一般应符合下列规定。

① 消毒剂可选用液氯、氯胺、次氯酸钠、二氧化氯等。小水量时也可使用漂白粉。

② 加氯应在耗氯量试验指导下确定氯胺形式消毒还是游离氯形式消毒。

③ 采用氯胺形式消毒时接触时间不小于 2h；采用游离氯形式消毒时接触时间应大于 30min。

④ 加氯自动控制可根据各厂条件自行决定。

⑤ 当水厂供水范围较大或输配距离较远时，出厂水余氯宜以化合氯（氯胺）为好，以维持管网中的余氯，但出厂水氨氮值仍应符合水质标准。

⑥ 消毒必须设置消毒效果控制点，各控制点宜实时监测，以便于调度，余氯量要达到控制点设定值。

⑦ 消毒剂加注管应保证一定的入水深度。

2）采用液氯时应符合以下规定。

① 液氯的气化应根据水厂实际用氯量情况选用合适、安全的气化方式。

② 电热蒸发器工作时（将氯瓶中的液态氯注入到蒸发器内使其气化），水（油）箱内的温度应控制在安全范围。蒸发器维护按产品维护手册要求执行。

③ 采用真空式加氯机和水射器装置时，水射器的水压应大于 0.3MPa。

④ 加氯的所有设备、管道必须用防氯气腐蚀的材料。

⑤ 加氯设备（包括加氯系统和仪器、仪表等）应按该设备的操作手册（规程）进行操作。

3）采用次氯酸钠时应符合以下规定。

① 应选择能保证质量及供货量的供应商。

② 次氯酸钠的运输应由有危险品运输资质的单位承担。

③ 次氯酸钠宜储存在地下的设施中并加盖。当采用地面以上的设施储存时，必须有良好的遮阳设施，高温季节需采取有效的降温措施。

④ 储存设施应配置可靠的液位显示装置。

⑤ 次氯酸钠储存量一般控制 5～7d 的用量。

⑥ 投加次氯酸钠的所有设备、管道必须采用耐次氯酸钠腐蚀的材料。

⑦ 采用高位罐加转子流量计时，高位罐的药液进入转子流量计前，应配装恒压装置。定期对转子流量计计量管进行清洗。

⑧ 采用压力投加时，应定期清洗加药泵或计量泵。

⑨ 次氯酸钠加注时应配置计量器具，计量器具应定期进行检定。

⑩ 应每天测定次氯酸钠的含氯浓度，作为调节加注量的依据。

4）采用二氧化氯时应符合以下规定。

① 二氧化氯消毒系统应采用包括原料调制供应、二氧化氯发生、投加的成套设备，并必须有相应有效的各种安全设施。

② 二氧化氯与水应充分混合，有效接触时间不少于 30min。

③ 二氧化氯制备、贮备、投加设备及管道、管配件必须有良好的密封性和耐腐蚀性；其操作台、操作梯及地面均应有耐腐蚀的表层处理。其设备间内应有每小时换气 8～12 次的通风设施，并应配备二氧化氯泄漏的检测仪和报警设施，以及稀释泄漏溶液的快速水冲洗设施。设备间应与贮存库房毗邻。

5）泄氯吸收装置应符合如下规定。

① 用氢氧化钠中和的溶液浓度应保持在 12% 以上，并保证溶液不结晶结块。

② 用氯化亚铁进行还原的溶液中应有足够的铁件。

③ 吸收系统采用探测、报警、吸收液泵、风机联动的应先启动吸收液泵再启动风机。

④ 风机风量要满足气体循环次数 8～12 次/h。

⑤ 泄氯报警仪设定值应在 0.1mg/L。

⑥ 泄氯报警仪探头应保持整洁、灵敏。

⑦ 泄氯吸收装置应定期联动一次。

6）常用仪表配置及测定参数。

① 余氯检测仪：投加过程余氯、出水余氯。

② 压力检测仪：水射器压力、加氯管道压力。

③ 漏氯检测仪：氯气浓度。

④ 重量检测仪：氯瓶重量。

（9）臭氧活性炭

1）臭氧接触池的调度运行应符合下列规定。

① 接触池应定期清洗。

② 接触池排空之前必须确保进气和尾气排放管路已切断。切断进气和尾气管路之前必须先用压缩空气将布气系统及池内剩余臭氧气体吹扫干净。

③ 接触池压力入孔盖开启后重新关闭时，应及时检查法兰密封圈是否破损或老化，当发现破损或老化时应及时更换。

④ 接触池出水端应设置水中余臭氧监测仪，臭氧工艺应保持水中剩余臭氧浓度在 0.2mg/L。

⑤ 臭氧尾气处置应符合下列规定：

a. 臭氧尾气消除装置应包括尾气输送管、尾气中臭氧浓度监测仪、尾气除湿器、抽气风机、剩余臭氧消除器，以及排放气体臭氧浓度监测仪及报警设备等；

b. 臭氧尾气消除装置的处理气量应与臭氧发生装置的处理气量一致。抽气风机宜设有抽气量调节装置，并可根据臭氧发生装置的实际供气量适时调节抽气量；

c. 应定时观察臭氧浓度监测仪，尾气最终排放臭氧浓度不应高于 0.1mg/L。

2）活性炭滤池的调度运行应符合下列规定。

① 冲洗活性炭滤池前，在水位降至距滤料表层 200mm 时，应关闭出水阀。有气冲过程的活性炭滤池还应确保冲洗总管（渠）上的放气阀处于关闭状态。

② 有气冲过程的活性炭滤池必须先进行气冲洗，待气冲停止后方可进行水冲。气冲洗强度宜为 11～14L/(s·m²)。

③ 没有气冲过程的活性炭滤池水冲洗强度宜为 11～13L/(s·m²)，有气冲过程的活性炭滤池水冲洗强度宜为 6～12L/(s·m²)。

④ 活性炭滤池冲洗水宜采用活性炭滤池的滤后水作为冲洗水源。

⑤ 冲洗活性炭滤池时，排水阀门应处于全开状态，且排水槽、排水管道应畅通，不应有壅水现象。

⑥ 用高位水箱供冲洗水时，高位水箱不得放空。

⑦ 活性炭滤池冲洗时的滤料膨胀率应控制在设计确定的范围内。

⑧ 用泵直接冲洗活性炭滤池时，水泵填料不得漏气。

⑨ 活性炭滤池运行中，滤床上部的淹没水深不得小于设计确定的设定值。

⑩ 活性炭滤池空床停留时间宜控制在 10min 以上。

⑪ 活性炭滤池滤后水浑浊度不得大于 1NTU，设有初滤水排放设施的滤池，在活性炭滤池冲洗结束重新进入过滤后，清水阀不能先开启，应先进行初滤水排放，待活性炭滤池初滤水浑浊度符合企业标准时，方可结束初滤水排放和开启清水阀。

⑫ 活性炭滤池反冲洗周期应根据水头损失、滤后水浑浊度、运行时间确定。

⑬ 活性炭滤池初用或冲洗后进水时，池中的水位不得低于排水槽，严禁滤料暴露在空气中。

⑭ 活性炭滤池新装滤料宜选用净化水用煤质颗粒活性炭。活性炭的技术性能应满足现行国家标准和设计规定的要求。新装滤料应冲洗后方可投入运行。

⑮ 应每年对每格滤池做滤层抽样检查。

⑯ 应加强活性炭滤池生物相检测，并确保出水生物安全性。

⑰ 全年的滤料损失率不应大于 10%。

3）臭氧发生系统的调度运行应符合下列规定。

① 臭氧发生系统的操作运行必须由经过严格专业培训的人员进行。

② 臭氧发生系统的操作运行必须严格按照设备供货商提供的操作手册中规定的步骤进行。

③ 臭氧发生器启动前必须保证与其配套的供气设备、冷却设备、尾气破坏装置、监控设备等状态完好和正常，必须保持臭氧气体输送管道及接触池内的布气系统畅通。

④ 操作人员应定期观察臭氧发生器运行过程中的电流、电压、功率和频率，臭氧供气压力、温度、浓度，冷却水压力、温度、流量，并做好记录。同时还应定期观察室内环境氧气和臭氧浓度值，以及尾气破坏装置运行是否正常。

⑤ 设备运行过程中，臭氧发生器间和尾气设备间内应保持一定数量的通风设备处于工作状态；当室内环境温度大于 40℃时，应通过加强通风措施或开启空调设备来降温。

⑥ 当设备发生重大安全故障时，应及时关闭整个设备系统。

4）臭氧发生器气源系统的调度运行应符合下列规定。

① 空气气源系统的操作运行应按臭氧发生器操作手册所规定的程序进行。操作人员应定期观察供气的压力和露点是否正常；同时还应定期清洗过滤器、更换失效的干燥剂以及检查冷凝干燥器是否正常工作。

② 租赁的氧气气源系统（包括液氧和现场制氧）的操作运行应由氧气供应商远程监控。供水厂生产人员不得擅自进入该设备区域进行操作。

③ 供水厂自行采购并管理运行的氧气气源系统，必须取得使用许可证，由经专门培训并取得上岗证书的生产人员负责操作。操作程序必须按照设备供货商提供的操作手册进行。

④ 供水厂自行管理的液氧气源系统在运行过程中，生产人员应定期观察压力容器的工作压力、液位刻度、各阀门状态、压力容器以及管道外观情况等，并做好运行记录。

⑤ 供水厂自行管理的现场制氧气源系统在运行过程中，生产人员应定期观察风机和泵组的进气压力和温度、出气压力和温度、油位以及振动值、压力容器的工作压力、氧气的压力、流量和浓度、各阀门状态等，并做好运行记录。

5）常用仪表配置及测定参数。

① 臭氧监测仪：接触池出水端臭氧浓度、尾气中臭氧浓度、排放气体臭氧浓度。

② 流量检测仪：滤池进水流量、滤池出水流量、反冲洗水流量、反冲洗气流量。

③ 压力检测仪：水头损失计、反冲洗泵后压力、反冲洗风机后压力表。

④ 液位检测仪：滤池液位。

⑤ 浊度检测仪：滤池出水浊度。

（10）清水池

1）水位的调度运行应符合下列规定。

① 根据取水泵房和送水泵房的流量，利用清水池有效容积，合理控制水位。

② 清水池必须装设液位仪，宜采用在线式液位仪连续监测。

③ 严禁超上限或下限水位运行。

2）清水池的检测孔、通气孔和入孔必须有防水质污染的防护措施。

3）卫生防护应符合下列规定。

① 清水池顶不得堆放污染水质的物品和杂物。

② 清水池顶种植植物时，严禁施放各种肥料。

③ 清水池应定期排空清洗，清洗完毕经消毒合格后，方能蓄水。清洗人员必须持有健康证。

④ 应定期检查清水池结构，确保清水池无渗漏。

4）清水池的排空、溢流等管道严禁直接与下水道连通。

5）汛期应保证清水池四周的排水畅通，防止污水倒流和渗漏。

6）常用仪表配置及测定参数。

液位检测仪：清水池水位。

（11）污泥处理系统

1）浓缩池（含预浓缩池）的调度运行应符合下列规定。

① 浓缩池的刮泥机和排泥泵或排泥阀必须保持完好状态，排泥管道应畅通。排泥频率或持续时间应按浓缩池排泥浓度来控制，并宜控制在 2%～10%。预浓缩池则应按 1% 左右浓度控制。

② 设有斜管、斜板的浓缩池，初始进水速度或上升流速应缓慢。

③ 浓缩池正常停运重新启动前，应保证池底积泥浓度不能过高，不应超过 10%。

④ 设有斜管（板）的浓缩池应定期清洗斜管（板）表面及内部沉积产生的絮体泥渣。

⑤ 浓缩池上清液中的悬浮固体含量不应大于预定的目标值。当达不到预定目标值时，应适当增加投药量。

⑥ 浓缩池长期停用时，应将浓缩池放空。

2）污泥脱水设备的调度运行应符合下列规定。

① 各种脱水设备的基本运行程序应按设备制造商提供的操作手册执行。

② 脱水设备运行之前应确保设备本身及其上下游设施和辅助设施处于正常状态。

③ 操作人员应定期观察脱水设备运行过程中进泥浓度、出泥含固率、加药量、加药浓度及分离水的悬浮物的浓度以及各种设备的状态是否正常，并做好记录。

④ 当脱水设备停止运行后，应对溅落到场地和设备上面的污泥进行清洗。当脱水设备停运间隔超过 24h 时，应对脱水设备与泥接触的部件、输泥管路，以及加药管线和设备

进行清洗。

⑤ 当脱水设备及其辅助设备长时间处于停运状态时，应按设备制造商提供的操作手册，对设备部件及管道进行彻底清洗。

8.2.5　站库调度

增压站分为区域增压站和小区二次增压站。随着供水区域扩大，供水结构复杂，供水系统中的增压站数量逐渐增多。由于地理位置分散、数量多，小区增压站宜采用无人值守、自动化方式控制运行。站库调度对增压站进行远程监控，集中管理。站库调度的工作任务是做好增压站及水库（水池、水箱）的运行管理。

（1）巡视

1）巡视增压站进出水压力、进出水流量、水池水位、机泵运行状态等相关数据，确保仪器仪表测量显示准确，通信正常。

2）有加氯设备的增压站，应按水厂加氯间要求巡视。

3）巡视泵房内机泵，确保水泵、电机运行平稳，无异常状态，确保备用机组状态良好。

4）巡视远程监控二次增压站的压力、流量、水位等仪表信号，确保数据在正常范围内。

5）巡视调度运行数据，确保电脑显示数据与现场仪器仪表及设备相关数据一致。

（2）调度运行

1）观察增压站出水水压，按要求控制水量、水压，满足用户需求。

2）观察增压站进水水量和水压，按中心调度要求控制进水压力，减小增压站运行对前端管网水压的影响。

3）合理利用增压站水库调节容量，保证供水的安全与经济（水库运行详见水厂清水池运用及案例 1）。

4）观察二次增压泵房运行情况，尤其是水池（水箱）的运用情况。例如水池（水箱）水力停留时间是否满足要求，进水时间是否合适，是否可以直抽管网等，并应根据使用情况做相应调整，以保证供水的安全与经济。

5）增压站有抽管道和抽水库两种供水方式。站库调度运行应根据中心调度统筹安排，合理分配抽管道和抽水库的台时，在保证供水安全的基础上，调度人员应定期分析供水状况，制定最经济的运行方案。

6）及时发现并正确分析各种报警信息，根据报警预案正确处理报警事件。

当增压站范围内出现大面积水压突降报警时，应分析是否为增压站跳车、爆管或漏水导致，并及时联系管线管理部门确认现场情况，制定调度方案，配合相关部门处理供水事故。

当出水水质报警时，应及时检查出水仪表、清水池水位。如果是仪表故障，应根据仪表故障处理方案排除故障；如果是清水池液位过低导致，应停止抽水库，增加抽管网水量；如果是来水水质超标，应及时联系中心调度，配合处理水质超标事故。

7）正确填写各种生产报表、交接班记录。

8）定期进行成本分析，对比不同机泵组合的运行效率和供水单耗，合理控制水池调节率和进水时间，不断优化调度运行方案。

（3）常用仪表配置及测定参数。

1）流量检测仪：增压站进出水水量。

2）压力检测仪：增压站进出水压力。

3）液位检测仪：水库（水池）水位。

4）浊度检测仪：增压站进出水浊度。

5）余氯检测仪：增压站进出水余氯。

8.2.6 管网调度

（1）管网服务压力的确定

1）管网服务压力

在《城镇供水厂运行、维护及安全技术规程》CJJ 58—2009 中规定，供水管网末梢压力不应低于 14m。在给水、排水设计规范中，满足一层楼的自由水头为 10m，二层为 12m，三层以上每层增加 4m。各城市根据供水系统的特点，确定管网服务压力，管网服务压力不能满足的地区，通过二次增压方式满足服务需求。

2）经济出口水压值的确定

经济出口水压值，是指恰好满足最不利点用户服务压力的供水泵房出口水压。出口水压过低，即使机泵运行在高效区，但满足不了用户的用水需要；出口水压过高，不仅浪费能耗，还会增加管网损漏。经济出口水压值是选择机泵的重要参数之一。合理确定经济出口水压值，选择合适机泵扬程，对于提高供水企业服务水平和经济效益有着非常重要的意义。

确定新建水厂的经济出口水压值比较困难，一般通过设计估算，考虑用水量增长，留有余量。已投产的水厂，可以通过试验监测不同流量下，满足供水区域最不利点的服务水压时，水厂的出水水压值。经济出口水压值是随供水区域和供水量的变化而变化的。

（2）管网压力监测

1）管网测压点的布置

为精确了解管网各区域的服务压力，提高供水服务质量，需要在供水区域内设置一定数量的测压点，实时测定管网服务压力，作为调度运行的依据。

测压点的设置，应根据生活用水和工业用水的比例设定，生活区应该适当增加测压点的个数。选择测压点的位置时，供水企业可以根据管网结构、供水面积、供水量及对压力控制的需求，合理设置管网测压点的密度，一般应遵循以下原则。

① 测压点应设置在能代表其监控面积压力的管径上，如供水主干管、区域干管、管道交叉口等。

② 应在水厂主供水方向、管网用水集中区域、敏感区域以及管网末梢设置测压点。

③ 一个测压点监控面积应不超过 $5\sim10km^2$，一个供水区域设置测压点不应少于 3 个。

④ 测压点不应设置在太小的管道上，根据供水管网规模一般宜设置在 DN300、DN500 及以上的管径上。

2）管网压力统计

管网服务压力是衡量和考核供水服务的重要指标，常用的统计参数有水压合格率和平均水压值。

① 水压合格率

水压合格率是衡量管网压力服务质量的重要指标，考核管网的实际工作压力是否达到规定的服务压力，是通过各测压点压力的监测数据计算得出。供水管网末梢压力不应低于14m，管网压力合格率不应低于97%。

$$水压合格率 = \frac{水压合格次数}{检测次数} \times 100\% \tag{8-17}$$

水压合格率反映了一天中管网压力的服务质量情况，也在一定程度上反映了用水量与供水量之间的矛盾。

② 平均水压值

平均水压值是衡量管网压力服务质量的另一个指标。按水压合格率的计算方法，不论低于标准水压多少，都是不合格，即水压合格率一样，水压值可能不同，服务质量也不相同，因此有必要引入平均水压值这样一个指标来衡量管网压力服务质量。平均水压值是所有测压点一个周期内检测水压值的总和与检测总次数的商。

$$平均水压值 = \frac{水压值总和}{总检测次数} \tag{8-18}$$

将平均水压值与标定的平均水压值进行比较，也可以表示管网压力服务的质量。平均水压值是测压点的水压绝对值，反映了城市水压达到的平均高度。不同城市的水压合格率即使相同，但平均水压值可能会有所不同。

（3）管网等水压线

等水压线又称等水头线，汇总同一时刻的压力采集数据，通过插值计算，在管网平面图上将水压相等的点用平滑曲线连接起来，绘制出的等水压线类似于地图上的等高线。通过观察等水压线图，可以了解各个管段的负荷是否均匀，找出不合理的管径和管段；观察低压区的分布和面积，为合理调度和管网改造提供可靠依据。

1）等水压线的绘制

管网等水压线可以分为总水头等压线和自由水头等压线。简单管网的总水头等压线可以人工绘制。自由水头等压线受地面标高影响，绘制比较复杂，需借助计算机软件实现。

① 人工绘制总水头等压线：已知某一时刻供水管网各节点总水头数据，如图8-48所示，通过插值计算获得等值压力数据，用平滑曲线连接等值点获得等压线图。

② 计算机软件绘制自由水头等压线。

③ 复杂的供水管网绘制等水压线需要借助计算机软件。有些定制开发的供水调度管理软件具有等压线绘制功能。利用一些专业数据分析软件（如Matlab、Origin等）也可以绘制等值线图。

利用Origin 2018软件绘制自由水头等压线的方法如下。

a. 通过管网测压点监测，记录某一时刻各点的压力数据。

b. 将各个测压点的坐标和自由水压值组成数据表，作为Origin 2018的输入数据（图8-49）。

c. 选中C（Z）列，选择菜单"绘图"（P）下"等高线图"中"等高线"图标（图8-50）。

d. 软件根据数据表自动绘制出等压线图（图8-51）。

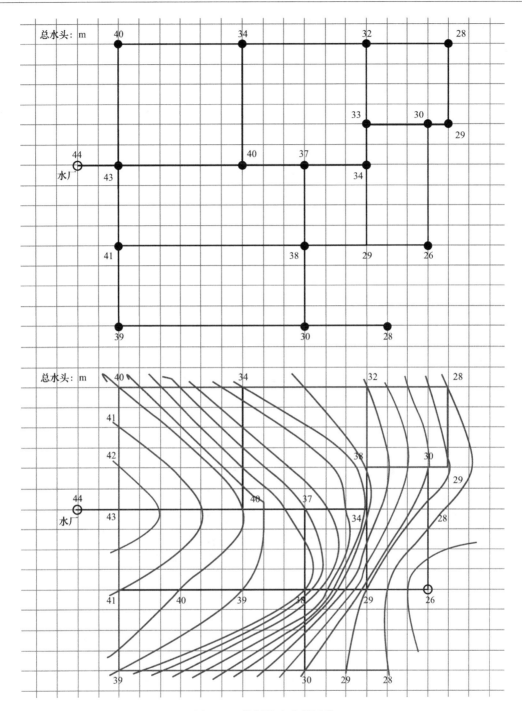

图 8-48 绘制总水头等压线

我们可以用各节点自由水头减去需要的服务压力求得富余水头数列,用类似的方法绘制富余水头等压线(图 8-52)。等压线<0 的区域不能满足服务压力要求。通过计算封闭曲线图形面积,可以测算出低压区面积。

要绘制精确的等水压线图,需要有足够多的压力数据。详细绘制方法可参考相关软件的使用说明。

	A(X)	B(Y)	C(Z)
长名称			
单位			
注释	横坐标	纵坐标	自由水头ₘ
F(x)=			
1	3	2	39
2	3	6	41
3	1	10	44
4	3	10	43
5	3	16	40
6	9	10	40
7	9	16	34
8	12	2	30
9	12	6	28
10	12	10	27
11	15	6	29
12	15	10	34
13	15	12	33
14	16	2	28
15	15	16	28
16	18	6	32
17	18	12	30
18	19	12	29
19	19	16	28
20			
21			
22			
23			

图 8-49　测压点数据表

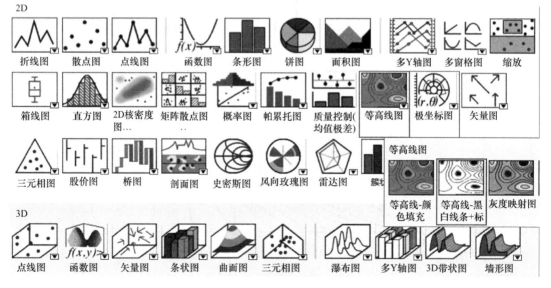

图 8-50　绘图菜单

2）等水压线的作用

等水压线可以直观地反映管网压力分布情况，便于观测阀门调节和机泵增减产生的水压变化，有助于调度员分析管网运行状态。

总水头等压线的疏密程度可以反映管道的用水负荷高低，等压线密的管道负荷大，可

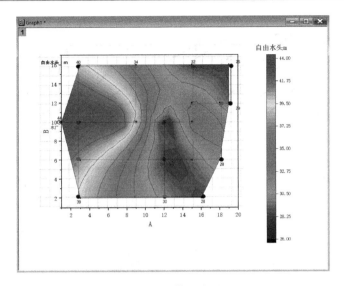

图 8-51　等压线图

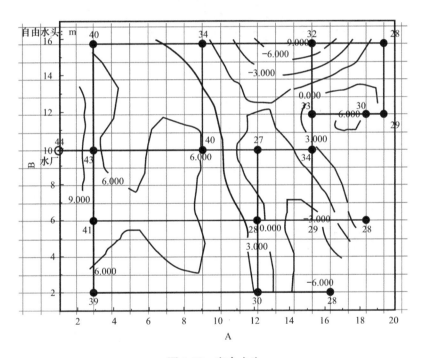

图 8-52　富余水头

能存在设计管径偏小、管道漏水、阻塞、阀门未开足等情况。应定期进行技术分析，排查问题管道，优化供水管网。

自由水头等压线可以显示管网低压区，达到服务供水服务水头为压力合格，高于服务水头太多，则能耗浪费。管网调度参照各区域自由水头等压线，协助中心调度调节水厂（泵站）出水压力、控制管网阀门、调整供水方式，满足服务压力需求（图 8-53）。

（4）提高管网服务压力采取的措施

随着城市规模的不断扩大，管网结构日益复杂，用户对水量、水质、水压的要求不断

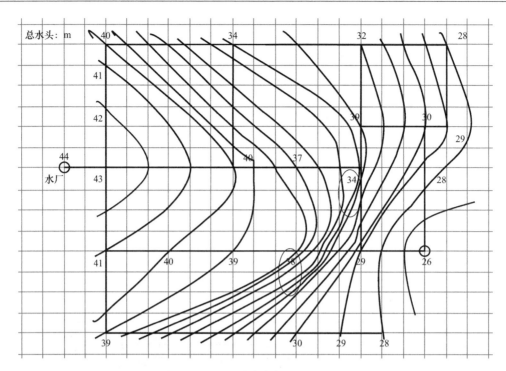

图 8-53　用水负荷较大的管线

提高，用户服务意识不断增强，这些都要求供水调度的服务质量也要不断提高。为了更好地服务于用户，提高供水服务质量，可以采取以下措施。

1）开源节流、挖潜改造、增加供水

在建设新水厂的同时，狠抓老水厂的挖潜改造，提高老水厂制水能力，同时大力开展计划用水和节约用水工作，提高工业用水的循环利用率。这些直接或间接的增水措施对提高城市管网压力可以起到一定的作用。

2）合理管网布局，提高输、配水能力

结合城市发展规划，合理布局城市输水主干管，与城市道路建设同步施工。对老旧城区、供水低压区原有的旧管道进行改造，增设管线、增大管径、增强互连互通。这些都是提高管网输配水能力的有效措施。

3）建设中途增压站

一些供水半径较大的管网末梢，水压比较低，在这些低压区可以适当建设水库的增压泵站。一方面串联增压供水，提高末端管网水压，另一方面利用水库在用水低峰时段存储水量，高峰时供向管网。既提高了该地区的水压，又减少了水厂峰时的供水负荷。

4）加强对采集数据的分析

定期分析监测系统采集的压力、流量、水质等各项生产数据，及时掌握供水系统的工作情况和薄弱环节，通过阀门调节水厂供水区域，提出供水系统中各种问题的解决方案，为合理调度、经济运行和管网改造提供科学依据。

8.2.7　中心调度

中心调度的工作任务是制定调度方案，合理分配供水任务，有序安排工程计划，根据管网服务压力调整水厂、增压站供水方案。在确保供水安全的基础上，优化方案经济运行。统一指挥原水调度、水厂调度、站库调度、管网调度，做好突发供水事故的应急处置。

（1）巡视

1）巡视调度机房内通信、网络服务器等设备，确保通信正常。

2）巡视调度运行数据，确保计算机系统采集、显示数据的正确与及时。

3）了解本班次上班时间内管网、水厂等影响管网供水的工程。

4）接班时了解当前各水厂、增压站的台时信息，包括额定流量、频率等。

（2）调度运行

1）观察水厂出水压力、管网主控点水压，结合采集到的历史调度数据，分析管网主控点水压和管网用水时水量变化趋势，科学、合理安排相关水厂开关二泵房台时及调整频率。

2）台时的开关应与变频结合使用。做到合理开关台时，勤调频率，减小管网压力波动幅度。

3）当管网内有多个主控点时，某个主控点水压变化，优先开关与其对应的水厂台时。

4）根据管网水压，合理安排增压站水库进水时间、进水压力和进水量。增压站水库进水应避开早晚高峰，进水阀门较大时宜分步开关。

5）调度指令下达后，应观察管网水压及相应水厂水量变化情况，确保达到预期调度效果。

6）及时发现并正确分析各种报警信息，根据报警预案正确处理报警事件。

当出现大面积水压突降报警时，应分析是否为水厂跳车、爆管或漏水导致，并及时联系管线管理部门确认现场情况，制定调度方案，配合相关部门处理供水事故。

当出现水厂水质报警时，应及时联系相关水厂调度人员，督促其检查水质超标原因并控制好出厂水水质，增加相邻水厂出水量。

7）正确填写各种生产报表、交接班记录，做好计划备案。

8）定期进行成本分析，对比水厂之间、机泵之间的运行效率和供水单耗，不断优化调度运行方案。

（3）管网流量分析

1）管网测流点的布置

与测压点相仿，设定合适的测流点是能否取得良好测流成绩的关键，为此将对如何选点、使用仪器的性能及具体操作方法进行详尽的介绍，以作为工作上的参考之用。

① 选择测流点位时，尽可能选在主要干管节点附近的直管上，有时为了掌握某区域的供水情况，作为管网改造的依据，也在支管上设测流孔。一般情况在三通设两点、四通设三点，这样就可以掌握各分支管段的情况。

② 要求测点尽量靠近管网节点位置，但要距闸门、三通、弯头等管件有 30～50 倍直径的距离，以保证管内流态的稳定和测数的准确性。

③ 选点位置需便于测试人员操作，且不影响交通。

2）水量数据在调度中的运用

① 分析用水量变化的作用

用水量是指管网上用户的用水量，由前面已知，用水量是一个动态数值，是时时变化的。管网用水主要包括生活用水、工业生产用水、消防用水等，生活用水量随着气候和生活习惯而变化。例如：一年之中，夏季比冬季用水多；一日之内早晨、晚饭之前以及晚上睡觉之前的用水量比其他时段多；不同年份相同季节，其用水量也有较大差异。工业企业生产用水量的变化取决于工艺、设备能力、产品数量、工作控制等因素，如夏季的冷却用水量就明显高于冬季。某些季节性工业企业，用水量的变化就更大。当然，也有些企业生产用水量变化很小。总之，无论是生活还是生产，其用水量都是时刻在变化的。

综上所述，供水系统必须要适应水量这种变化的供需关系，才能满足用户对水量的需求。掌握用水量的变化规律，合理调整供水方式，是日常调度工作最基本的要求。

② 日用水量曲线和日变化系数

用来描绘一时期内用水量逐日变化的曲线称为日用水量曲线。日用水量曲线用来分析一时期内用水量的变化规律，将它与日变化系数一同进行分析，为预测未来一时期的用水量情况，制定相应的供水方案提供依据。

图 8-54 为某城市某月的日用水量曲线，纵坐标表示日用水量，横坐标表示该月日期，虚线表示平均日用水量。

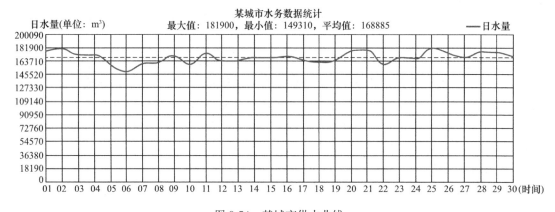

图 8-54　某城市供水曲线

在一定时期内，用来反映每天用水量变化幅度大小的参数称为日变化系数，常用 K_d 表示。其意义可用下式表示：

$$K_d = \frac{Q_d}{\overline{Q_d}} \tag{8-19}$$

式中　Q_d——最高日用水量，m^3，又称最大日用水量，是某一时期内用水最多一日的用水量；

$\overline{Q_d}$——平均日用水量，m^3，是某一时期内总用水量除以用水天数所得的数值。

Q_d、$\overline{Q_d}$ 分别代表了某一时期内用水量的峰值和均值的大小。因此，K_d 值实质上显示了一定时期内用水量变化幅度的大小，反映了用水量的不均匀程度。不同的城市、不同的用水性质，K_d 值不同，可通过数据采集系统中的历史数据分析得出。

一般采用一年内或一个月内的日变化系数来分析用水量在这段时期内的变化规律，采用比较法直观表示（表 8-4）。

表 8-4　日变化系数表

月份年份	1月	2月	······	11月	12月
2014 年	1.12	1.15	······	1.16	1.15
2015 年	1.08	1.16	······	1.18	1.17
2016 年	1.18	1.17	······	1.20	1.19

从图 8-54 的曲线上可以看出，当月用水高峰并无特定规律，最高日用水量在 25 日，为 18.19 万 m^3/d，平均日用水量为 16.89 万 m^3/d，则日变化系数为：

$$K_d = \frac{18.19}{16.89} = 1.08 \tag{8-20}$$

通过上述的计算，说明最大日用水量是平均日用水量的 K_d 倍，上例的 $K_d = 1.08$ 说明该城市的用水量比较稳定，可作为来月用水量的参考。

③ 时水量曲线和时变化系数

用来描绘一天内用水量逐时变化的曲线称为时水量曲线。用时水量曲线分析一日内用水量的变化规律是最简便、最直观的方法。将它与时变化系数一同进行分析，为预测来日用水量情况，制定相应的供水方案提供依据。

图 8-55 为某城市某日时水量曲线，纵坐标表示时水量，横坐标表示一天用水过程，图中曲线表示一天每小时用水量，虚线表示平均时用水量。

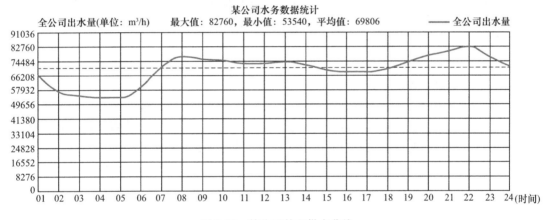

图 8-55　某公司某日供水曲线

在一日内，用来反映用水量逐时变化幅度大小的参数称为时变化系数。常用 K_h 表示，其意义可用下式表示：

$$K_h = \frac{Q_h}{\overline{Q_h}} \tag{8-21}$$

式中　Q_h——最高时用水量，m^3，是一日内用水最多时段的用水量；

$\overline{Q_h}$——平均时用水量，m^3，是一日内总用水量除以 24h 所得的数值。

Q_h、$\overline{Q_h}$ 分别代表了一日内用水量峰值和均值的大小。K_h 值实际上表示了一日内用水量变化幅度的大小，反映了用水量的不均匀程度。不同的城市、不同时期、不同的用水性质，K_h 值不同，可通过数据采集系统中的历史数据分析得出。

表 8-5 为某城市一季度每天的时变化系数。

表 8-5　时变化系数表

月份＼日期	1	2	...	30	31
1 月	1.20	1.18	……	1.21	1.22
2 月	1.19	1.17	……	1.20	1.22
3 月	1.15	1.16	……	1.22	1.20

从图 8-55 的曲线上可以看出，用水高峰集中在 8～10 时和 20～22 时，最高时用水量在 22 时，为 8.28 万 m³/h，虚线表示平均时用水量，平均时水量为 6.98 万 m³/h，则时变化系数为：

$$K_h = \frac{8.28}{6.98} = 1.19$$

通过上述的计算，说明最大时用水量是平均时用水量的 K_h 倍，上例的 $K_h = 1.19$ 说明该城市的时水量变化比较合理，可作为来日用水时水量的参考。

（4）水库（清水池）的作用与运用

1）水库（清水池）的作用

水库（清水池）是贮存水的构筑物，包括水箱、水塔、水池等，是用来调节流量的构筑物。水库（清水池）在供水系统中发挥以下作用。

① 水库（清水池）有调节流量的作用。在用水低峰时，生产能力大于用水需要，可以将多余的水量贮存在水库（清水池）中实现供需平衡；在用水高峰，利用水库（清水池）向外供水，弥补生产能力的不足。

② 水厂调度的原则是产供平衡，供水量随用水量时刻变化，通过清水池调节，可以保持水厂生产平稳，起到稳定生产的作用。

③ 水库（清水池）设置的地理位置不同，也有不同的作用。如：净水厂的清水池在自来水出厂前保持一定的滞留时间，辅助消毒剂充分混合反应。市区内设置的水塔、楼顶水箱和高位水库（水池）在发挥调节作用的同时，也起到稳定服务压力的作用。

④ 当净水厂的取水、净水（生产）等工艺发生故障时，增压站前端管道停水时，水库（清水池）内的水量，可短时间保持后端连续供水。

2）水库（清水池）的运用

在调度过程中，要注意水库（清水池）的溢流和抽空问题。当供水低峰（通常是夜间）产水量大于供水量，水池贮水，容易发生水库（清水池）溢流事故；当供水高峰供水量大于产水量，容易发生水库（清水池）抽空事故。调度要避免这类事故发生，一是要有很强的责任心，时刻掌握产供变化；二是要掌握科学的计算方法，通过水库（清水池）调节量计算，合理安排生产，是避免这类事故发生的根本途径。

水库（清水池）的调节容积究竟占多大比例合适，可视城市的供水特点而定。一般用水量时变化系数越大，水库（清水池）的调节率也越大。

水库（清水池）调节量 ＝ 最大贮水量 － 最小贮水量

水库（清水池）调节率 ＝（调节量 / 总容量）× 100%

水库（清水池）利用率 ＝（最高水位 － 最低水位）÷ 标定水位 × 100%

水库（清水池）调节量 ＝（最高水位 － 最低水位）× 每米水量

合理安排调节量，充分发挥水库（清水池）的利用率，是合理安排生产、保证产供平衡的科学方法。

8.3 调度运行案例

（1）水厂清水池的运用

例：某水厂，设计供水能力为18万m^3/d，有2座连通的清水池，每座清水池有效面积为3200m^2，有效水深4.0m。已知1：00时清水池水位为1.5m，厂内均匀生产。日供水曲线如图8-56所示。

求：当日清水池的最高水位、最低水位和清水池的利用率。

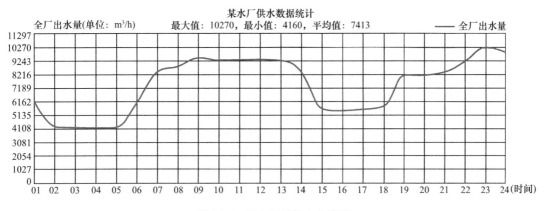

图8-56 某水厂日供水曲线图

各时段供水量详见表8-6。

表8-6 某水厂供水时水量数据表

时间	全厂出水量（m^3/h）	时间	全厂出水量（m^3/h）
1：00	6190	13：00	9240
2：00	4280	14：00	8390
3：00	4180	15：00	5610
4：00	4160	16：00	5450
5：00	4180	17：00	5580
6：00	6100	18：00	5790
7：00	8400	19：00	8120
8：00	8820	20：00	8170
9：00	9470	21：00	8380
10：00	9290	22：00	9220
11：00	9340	23：00	10270
12：00	9330	24：00	9940

解：水厂每小时生产水量为：$180000 \div 24 = 7500$（m^3/h）

7时水位＝$1.5 + \{[7500 \times 6 - (6190 + 4280 + 4180 + 4160 + 4180 + 6100)] \div 3200 \div 2\}$

　　　　＝3.99（m）

15时水位＝$3.99 - \{[(8400 + 8820 + 9470 + 9290 + 9340 + 9330 + 9240 + 8390)$

$$-7500 \times 8] \div 3200 \div 2\}$$

$$=2.07(\text{m})$$

$$19 \text{ 时水位}=2.07+\{[7500 \times 4-(5610+5450+5580+5790)] \div 3200 \div 2\}$$

$$=3.25(\text{m})$$

$$24 \text{ 时水位}=3.25-\{[(8120+8170+8380+9220+10270)-7500 \times 5] \div 3200 \div 2\}$$

$$=2.21(\text{m})$$

$$\text{清水池利用率}=\frac{(\text{最高水位}-\text{最低水位})}{\text{标定水位}} \times 100\%$$

$$=\frac{3.99-2.07}{4.0} \times 100\%$$

$$=48\%$$

答：清水池最高水位为7时3.99m，最低水位为15时2.07m；清水池利用率为48%。

（2）某公司中心调度台时运行

某城市有5座水厂，沿江均匀布置，由江中取水处置后向城市供应自来水。城市地势平缓，管网管道布置合理，各区用水均匀，管网压力控制点在市中心，24h恒压控制。

各水厂参数如表8-7所示。

表8-7 各水厂二泵房规模及水泵相关参数

水厂	设计规模（m³/h）	水泵流量（m³/h）	水泵数量	工频/变频	扬程
A	10417	4000	2	变	相同
		4000	3	工	
B	50000	5000	4	变	
		5000	10	工	
		3000	3	工	
C	6250	5000	2	变	
		2000	2	工	
D	8333	5000	3	变	
		3000	2	工	
E	4167	5000	2	变	
		2000	2	工	

该城市某日自来水用水预测时水量如图8-57和表8-8所示。

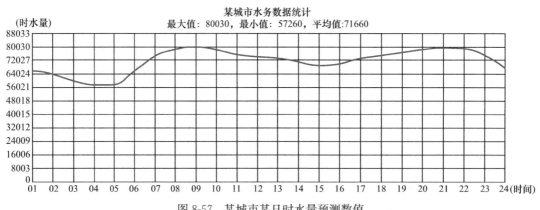

图8-57 某城市某日时水量预测数值

表 8-8 某城市某日时水量预测数值

时间	水量（m³/h）	时间	水量（m³/h）
1：00	65970	13：00	73220
2：00	63920	14：00	71030
3：00	59810	15：00	69040
4：00	57260	16：00	70170
5：00	57460	17：00	73260
6：00	65590	18：00	74650
7：00	74810	19：00	76640
8：00	78690	20：00	78500
9：00	80030	21：00	79480
10：00	78450	22：00	79160
11：00	75580	23：00	75140
12：00	74260	0：00	67710

请根据资料安排各水厂二泵房夜间最小台时和早高峰最大台时，并制定从夜间到早高峰期间二泵房台时调度方案（调度原则：合理分配产量，管网水压平稳）。

从表 8-8 中各时水量数值可知，管网夜间最小时水量为 4：00 时，57260m³/h；管网早高峰最大时水量为 9：00 时，80030m³/h。

各水厂供水总规模为：

$$10417＋50000＋6250＋8333＋4167＝79167（m³/h）$$

夜间最小时水量占供水规模的百分数为：

$$57260÷79167＝72.7\%$$

早高峰最大时水量占供水规模的百分数为：

$$80030÷79167＝101.1\%$$

各水厂相应时段流量及台时安排如表 8-9：

表 8-9 各水厂二泵房夜间最小流量和早高峰最大流量对应台时

水厂	夜间最小时供水流量（m³/h）	台时安排	早高峰最大时供水流量（m³/h）	台时安排
A	7574	1 工＋1 变频	10531	2 工＋1 变频
B	36354	5 大工＋1 小工＋2 大变频	50545	7 大工＋2 小工＋2 大变频
C	4544	1 大变频	6318	1 大变频＋1 小工
D	6059	1 大变频＋1 小工	8424	1 大工＋1 大变频
E	3030	1 大变频	4212	1 大变频

5：00 时，水量比 4：00 多 300m³/h，可以微调一个厂的变频车频率，或者无需任何调整。

6：00 时，比 5：00 时增加了将近 8000m³/h 的流量，可增加 B 厂 1 台工频大车和 A 厂一台工频车，并适当降低 A 厂变频车频率。

7：00时，比6：00时增加了将近9000m³/h的流量，可增加B厂1台工频大车和C厂1台工频小车，并将D厂工频小车调整为工频大车。

8：00时，比7：00时增加了将近4000m³/h的流量，可增加B厂1台工频小车，并提高E厂工频大车的频率。

9：00时，比8：00时增加了将近2000m³/h的流量，此时管网增加的流量较少，可根据管网压力，将各厂变频车频率适当提高，便可满足管网用水需求。

增车时，应缓慢开启泵后阀门，两台水泵开启应有一定的时间间隔，以减小管网水压波动。

（注：水泵并联运行时，额定扬程下每台水泵实际出水量比额定水量有所减少，以上台时安排均按额定流量考虑。）

（3）新水厂投产，水厂调度安排

1）投产前准备

① 生产工艺已经完成单体调试和联动调试，并有完整的调试记录。

② 检查生产相关设备、仪器、仪表，确认其状态良好，且相关运行设备处于热备用状态。

2）水厂调度安排

① 启动一泵房水泵，将原水输送至沉淀池中。

② 提前5min向沉淀池进水管道加注混凝剂，投加量参考调试记录。

③ 调节沉淀池进水量和混凝剂投加量，使沉淀池平稳运行。

④ 观察沉淀池出水浊度，通过排泥阀、放空管等设施将不合格沉淀水排放至污泥池或回流至一泵房吸水井。

⑤ 沉淀池出水合格后，打开滤池进水阀门，进行沉淀水过滤。

⑥ 通过排放设施排除不合格滤后水。

⑦ 滤池出水合格后，打开清水池进水阀门，同时启用消毒剂投放设备进行消毒。

⑧ 清水池液位达到一定高度后，启动二泵房水泵，同时打开厂外排水阀门，对出厂水进行化验，待出水水质合格后方可并网供水。

⑨ 新水厂投产完成。

（4）新水厂并网，管网调度安排

1）并网前准备

① 新水厂供水范围已划定好，且供水分界区域管道阀门状态良好。

② 已经制定好相关调度预案和应急预案。

③ 管网内其他水厂、增压站处于正常运行状态，并网区域用户已提前做好储水工作。

④ 新水厂已经完成单体调试和联动调试，并提前处于低流量稳定运行，保持清水池处于高水位状态。

2）冲洗并网调度安排

① 关闭供水分界区域管道阀门，关闭用户支管阀门，将新水厂供水区域隔离出来。

② 依次分段连续冲洗新水厂供水区域主干管，逐步提高水厂生产负荷。

③ 主干管冲洗完成，逐段化验水质合格后，依次打开沿线用户支管阀门，向用户供水。

④ 调整水厂生产负荷，根据管网水压要求供水。

⑤ 逐个开启连通区域阀门，对可能出现反向供水的管道多次往复冲洗，冲洗合格后并网供水。

⑥ 调整新老水厂供水压力，保证管网水压合格。

⑦ 新水厂并网供水完成。

第9章 科学调度技术应用

实施供水系统科学调度技术应用，一般需要经过建立供水管网地理信息系统（GIS）、供水数据采集和监控系统（SCADA）、管网建模以及科学调度辅助决策系统四个建设阶段。其中，供水管网地理信息系统（GIS）主要管理组成供水系统的水泵、管道、阀门和水表等各类物理管件静态信息；供水数据采集和监控系统（SCADA）主要管理水泵运行、水池水位、管网水压、水量、水质等动态数据；管网建模主要是通过数学模型动态模拟物理供水系统的运行状态；科学调度辅助决策系统运行在管网模型的基础上，通过给定的供水安全限制条件和经济性参数求解调度方案，利用计算机寻优算法进行方案比选。

通过对管网模型维护和校验，使计算精度达到服务要求，逐步减少人工干预，结合控制网络和自动化设备，可以实现供水调度的信息化、自动化和智能化。

9.1 供水管网地理信息系统

9.1.1 地理信息系统

地理信息系统简称为 GIS（Geographic Information System）。GIS 系统是用来支持空间数据的采集、管理、处理、分析、建模和显示，以解决复杂的规划和管理问题。由数据采集、数据管理、数据处理和分析、可视化表达和输出等多个子系统组成。

简单地说，GIS 就是把地图信息存储到计算机里，制成电子地图，使人们通过计算机迅速查询到目标。比如，应用这种技术可以制成城市电子地图，我们在查询公共汽车路线时，只需输入起点和终点的名称，就可以查询出相关车次，并获取沿途经过的道路和换乘车站等地理信息。地理信息系统实用价值巨大，可以广泛应用于城市用地规划、交通规划、自然资源保护、水气管道及灾害监测和预防等领域，已逐渐成为信息产业的重要组成部分。

9.1.2 管网地理信息系统

城市供水管网地理信息系统是指利用 GIS 技术和给水专业技术采集、管理、更新、综合分析和处理城市供水管线信息的系统，管网 GIS 系统就是在城市地理信息的基础上，增加对供水管网设施的数据管理。系统中图形与数据（如管线类型、长度、管材、埋设年代、权属单位、所在道路名等）之间可以双向访问，即通过图形可以查找其相应的数据，通过数据也可以查找其相应的图形，图形和数据可以显示在同一个屏幕上，使查询、增列、删除、改动等操作直观、方便。

理解管网 GIS 系统的一个简单方法是将其想象为一套透明的图片，以某种方式分层叠放在一起,在一个图层上的任何一点将会出现在其他任意图层上的同一位置。在 GIS 中,地图上的对象不仅仅是简单的点和线,还有与之关联的属性。在一个供水系统中,一些设备(如管线、水箱和水泵)都是拥有多个属性特征的,如管材、管长、管径、水箱容积、水泵扬程、流量等。管网 GIS 系统还包含这些设备之间的连接关系、空间关系和拓扑结构。

9.1.3 管网 GIS 系统实例

某市管网 GIS 系统软件基本功能有以下几项。

(1)地图浏览

通过工具按钮实现对地图的拖动、放大、缩小等操作,根据需要浏览地图的各个区域(图 9-1)。

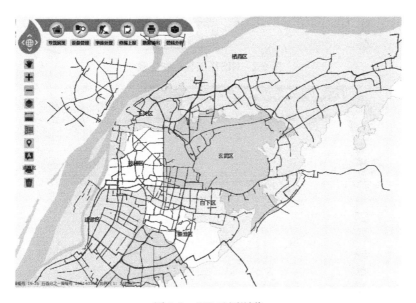

图 9-1 GIS 地图浏览

(2)选择图层

通过图层按钮,选择需要浏览的图层。显示或关闭地貌、道路、管件等相应图层(图 9-2)。

(3)测量

使用工具按钮进行直线距离测量和面积测量(图 9-3)。

(4)属性查询

通过属性查询按钮,可以查询管件属性、坐标等信息(图 9-4)。

(5)图面标注

通过图面标注按钮,可以在地图上添加标注信息(图 9-5)。

(6)截屏

通过截屏工具按钮可以截取屏幕内容,点击打印或下载,输出成图纸(图 9-6)。

(7)设备管理

通过设备管理工具按钮可以开启设备管理菜单,对设备属性进行编辑(图 9-7)。

205

图 9-2　GIS 图层显示和隐藏

图 9-3　GIS 面积测量

图 9-4　GIS 属性标注

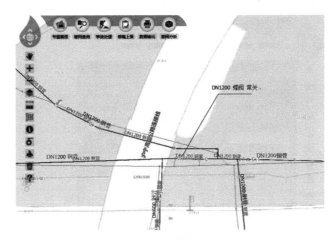

图 9-5 GIS 图面标注

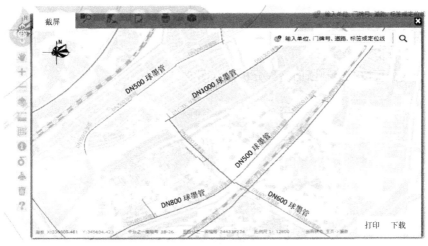

图 9-6 GIS 截屏

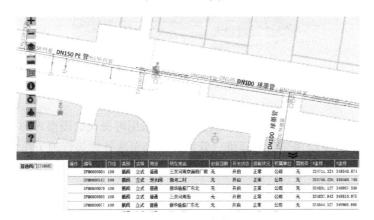

图 9-7 GIS 设备管理

（8）事故处理

通过事故处理按钮打开事故处理窗口，选择爆管点，等待系统自动分析需要关闭的阀门（图 9-8）。

图 9-8　GIS 事故处理

（9）管线分析

通过管线分析按钮绘制断面高程分析图（图 9-9）。

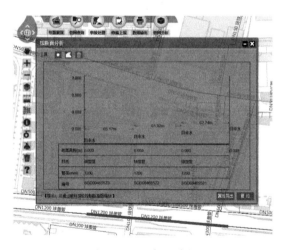

图 9-9　GIS 断面分析

管网 GIS 系统可以管理大量的地理信息数据，采用可视化的图形界面，方便系统维护人员管理，同时也广泛应用于管网运维、管网建模和事故处理等管理工作中。

9.2　供水数据采集和监控系统（SCADA）

SCADA 是集成化的数据采集与监控系统（Supervisory Control and Data Acquisition），在城市供水调度系统中得到了广泛应用。它建立在 3C＋S 技术基础上，与管网地理信息系统（GIS）、管网模拟仿真系统、优化调度等软件配合，组成完善的城市供水科学调度系统。

9.2.1 城市供水调度 SCADA 系统组成

现代 SCADA 系统不但具有调度和过程自动化的功能，也具有管理信息化的功能，而且向着决策智能化方向发展。现代 SCADA 系统一般采用多层体系结构。

（1）设备层

包括传感器检测仪表、控制执行设备和人机接口等。设备层的设备安装于生产控制现场，直接与生产设备和操作工人相联系，感知生产状态与数据，并完成现场指示、显示与操作。在现代 SCADA 系统中，设备层具有分散程度高的特点，往往需要使用自动通信接口的智能化检测和执行设备。设备层也在逐步与物联网相结合，走向智能化和网络化。

（2）控制层

负责调度与控制指令的实施。控制层向下与设备层连接，接收设备层提供的工业过程状态信息，向设备层发出执行指令。对于具有一定规模的 SCADA 系统，控制层往往设有多个控制站（又称控制器或下位机），控制站之间连成控制网络，可以实现数据交换。控制层是 SCADA 系统可靠性的主要保障，每个控制站应做到可以独立运行，至少可以保证生产过程不中断。城市供水调度 SCADA 系统的控制层一般由可编程控制器（PLC）或远程终端（RTU）组成，有些控制站又属于水厂过程控制系统的组成部分。

（3）调度层

实现监控系统的监视与调度决策。调度层往往由多台计算机连成局域网，一般分为监控站、维护站（工程师站）、决策站（调度站）、数据站（服务器）等。其中监控站向下连接多个控制站，调度层各站可以通过局域网透明地使用各控制站的数据和画面；维护站可以实时地修改各监控站及控制层的数据和程序；决策站可以实现监控站的整体优化和宏观决策（如调度指令、领导指示）等；数据站可以与信息层共用计算机或服务器，也可以设专业服务器。供水调度 SCADA 系统的调度层可与水厂过程控制系统的监控层合并建设。

（4）信息层

提供信息服务与资源共享，包括与供水企业内部网络共享管理信息和水厂过程控制信息。信息层一般以广域网（如国际互联网）作为信息载体，使 SCADA 系统的信息可以发布到世界任何地方，也可以从任何地方进行远程调度与维护。

9.2.2 供水 SCADA 基础技术

供水 SCADA 系统应用的不断普及，得益于 3C＋S（Computer、Communication、Control、Sensor）技术近年来的快速发展，了解这些技术的发展，有利于 SCADA 系统应用水平的提高。

（1）计算机（Computer）技术

近年来，计算机技术飞速发展，强大的硬件平台、不断更新的操作系统支持着庞大的网络运行，可以处理大型信息交换和控制任务。功能强大的系统平台使计算机得到了广泛的应用，更为构建功能强大的 SCADA 系统创建了条件。

在 SCADA 系统中，计算机主要用于调度主机和数据服务器，国内外许多厂家都推出了基于 Windows 的 SCADA 组态软件。这些软件平台可以完成与城市供水调度相关的数据采集，提供了与多种控制或智能设备通信的驱动程序和通信协议，便于实现数据处理、数据显示和数据记录等工作，具有良好的图形化人机界面（MMI），以及趋势分析和控制功能。计算机的网络功能为多级 SCADA 调度系统的建设和水厂过程控制系统、供水企业管理系统的一体化创造了条件。

（2）通信（Communication）技术

供水 SCADA 系统设计是否合理，通信技术的选择十分重要。SCADA 系统中的通信可分为三个层次。

1）信息与管理层通信。这是计算机之间的网络通信，实现计算机网络互联和扩展，获得远程访问服务。

2）控制层的通信。即控制设备与计算机，或控制设备之间的通信。这些通信多采用标准的测控总线技术，根据控制设备的选型确定通信协议，也要求控制设备选型尽量统一，以便于维护管理。

3）设备底层通信。即检测仪表、执行设备、现场显示仪表、人机界面等的通信。底层设备的数字化已逐步替代传统的电流或电压信号，设备数据接口由传统的 RS232、RS485 向信号传输速率更快、使用更方便灵活的 RJ45 转变。

根据数据传输方式，通信可以分为有线通信和无线通信两大类。选择不同的传输方式，对通信可靠性和通信成本影响显著。

无线通信技术包括微波通信、短波通信、超短波通信等，当前 3G、4G、5G 移动通信技术快速发展，数据通信稳定性、传输速率不断提高。

有线通信可以利用公用数据网，或通过电话、电力线载波通信，目前，基于光纤的网络专线也越来越普及，成为信息高速公路。

（3）控制（Control）技术

控制设备为供水 SCADA 系统的下位机，是城市供水调度执行系统的组成部分。常用的控制设备有工控机（IPC）、远程终端（RTU）、可编程逻辑控制器（PLC）、单片机、智能设备等多种类型。PLC 提供高质量的硬件、高水平的系统软件平台和易学易用的应用软件平台，能与现场设备方便连接，特别适用于逻辑控制、计时和计数等，适用于复杂计算和闭环条件控制，广泛应用于供水泵站控制等调度执行系统。

（4）传感（Sensor）技术

在城市供水调度 SCADA 系统的生产现场，安装有许多传感器，完成 SCADA 系统的数据采集任务。常用的传感器有：水位、水压、流量、温度、湿度、浊度、余氯、电压、电流、功率、电度、功率因素以及限位开关、红外感应等。智能化的传感器除了可以将物理信号转换为电信号外，还具有上下限报警设置、自诊断与校验、数据显示和简单数据逻辑控制等功能。传感器在 SCADA 系统中数量较大，类型也很多，其可靠性是 SCADA 系统长期稳定工作的关键。

9.2.3 供水 SCADA 实例

许多城市都已建立了供水 SCADA 系统，实现生产运行数据的远程监测，辅助调度员掌握生产信息和保障供水安全。

某市供水 SCADA 系统由 1 个系统主站、8 个水厂终端、10 个泵站终端、近 400 个水压监测点、43 个水质监测点组成。采用有线无线相结合的通信方式，包括移动专线、3G

网络、GPRS 通信。主站是整个系统的核心，硬件设备由 4 台服务器、6 台工作站以及附属网络设备构成局域网。分站硬件由各类信号传感器、工控机和终端设备组成，实现在线数据采集和转换，累计量累加，并将这些数据按照通信协议传给主站。采集的数据主要包括：水压、流量、水质数据（浊度、余氯、酸碱度、电导率等）、清水池水位和机泵运行状态（电压、电流、电机温度、变频频率等）。

主站软件系统采用 Intouch 工业组态软件，实现数据的接收、存储和显示功能。后台服务器采用 MS Windows Server 2008 操作系统及 MS SQL Server 2008 数据库系统，双机备份，运行稳定，安全可靠。

对于生产规模较小、水源单一的给水企业，数据监测系统可与水厂净水过程控制系统结合建设。大中城市水厂规模较大，供水系统相对复杂，一般各水厂和泵站二级调度访问子站自控系统（或二次开发的监测系统），中心调度从子站中采集数据，实现数据的分级监测和分级管理（图 9-10）。

SCADA 系统结构示意图

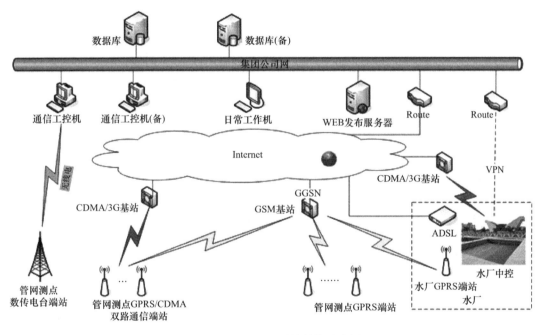

图 9-10　SCADA 系统结构示意图

供水 SCADA 系统具备以下主要功能。

（1）数据采集与存储

数据采集利用各类在线仪表的传感器，将物理信号转换成电信号，常见的有模拟量、数字量、脉冲计数量。模拟量用来表示连续变化的物理量，如水压、瞬时流量、液位、电流、电压、频率等。数字量用来表示开关的开与合，如水泵的开停状态、阀门的启闭状态等。这些信号通过数据编码，采用有线或无线的通信方式，传送到调度中心主站，实现在线监测。对通信的实时性、可靠性要求比较高。

供水监测数据信息量比较大，采用 Microsoft SQL Server 2008 数据库管理系统，两台数据服务器互为备用，安全可靠。

（2）数据显示

合理的数据显示方便调度员直观地掌握数据变化，主要的显示方式如下。

1）表格显示：将数据分类，同类别的数据以表格的形式显示，如压力数据、水质数据或者按水厂数据、泵站数据和管网数据（图 9-11）。

供水调度系统

通讯 正常 失联	新厂	老厂	新厂	老厂		水厂	水厂	水厂	水厂
出水压力(KPa)	401	417	402	399	222	401	268	414	432
出水浊度(NTU)	0.14	0.10	0.09	0.06	1.67	0.04	0.06	0.06	0.07
出水余氯(mg/l)	0.691	0.688	0.708	0.674		0.696	0.809	0.673	0.676
出水COD(mg/l)									0.588
出水pH									7.434
清水池水位(m)	3.41	3.10	3.18	0.00		2.99	2.80	3.34	3.61 3.37
长江水位(m)	3.66	3.66	3.33			3.43	3.33	3.12	0.00
瞬间流量1(m^3/h)	8566	5186	1813			3819	4748	4167	5173
瞬间流量2(m^3/h)	6718	2474		1406		6540	4717	1852	
瞬间流量3(m^3/h)	10450	0		2357			0		
瞬间流量4(m^3/h)	5277	0			7925		0		
瞬间流量5(m^3/h)	0	0							
机泵开停 开 ○ 频率 停 ○	① 49.5 ② 49.4 ③ ④ ⑤ ⑪ ⑥ ⑫ ⑦ ⑧ ⑨ 0.0 ⑩ 49.6	① ② ③ ④ ⑤ ⑥	① ② ③ ④	① ② ③ 0.0 ④	⑤ ⑥ ⑦	① ② 0.0 ③ ④ 0.3 ⑤ ⑥	① 46.8 ② 46.9 ③ 0.0 ④ ⑤	① ② ③ 0.9 ④ ⑤ 44.8	① ② 47.9 ③ ④ ⑤ ⑥ 0.0 ⑦ ⑧ 48.5

菜单　显示水厂模拟量参数表　磁盘剩余空间：0KB　2017-11-29 9:39:22

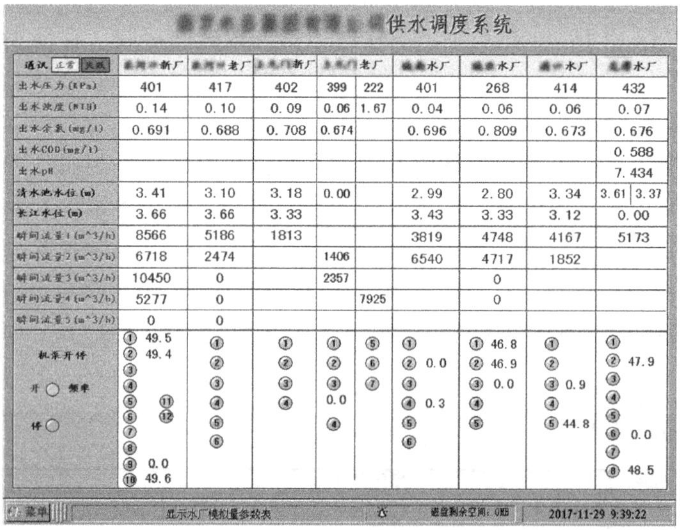

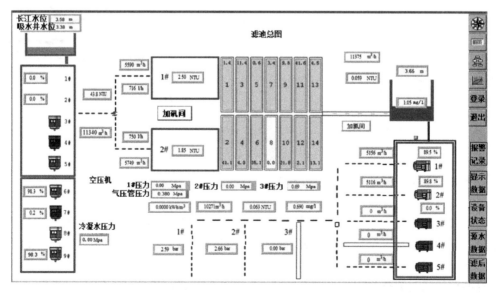

图 9-11　SCADA 系统实时数据表

2）按工艺流程形式显示数据：将水泵、泵站的数据标识在工艺流程图上，各个工艺主要参数和次要参数可以分层显示，将管网监测数据标注在管网图、地图上。这种组织形式使调度员对各个数据来源更加清晰（图 9-12）。

图 9-12　水厂工艺运行状态

3）用趋势曲线图显示数据：将数据绘制成动态曲线，可以直观地观察参数的变化趋势（图 9-13、图 9-14）。

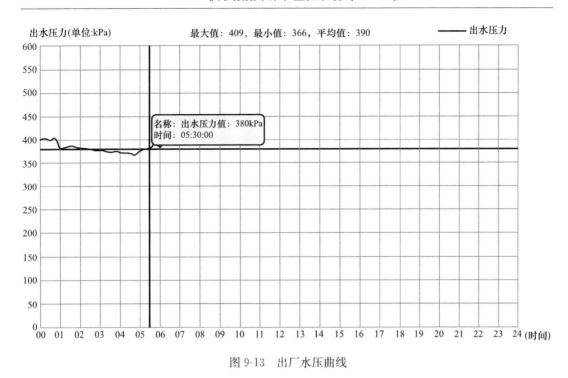

图 9-13　出厂水压曲线

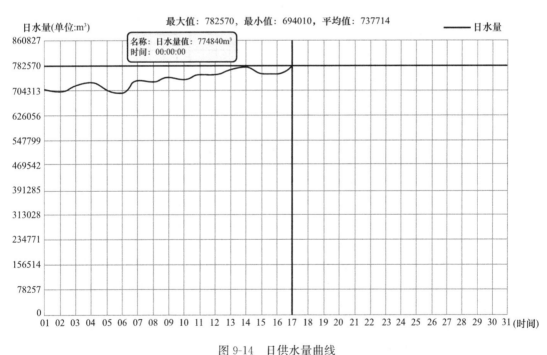

图 9-14　日供水量曲线

（3）报警处理

根据调度运行的需要，SCADA 系统对实时数据异常变化进行报警，提示调度员关注和处理。数据报警类型主要包括数据值超限报警、数值突变报警和系统故障报警。数据报警的判断可以由下位机判断，也可以由上位机判断。下位机报警一般用于现场同步报警，由现场工作人员处理，调度远程监测。上位机报警调度根据不同需求，调整报警范围，如数值突变的幅度可根据参数在不同运行方案下的变化程度设置。两种报警处理方式相结合，根据职责分工和及时性要求分级报警。系统故障报警主要包括通信中断、存盘错误等故障报警。

报警的处理按照调度工作规程，可分为报警提示、报警响应、报警处理、报警记录等环节，形成闭环管理。

（4）应用实例

1）某市主城区供水系统有 5 座水厂联合供水，总供水能力 215 万 m^3/d，供水服务面积约 $400km^2$，供水管网互联互通，水压自然平衡，形成各自相对稳定的供水区域。部分地势较高的地区采用区域增压站二次增压供水。供水系统建立较为全面的 SCADA 系统监测，其中管网测压点数量约 300 个，为辅助调度人员监控，管网测压点根据压力范围设置压力上下限报警和压力值突变报警（图 9-15）。

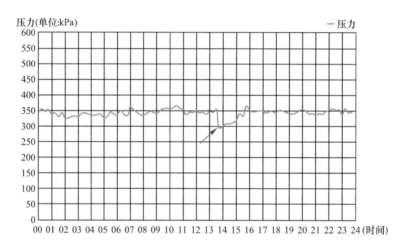

图 9-15　压力数据突变报警

某一时刻，SCADA 系统监测到管网测压点压力突降，幅度超过限值，立即发出声光报警，提醒值班调度员。调度员观察发现，CN 水厂及其供水区域水压下降明显，立即调取 CN 水厂供水泵房机泵运行状态和出水流量数据曲线，发现出水流量下降也产生突变报警，运行机泵数量减少，立即联系水厂二级调度。此时水厂二级调度也同时发现出厂压力、水量异常，经变电所、供水泵房信息反馈，是外部电网电压瞬时波动造成 I 段线路部分设备跳闸。厂内设备按操作流程依次恢复，供水泵房机泵按调度中心指令恢复，管网压力平稳回升。调度员解除报警信息，做好相关处理记录。

2）经过二次改造，某小区增压站已实现无人值守自动运行，通过变频机组出水水压闭环控制实现恒压供水。运行数据远传到站库管理所二级调度平台，实现远传远控。

某一时刻报警提示，XJDT 增压站出水压力突然下降，发现变频频率已满频，调取出水流量曲线发现出水量增加。调取区域内管网测压点压力发现管网压力升高，分析数据排除爆管因素，怀疑是出水压力传感器信号传输出现故障。远程解除闭环控制，采用开环控制，根据管网压力，人工设定运行频率，通知检修人员去现场维修。经检查发现压力传感器故障，更换压力传感器。

9.3 调度管理系统

调度管理系统是一个办公自动化系统，是 SCADA 系统的后台管理软件，是调度员完成日常工作事务的平台，主要功能包括以下几方面。

（1）报表的生成与审核

SCADA 系统采集的数据，可以实现报表的自动生成，对于未实现数据远传的数据则采用人工抄见录入，以确保数据的完整性。仪表故障、通信故障也会造成数据的缺失，因此需要具备数据编辑功能，一般会保留原始数据用于比对。人工审核后生成正式的报表，在查询平台上发布共享（图9-16）。

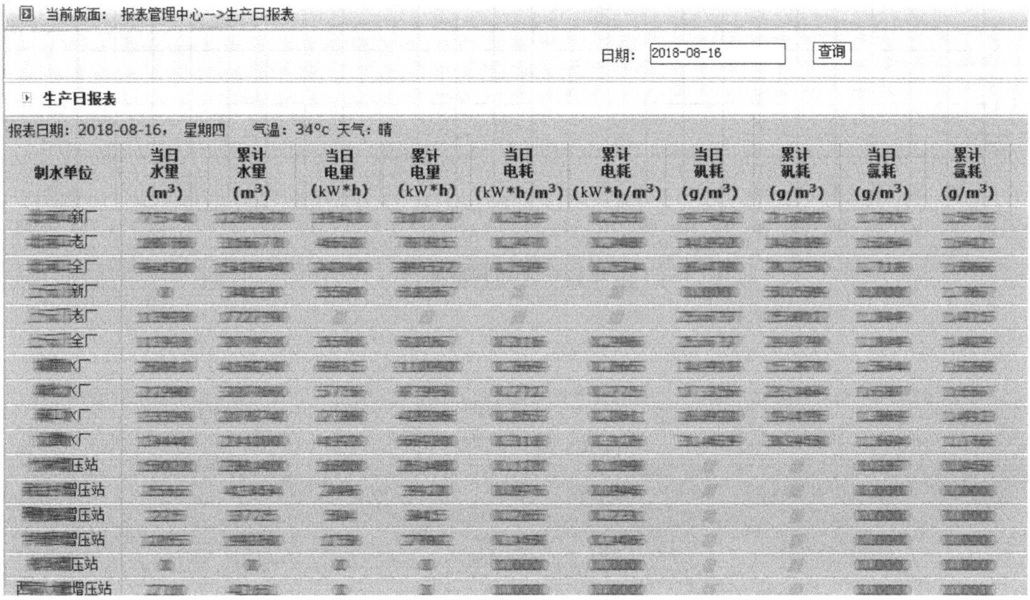

图 9-16　生产数据报表

（2）历史数据查询

SCADA 系统的数据查询功能和数据展示能力有限，主要是因为 SCADA 系统要保证数据通信和存储的实时性，过多的数据访问和人工操作，会影响系统的速度和稳定性。因此对历史数据的查询主要在调度管理系统中进行。查询方式有曲线、饼图、带状图、表格等（图9-17~图9-20）。

（3）数据对比分析

完善的管理系统除了具备单一数据的查询外，还可以自定义公式，进行数据间的计算，实现数据的对比分析（图9-21、图9-22）。

（4）其他功能

其他包括用户访问权限设置、分站参数配置等管理功能。

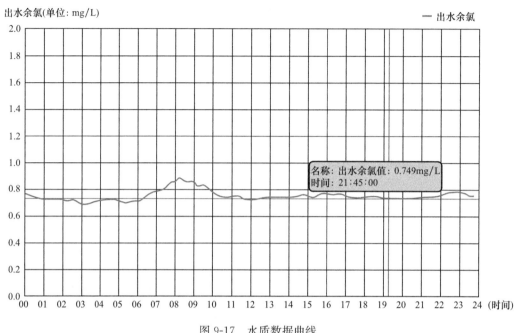

图 9-17　水质数据曲线

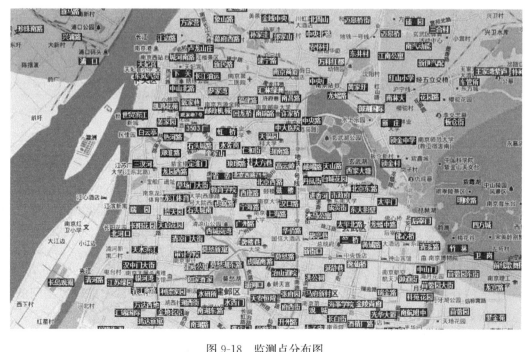

图 9-18　监测点分布图

管道工程　[增加]　[预览]

开始时间	结束时间	工程内容	工程地点
2018-07-18 22:00	2018-07-19 06:00	DN300管道开T	姜家圩路
2018-07-18 22:00	2018-07-19 06:00	DN500管停水接拢及冲洗，冲洗放水为消防栓	莫愁路
2018-07-17 22:00	2018-07-18 06:00	DN500、DN300管道接拢	九乡河路
2018-07-17 22:00	2018-07-18 12:00	DN500管道接拢	清凉山广州路路口
2018-07-16 22:00	2018-07-17 05:00	DN500管道接拢	户部街
2018-07-16 09:00	2018-07-16 17:00	DN300管道冲洗	鲁能公馆
2018-07-15 13:00	2018-07-15 16:00	DN300管道冲洗	招商2014G16地块
2018-07-14 22:00	2018-07-15 06:00	DN300停水接拢	莫愁路
2018-07-13 22:00	2018-07-14 03:00	DN300停水开T	茶南三号路
2018-07-12 22:00	2018-07-13 02:00	DN500管道接拢	安德门大街阔宁路交叉口
2018-07-11 22:00	2018-07-12 08:00	DN500管道接拢	红山南路和恒嘉路
2018-07-11 22:00	2018-07-12 06:00	DN300更换闸门	堂子街
2018-07-10 22:00	2018-07-11 05:00	DN500管道接拢	户部街
2018-07-09 22:00	2018-07-10 16:00	DN500管道接拢	华电北路
2018-07-09 08:00	2018-07-09 16:00	DN500管道接拢	燕园路
2018-07-08 22:00	2018-07-09 06:00	DN700管更换闸门停水	瑞金路（龙蟠中路至解放路）

图 9-19　管道工程记录

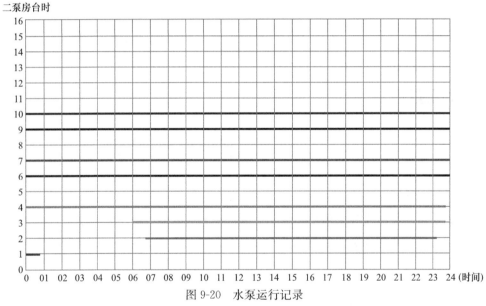

图 9-20　水泵运行记录

参数名称	单位	今年实际	去年同期	比同期(%)	今年计划	比计划(%)
总公司累计出水量	m³					
总公司累计供水量	m³					
平均日供水量	m³					
累计日用水量	m³					
累计增压水量(不含麒麟汤山)	m³					
累计制水用电量	kW·h					
累计增压用电量	kW·h					
供水电耗	kW·h/m³					
总计电价	元					
累计用矾量	kg					
供水矾耗	g/m³					
总计矾价	元					
累计用氯量	kg					
供水氯耗	g/m³					
总计氯价	元					
三耗总价	元					

图 9-21　运行数据同比、计划比

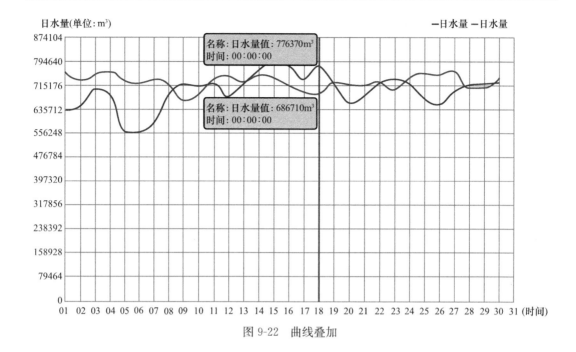

图 9-22　曲线叠加

9.4　管网建模

　　供水管网模型是利用计算机技术，对实际的地下管网进行数字化模拟，综合管网 GIS 系统的静态信息和 SCADA 系统的动态信息，并结合用水量规律进行管网水力学计算，反映实际管网的水力、水质状态。管网水力模型系统是管网水质模型和科学调度决策系统的基础。

　　（1）水力分析原理和动态模拟原理

　　管网水力分析是供水管网模拟的核心，通过水力分析可以得出管网中节点的压力和管段的流量、流速等水力参数。管网水力分析计算，始于 1936 年，由 Hardy-Cross 提出的误差校正算法，对环状管网进行水力计算，成为至今仍在普遍应用的供水管网平差算法之一，之后又有众多学者提出了不同的计算方法。将各种方法统一起来可以分成三类，即解环方程、管段方程和节点方程。这些方程都是以节点连续性方程和管道能量方程-管网基本方程组为基础的。

　　管网基本方程组如下两式：

　　1）节点连续性方程

$$\sum_{p\in M}q_p + Q_i = 0 \tag{9-1}$$

式中　q_p——管段 p 的管段流量；

　　　Q_i——管网中节点 i 的节点流量。

　　2）管道能量方程（水头损失方程）

$$\Delta H_p = H_i - H_j = S_p q_p^n \tag{9-2}$$

式中　ΔH_p——管段 p 的水头损失；

　　　H_i、H_j——与管段 p 直接连接的节点 i 和 j 的压力；

　　　S_p——管段 p 的摩阻；

q_p——管段 p 的管段流量；

n——指数。

以上述两式为基础方程，当前各种建模软件的平差算法都是从这两个基础方程中衍生而来，具体计算方法不在此叙述，可查阅相关文档。

供水管网动态模拟也称为延时模拟，是一种拟稳态模拟，即假设系统在很短的时间内，用水量和供水量不发生变化，按稳定状态供水。这样就可以进行水池水位、节点压力的计算，从而对水泵的进行控制。

延时模拟的基本方法是以管网水力平差计算原理为基础，将分时段变化的管网参数（压力、流量等）作为动态变量，对不同时段的管网运行状态进行计算模拟，在每个分段时间里认为工况不变，通常称为"快照"方式，即将连续时间划分成若干个点来进行模拟。

传统的管网计算理论多对管网中某个工况点进行分析，适用于管网系统设计或管网系统规划；而对于水厂和供水系统的日常调度管理，则需要了解管网运行时一天的各个工况状态。延时水力模拟将一天分成 n 个时段，一般以 15min、0.5h 或 1h 为单位，以每个时段的平均节点流量作为计算数据，进行水力分析，用多个离散的不连续状态模拟管网中的各种连续运行状态。所以，延时水力模拟更有应用价值，由于它能模拟管网状态参数的连续变化情况，在指导管网运行和优化调度方面具有重大的意义。

（2）管网模型的作用

供水管网模型是进行管网分析计算的基础，基于对管网拓扑结构，管网中节点、管段、水泵、阀门、水库等组件的分析，较为详细地表达了管网中各管段、节点、水泵、水库、阀门的水力水质要素和状态，是实现给水管网现代化、信息化管理的重要工具（图 9-23）。

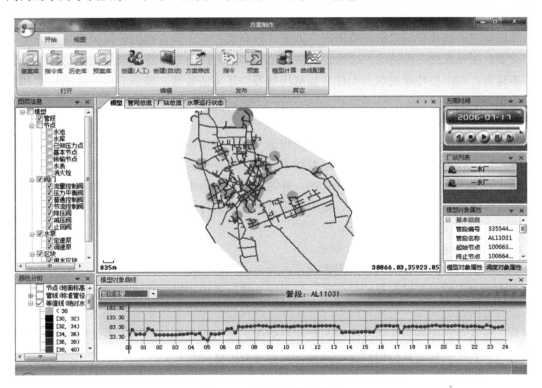

图 9-23 管网模型软件界面

一般来说，供水管网模型应具备以下功能：

1) 对管网运行现状做出比较全面的评估；

2) 用于供水管网的中长期规划、新系统的设计及现有系统的改建和扩建设计；

3) 日常和特殊情况时运行调度方案模拟；

4) 给水系统中突发事故，如爆管抢修、水质突然污染、停电等重大事件处理；

5) 用户供水区域、供水路径及各种水力和水质参数（余氯、水龄等）分析；

6) 确诊管网中异常情况（如错关的阀门、管段口径突变等），并提出解决方法；

7) 新建水厂、水库、增压泵站选址。

（3）管网建模的方法

管网模型建立首先要明确建立的目标及用途，确定管网模型的精度级别；收集整理管网建模的资料，对现有的资料进行分析，整理出尚缺的资料。根据模型精度级别和现有数据，分析评估是否要增加现场测试工作（包括压力测试、流量测试、用水模式测试等）。建立管网初步模型，分析管网中可能存在的拓扑连接、管段口径等可能存在的数据问题。建立符合精度要求的管网模型，需要在运行管理过程中不断维护和修正。

管网模型建立的流程主要包括以下几部分。

1) 管网建模的基础工作

做好管网基础资料的收集、整理和核对工作，是管网建模工作的基础。管网建模与建立管网地理信息系统（GIS）相结合（微观模型）是发展方向。

2) 管网模型的表达

管网模型的表达就是将系统中实际的管段、阀门和水泵等设施转化成抽象的线和节点等对象，并定义对象的摩阻系数、管长等属性和启闭等数学方法，将这些数据和拓扑结构关系以特定的格式组织成模型数据库，方便计算和维护。正确合理的管网模型表达方法非常重要，国外在此方面的研究已经很成熟，值得借鉴。国内对于管网模型的概念体系已经基本建立，但一些特殊的水力元件（如减压阀等）还无法处理，模型表达的数据格式和标准化编码还有待研究。

3) 模型的校核与修正

由于管网模型准确性有待提高和管网构造本身的变化和发展，管网模型要经常进行校核和修正。较为理想的是采用动态模型技术，即通过各种检测、分析和计算手段，在管网运行中，实时地验证管网模型的准确性，并随时修正。为了检测管网运行的实际状态，必须安装各种压力和流量检测设备，如果利用管网模型进行的调度计算所得结果与实测值不一致，要根据误差进行模型修正。

管网模型建立流程如图 9-24 所示。

（4）影响管网模型准确性的因素

由于城市供水管网本身的复杂性，使得建立能准确模拟城市供水管网水力特性和运行状态的管网模型成为一项复杂而艰巨的任务。建模过程中以下因素直接关系到模型的准确与否，以及是否能真实反映管网的实际运行状况。影响模型准确度的因素主要有：基础资料的完整和准确性、管网拓扑连接关系、管网参数的准确性。

1) 管网基础

管网基础资料包括管网施工图纸、城市供水管网布置地图、管道（管长、管径、管

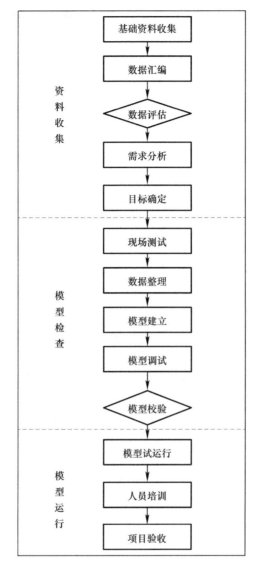

图 9-24 管网模型建立流程

材、敷设年代等)、阀门(阀门类型、尺寸、开启度、埋设位置等)、水库/水池(容积、池底标高、溢流水位等)等。同时,一个完善的管网水力模型还包括对水泵开启、关闭时的不同工况的水力模拟。一些水厂由于建造时间较早,无法得到水泵的特性曲线样本,或者由于水泵的切削或磨损,水泵水力特性曲线已经改变,这些都对管网水力模型的正确性产生影响。

2) 管网模型中的节点流量分配

根据建模的需要,管网中的流量被集中在连接管段与管段的节点上,这种简化对于通过水力计算来模拟管网运行水力状态这一手段来说是合理的,也是必要的。但是,这种简化也带来了管网模型节点流量分配上一定程度的主观性和不确定性。

3) 管网模型中管段的简化

为降低管网的复杂程度,对于管网中小于该管径的管道,在管网模型中则进行合并或者删减。但当某小口径管道对于下游压力分布存在重要影响，例如当该管段上的水力压降很大时，对该管段的不合理简化同样造成模型对管网内水压分布的错误估计。

（5）管网模型的校正方法

管网模型的应用关键在于模型的准确性，管网模型的准确程度主要由管网基础资料的准确程度所决定，即管网构造属性数据和拓扑属性数据的准确度。根据影响模型准确度的原因和程度的不同，可以对管网模型分别进行手工校验和自动校验。

手工校验是指对管网拓扑关系、管径、管长、阀门开启度、水泵特性曲线等相对确定因素的核查，以确保管网基础数据的准确性，同时宏观校验还应包括对仪表准确性、实测数据的可信度的核查。对于手工校验检查发现的错误，可以通过现场勘测、经验分析等手段更正错误。

自动校验指在手工校验的基础上，对管网中管段粗糙系数、节点流量等参数进行细微调整，使管网模型与实际管网的运行状况达到最大程度的吻合。

手工校验主要依赖大量细致的调查和现场测试，很大程度上依赖于供水企业资料的完备程度、技术水平、管理水平和投入的人力和物力，对于管网了解得越翔实，掌握的资料越完整，技术人员的经验越丰富，所建立的管网模型就越准确。

手工校验的对象是管网中相对确定性的因素，如管网拓扑关系、管径、管长、阀门开启度、水泵特性曲线等。这些都是较为方便获得真实情况的参数，常常由于人为的疏忽而导致数据错误，并且这些错误对模型的影响程度一般较大。如管网阀门开关状态不明、管网拓扑关系混乱等。手工校验的重点在于对比模型模拟值和实测值差异较大的地方，对相应的管网拓扑关系、泵站的布置情况、管径、标高等数据进行排查，发现问题，消除管网模型中较大的差异。

管网模型在手工校验结束后要进行自动校验，后期细调对管网的参数（主要是摩阻系数和节点流量）进行细微调整，减少模型模拟值与实际运行值之间的误差，使管网模型与实际管网的运行状况达到最大程度的吻合。

9.5　计算机辅助决策系统

科学调度系统可分为离线调度系统和在线调度系统。使用两级调度方式对管网进行调度，一级调度是在满足供水安全（满足用水压力）的前提下，根据预测的管网总用水量对各水厂的供水量和供水压力进行分配；二级调度根据确定好的各个水厂的供水量和压力在水厂现有开停泵的基础上搜索符合水量和压力条件的泵组搭配方案。

使用调度方案库将历史运行的较优化的方案保存在方案库中，作为科学调度决策系统的另一数据来源。

（1）科学调度系统流程

管网微观模型与科学调度系统构建与水司"SCADA 系统""GIS 系统"存在紧密的数据连接关系，主要功能模块包括：管网微观模型、水量预测、管网宏观模型、调度决策和指令系统。系统根据实际监测数据，通过模拟计算、分析决策，最后给出各个水厂每台泵机的开停操作和运行转速，使得管网运行费用相对较少。

各主要处理模块之间的数据流转关系参照图 9-25。

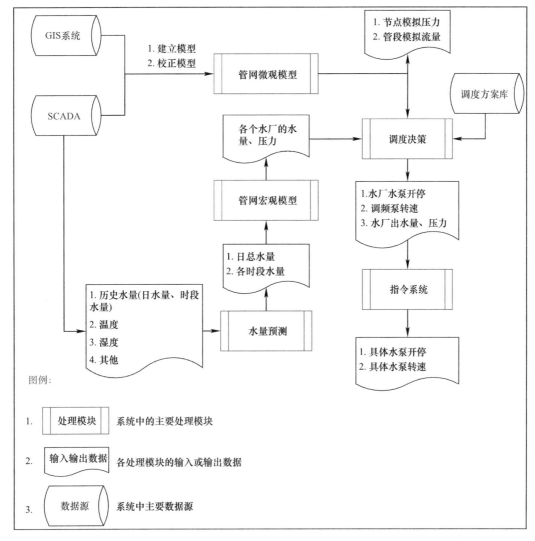

图 9-25 科学调度系统数据流转关系图

（2）用水量预测

用水量预测是调度决策的前提，它的准确度直接影响到调度决策结果的准确性，一般可分为长期预测和短期预测两大类。长期预测是根据城市经济的发展及人口增长速度等多种因素对未来若干年后整个城市的用水需求作出预测，为城市的建设规划或管网系统中的主要管段的改扩建提供依据。短期预测是根据过去若干时段或若干天的用水量记录数据并考虑影响用水量的各种因素，预测未来一个时段、未来一天或几天的用水量，为给水系统的调度决策提供用水量数据。预测结果的准确性直接关系到科学调度系统出具的方案能否符合管网运行的实际情况。

水量预测包括日水量预测和时段水量预测。

日水量预测是以一天 24h（从 0：00～24：00）为周期，考虑各种影响因素（气象、节假日、季节等），以历史日水量数据为基础，建立数学模型对次日或后续多天的未来用水量进行预测。

时段水量预测是以较短的时间为周期，考虑各种影响因素，以历史时段数据为基础，预测下一个或多个时段的未来用水量。

水量预测主要采用三种方法：回归分析法、时间序列法和智能方法，具体采用哪种方法根据实际数据试验得出。

1）回归分析法

考虑预测的水量与各种外在因素有关，如温度、天气情况、节假日以及前一天的用水量等，各个因素的影响都可以用系数来表示，常用的线性回归模型如下：

$$Q_p = Q_p' + A_0 + A_1 T_{max} + A_2 T_{min} + A_3 W + A_4 H + \varepsilon \tag{9-3}$$

式中　　　　　　　Q_p——当日预测水量；

　　　　　　　　　Q_p'——昨日管网实际用水量；

A_0、A_1、A_2、A_3、A_4——回归系数；

　　　　　T_{max}、T_{min}——预测时期内的最低和最高温度；

　　　　　　　　　W——天气情况，如阴、晴等；

　　　　　　　　　H——节假日影响；

　　　　　　　　　ε——不能被模型描述的因素及因突变引起的波动。

回归分析考虑因素多，需要大量翔实的历史数据才能得出符合实际的结果。

2）时间序列法

时间序列法的基本原理是将系统看作一个"暗箱"，可不考虑其他影响因素，假设预测对象的变化仅与时间有关，根据惯性原理来进行用水量预测，认为事物的发展变化具有内在延续性。其含义为，当前时刻之前的历史用水量序列中已经包含了外部影响因素与作用的信息，对该序列进行趋势外延就可以推测出其未来状态。最常用的是移动算术平均、指数平滑法等。

常用的算术平均法：$Q_{t+1} = \dfrac{1}{n}(x_t + x_{t-1} + \cdots + x_{t-n+1})$

常用的指数平滑法：$S_t = a y_t + (1-a) S_{t-1}$——一次平滑

$S_t = a y_t + (1-a) S_{t-1}$——二次平滑

3）神经网络法

城市用水量变化存在大量的不确定性因素，要分析出各因素的影响大小是比较困难的，传统方法多依赖于历史数据。人工神经网络方法可以综合考虑各种因素，通过大量的数据分析各因素之间本身存在的关系，往往可以处理传统方法难以解决的问题（图9-26）。

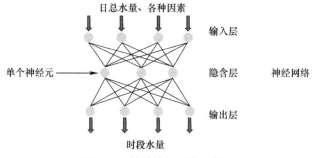

图9-26　简单神经网络示意图

日总用水量预测：

$$Q_d = f(m, d, ml, dl, w, h, T_{min}, T_{max}) \tag{9-4}$$

式中 Q_d——预测水量；

m、d——分别为公历月份和公历日；

ml、dl——分别为农历月份和农历日；

w——为星期量（周一到周日）；

h——为节日量（国庆、五一、春节等）；

T_{max}，T_{min}——当日最高温度和单日最低温度。

时段用水量预测：

离线时段预测：$Q_t = f(Q_d, t, m, d, ml, dl, w, h, T_{min}, T_{max})$，预测得出的是每个时段的用水量变化系数。

在线时段预测：$Q_t = f(Q_{历史对应时段}, m, d, ml, dl, w, h, T_{min}, T_{max})$

总的来说，神经网络是目前使用较多的方法，它本身也可以随着数据量的增加和质量的提高更进一步地提高其自身的预测精度。

（3）科学调度决策流程

以一天 24h 作为一个周期，离线调度产生次日预案（0：00～24：00），通过在线调度跟踪离线预案，根据当前实际监测的数据预测下一段时间（t 时刻之后的 24h）管网运行可能将会发生的情况，并比较 t 时刻到当天 24：00 的离线预案与在线预案，根据比较的结果提供一个费用较少且供水安全性高的预案给调度人员使用。科学调度系统的决策流程见图 9-27、图 9-28。

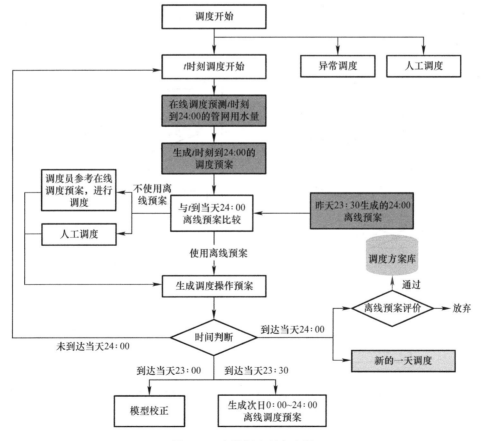

图 9-27　离线调度预案流程

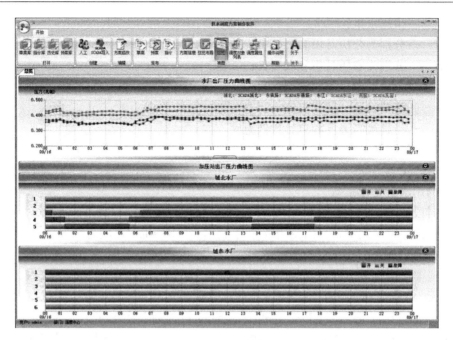

图 9-28 离线调度方案

由于在线水量的预测可能比离线水量的预测更接近管网的实际用水情况，在线调度预案系统根据当前预测的 $t\sim24:00$ 的时段水量，产生各时段的在线调度预案，供调度人员参考使用（图 9-29、图 9-30）。

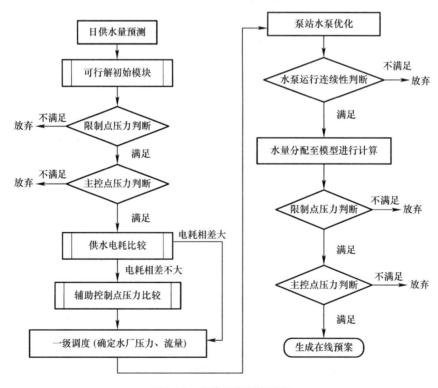

图 9-29 在线调度预案流程

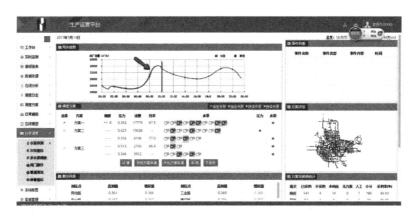

图 9-30 在线调度方案

在线调度预案经过运行实践验证达到一定的精度后，通过计算机编码形成操作指令，在水厂基础设施实现自动化控制的基础上，利用企业控制网络通信，进行设备远程控制，可以最终实现供水调度的智能化和自动化。

供水系统科学调度技术应用将是我国城市供水企业科技进步和到达国际先进水平的重要标志，我国大中城市供水企业应制定项目规划，积极创造条件，应用科学及调度技术，提高供水安全性和可靠性，节约水资源，节约能耗、物耗和人力资源，实现供水系统运行的科学化。对于小型城市和村镇供水企业，也应根据自身科技水平和经济条件，实现运行调度科学化。

第三篇　安全生产知识

第 10 章 安 全 生 产

10.1 基本法规与防护用品

10.1.1 安全生产相关法律法规

为了加强安全生产监督管理，防止和减少生产安全事故，保障人民群众生命和财产安全，促进经济发展，制定了安全生产相关法律法规。其中常用的如下：《中华人民共和国安全生产法》《中华人民共和国消防法》《中华人民共和国职业病防治法》《中华人民共和国劳动法》《中华人民共和国环境保护法》《中华人民共和国清洁生产促进法》《中华人民共和国突发事件应对法》《中华人民共和国劳动合同法》《危险化学品安全管理条例》《使用有毒物品作业场所劳动保护条例》《特种设备安全监察条例》《安全生产许可证条例》《易制毒化学品管理条例》《工伤保险条例》《国务院关于进一步加强安全生产工作的决定》《国务院关于进一步加强企业安全生产工作的通知》《国务院关于坚持科学发展安全发展促进安全生产形势持续稳定好转的意见》《国务院办公厅关于集中开展安全生产领域"打非治违"专项行动的通知》《女职工劳动保护规定》《女职工劳动保护特别规定》《企业事业单位内部治安保卫条例》《国务院办公厅关于印发安全生产"十二五"规划的通知》《国务院办公厅关于印发国家职业病防治规划（2009～2015 年）的通知》《建设工程安全生产管理条例》《公路安全保护条例》。

10.1.2 安全防护用品

为了保证电力工作人员在生产中的安全和健康，除了使用基本和辅助安全用具之外，还有一般性防护安全用具，如安全带、安全帽、接地线、临时遮拦、标志牌等。

（1）安全带

安全带是高处作业人员预防坠落伤亡的防护用具。在电力建设高空安装施工、发电厂高空检修、架空线或变电所户外构架作业时，都应系戴安全带。严格遵守安全规程规定：在没有脚手架或者在没有栏杆的脚手架上工作，高度超过 1.5m 时，应使用安全带，或采取其他可靠的安全措施。

安全带按作业性质不同，分为围杆作业安全带、悬挂作业安全带两种，安全带是由带子、绳子和金属配件组成。

（2）安全帽

安全帽广泛用于基建施工和生产现场，凡是需预防高处落物（器材、工具等）或有可能使头部受到碰撞而受伤害的情况下，无论高处、地面工作和其他配合工作人员都应戴安全帽。安全帽是保护使用者头部免受外物伤害的个人防护用具。按使用场合性能要求不同，分别采用普通型或电报警型安全帽。

安全帽保护原理是安全帽受到冲击荷载时，可将其传递分布在头盖骨的整个面积上，避免集中打击在头颅一点而致命；头部和帽顶的空间位置构成一个冲击能量吸收系统，起缓冲作用，以减轻或避免外物对头部的打击伤害。

（3）接地线

在高压电气设备停电检修或进行清扫等工作之前，必须在停电设备上设置接地线，以防设备突然来电或因邻近高压带电设备产生感应电压对人体的触电危害，也可用来放尽停电设备的剩余电荷。

携带型接地线由专用夹头和多股软铜线组成，如图 10-1 中 1、4、5 是专用夹头（线夹），夹头 4 将接地线与接地装置连接，5 将短路线与接地线连接起来，1 把短路线设置在需要短路接地的电气设备上，2、3 均由多股软铜线编成三根（三相）短的和一根（接地）长的软铜线，其截面积不得小于 $25mm^2$，并应符合短路电流通过时不致因高热而熔断的要求，此外还需具有足够的机械强度。

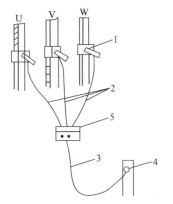

图 10-1　接地线组成
1、4、5—专用夹头（线夹）；
2—三相短路线；3—接地线

接地线使用前必须认真检查是否完好，夹头和铜线连接应牢固，一般应由螺丝拴紧，再加焊锡焊牢。接地线应经验电确认断电后，由两人戴上绝缘手套用绝缘棒操作。装拆顺序为：装设接地线要先接接地端，后接导体端。拆接地线顺序与此相反。夹头必须夹紧，以防短路电流较大时，因接触不良熔断或因电动力作用而脱落，严禁用缠绕办法短路或接地。禁止在接地线和设备之间连接刀闸、熔断器，以防工作过程中断开而失去接地作用。接地线的旋置位置应编号，对号入座，避免误拆、漏拆接地线造成事故。

（4）临时遮栏

临时遮栏如图 10-2 所示，用干燥木材、橡胶或其他坚韧绝缘材料制作，但不准用金属材料制作，高度不低于 1.7m，并悬挂"止步，高压危险！"的标示牌。临时遮栏是一种可移动的隔离防护用具，用以防护工作人员意外碰触或过分接近带电体，避免触电事故。

（5）标志牌

标示牌用来警告工作人员，不准接近设备带电部分，提醒工作人员在工作地应采取的安全措施，以及表明禁止向某设备合闸送电，告示为工作人员准备的工作地点等。按其用途分为警告、允许、提示和禁止 4 类 9 种，其式样如图 10-3 所示。

图 10-2　临时遮栏

⚡止步 高压危险！	禁止攀爬 高压危险！	禁止合闸 有人工作！

图 10-3　标示牌示意图

标示牌用木质或绝缘材料制作，不得用金属板制作，标示牌悬挂和拆除应按照《电力安全工作规程》进行，悬挂位置和数目应根据具体情况和安全要求确定。在现场工作中，也可以根据需要，制作一些非标准（字样、尺寸）的标示牌，悬挂在醒目处。

10.2　供水安全相关知识

10.2.1　供水厂安全相关技术规程

（1）水质安全保障

1）供水厂必须建立水质预警系统，应制定水源和供水突发事件应急预案，完善应急净水技术与设施，并定期进行应急演练。当出现突发事件时，应按应急预案迅速采取有效的应对措施。

2）当发生突发性水质污染事故，尤其是有毒有害化学品泄漏事故时，检验人员应携带必要的安全防护装备及检验仪器尽快赶赴现场，立即采用快速检验手段鉴别、鉴定污染物的种类，给出定量或半定量的检验结果。现场无法鉴定或测定的项目应立即将样品送回实验室分析。应根据检验结果，确定污染程度和可能污染的范围，并及时上报水质检验情况。

3）在水源水质突发事件应急处理期间，供水厂应根据实际情况调整水质检验项目，并增加检验频率。

4）供水厂进行技术改造、设备更新或检修施工之前，应制定水质保障措施，净水系统投产前应严格清洗消毒，经水质检验合格后方可投入使用。

5）供水厂直接从事制水和水质检验的人员，必须经过卫生知识和专业技术培训，每年进行一次健康体检，持证上岗。

（2）制水生产工艺安全

1）为满足连续安全供水的要求，供水厂对关键设备应有一定的备用量，设备易损件应有足够量的备品备件。

2）制水生产工艺应保证出厂水水质的安全，并应符合下列规定：

① 供水厂根据各自的水源流域内可能的污染源，制定相应的水源污染时期的水处理技术预案；

② 供水厂具备临时投加粉末活性炭和各种药剂的应急设备与设施，落实人员技术培训和相关物料储备。

3）供水厂应针对地震、台风等自然灾害和大面积传染病流行等突发事件，制定安全生产应急预案。

（3）氯气、氨气、氧气及臭氧使用安全

1）供水厂为加强气体的安全使用管理，应建立相应的岗位责任制度、巡回检查制度、交接班制度、气体投加车间的安全防护制度和事故处理报告制度。

2）供水厂使用各类气体前，应按规定到安全监管部门办理相关许可证件。

3）供水厂使用的高压气体钢瓶应符合国家有关气瓶安全监察的规定。

4）氯气、氨气和氧气的运输，应委托给具有危险品运输资质的单位承担，并应符合国家现行有关标准的规定。

5）氯气、氨气钢瓶的进、出库应进行登记。当气瓶外观出现明显变形、针形阀阀芯变形、防震圈不全、无针形阀防护罩时应拒绝入库。

6）氯气、氨气的使用应先进先出。气体库内钢瓶应按照使用情况分别挂上"在用""已用""待用"标志，并分区放置。钢瓶必须固定，防止滚动和撞击。

7）待用氯瓶的堆放不得超过两层。投入使用的卧置氯瓶，其两个主阀间的连线应垂直于地面。

8）对氯气、氨气阀门，气体输送管道系统阀门，法兰以及接头等部位应经常进行泄漏检查。

9）使用氯气的供水厂应按照现行国家标准《氯气安全规程》GB 11984—2008 的有关规定配备防护和抢修器材。使用其他气体也应配备相应的防护和抢修器材。

10）投加氯、氨、臭氧的车间应安装有气体泄漏报警装置，并应定期检查。

11）加氯车间应安装与其加氯量相配套的泄氯吸收装置，并应定期检查吸收液的有效性及机电设备的完好性。加氨间应安装氨气泄漏时的吸收和稀释装置。

12）氧气气源设备的四周应设置隔离区域，除氧气供应商操作人员或供水厂专职操作人员外，其他人员不得进入隔离区域。

13）距氧气气源设备 30m 半径范围内，严禁放置易燃、易爆物品以及与生产无关的其他物品，不得在任何储备、输送和使用氧气的区域内吸烟或有明火。当确需动火时，应做好相应预案。动火作业前，应检测作业点空气中的氧气浓度，作业期间应派专人进行监管。

14）所有使用氧气的生产人员在操作时必须佩戴安全帽、防护眼罩及防护手套。操作、维修、检修氧气气源系统的人员所用的工具、工作服、手套等用品，严禁沾染油脂类污垢。

15）氧气及臭氧设备的紧急断电开关，应安装在氧气及臭氧车间内生产人员易于接近的地方。

16）氧气以及臭氧输送投加管坑应避免与液氯、液氨、混凝剂等投加管坑相通，同时应防止油脂及易燃物涌入管坑内。

17）氧化气体投加车间应配备急救医药用品和设施。

18）氯气使用应符合现行国家标准《氯气安全规程》GB 11984—2008 的规定。

（4）二氧化氯及次氯酸钠使用安全

1）对稳定性二氧化氯、生产原料中的氧化剂、酸和次氯酸钠溶液等，应选择避光、通风、阴凉的地方分别存放。

2）稳定性二氧化氯及其生产原料、次氯酸钠溶液等的运输工作应由具有危险品运输资质的单位承担。

3）反应器、气路系统、吸收系统应确保气密性，并应防止气体逸出。对二氧化氯生产设备应定期进行检修，同时应使生产环境保持通风。

（5）氯气安全相关规程

1）一般要求

①氯气生产、使用、贮存、运输单位相关从业人员，应经专业培训、考试合格、取得合格证后，方可上岗操作。

② 氯气生产、使用、贮存、运输车间（部门）负责人（含技术人员），应熟练掌握工艺过程和设备性能，并具备氯气事故处理能力。

③ 生产、贮存、运输、使用等氯气作业场所，都应配备应急抢修器材和防护器材（表10-1、表10-2），并定期维护。

表10-1 常备抢修器材表

器材名称	规格	常备数量
瓶阀堵漏、调换专用工具		1套
瓶阀出口铜六角螺帽、垫片		2~3个
专用扳手		1把
活动扳手	12″	1把
手锤	0.5磅	1把
克丝钳		1把
竹签、木塞、铅塞、橡皮塞	Φ3mm~Φ10mm 大小不等	各5个
铅丝	8号	20m
铁箍	Φ800mm×50mm×3mm Φ600mm×50mm×3mm	各2个
橡胶垫	Φ500mm×50mm×5mm	2条
密封用带		1盘
氨水	10%	0.2L

表10-2 常备防护用品表

名称	种类	常用数	备用数
过滤式防毒面具	防毒面具	与作业人数相同	2套
	防毒口罩		
呼吸器	正压式空（氧）气呼吸器	与紧急作业人数相同	1套
防护服 防护手套 防护靴	橡胶或乙烯类聚合物材料	与作业人数相同	1套

④ 对于半敞开式氯气生产、使用、贮存等厂房结构，应充分利用自然通风条件换气；不能采用自然通风的场所，应采用机械通风，但不宜使用循环风。对于全封闭式氯气生产、使用、贮存等厂房结构，应配套吸风和氯气事故吸收处理装置。

⑤ 生产、使用氯气的车间（作业场所）及贮氯场所应设置氯气泄漏检测报警仪，作业场所和贮氯场所空气中氯气含量最高允许浓度为 $1mg/m^3$。

⑥ 用氯设备（容器、反应罐、塔器等）设计制造，应符合压力容器有关规定。液氯管道的设计、制造、安装、使用应符合压力管道的有关规定：

a. 氯气系统管道应完好，连接紧密，无泄漏；

b. 用氯设备和氯气管道的法兰垫片应选用耐氯垫片；

c. 用氯设备应使用与氯气不发生化学反应的润滑剂；

d. 液氯气化器、贮罐等设施设备的压力表、液位计、温度计，应装有带远传报警的安全装置。

⑦ 设备、管道检修时应符合有关安全检修作业规程。

⑧ 使用液氯气瓶，应执行气瓶的有关安全规定。

⑨ 贮罐按压力容器加强管理，并按有关压力容器安全规程中规定的周期定期检验。

⑩ 氯气生产、贮存和使用单位应制定氯气泄漏应急预案，预案的编制应符合《生产经营单位安全生产事故应急预案编制导则》AQ/T 9002—2006 中的有关内容，并按规定向有关部门备案，定期组织应急人员培训、演练和适时修订。

2）使用安全

① 液氯用户应持公安部门的准购证或购买凭证，液氯生产厂方可为其供氯。生产厂应建立用户档案。

② 使用液氯的单位不应任意将液氯自行转让他人使用。

③ 充装量为 50kg 和 100kg 的气瓶，使用时应直立放置，并有防倾倒措施；充装量为 500kg 和 1000kg 的气瓶，使用时应卧式放置，并牢靠定位。

④ 使用气瓶时，应有称重衡器；使用前和使用后均应登记重量，瓶内液氯不能用尽；充装量为 50kg 和 100kg 的气瓶应保留 2kg 以上的余氯，充装量为 500kg 和 1000kg 的气瓶应保留 5kg 以上的余氯。使用氯气系统应装有膜片压力表（如采用一般压力表时，应采取硅油隔离措施）、调节阀等装置。操作中应保持气瓶内压力大于瓶外压力。

⑤ 不应使用蒸汽、明火直接加热气瓶，可采用 40℃ 以下的温水加热。

⑥ 不应将油类、棉纱等易燃物和与氯气易发生反应的物品放在气瓶附近。

⑦ 气瓶与反应器之间应设置截止阀、逆止阀和足够容积的缓冲罐，防止物料倒灌，并定期检查以防失效。

⑧ 连接气瓶用紫铜管应预先经过退火处理，金属软管应经耐压试验合格。

⑨ 不应将气瓶设置在楼梯、人行道口和通风系统吸气口等场所。

⑩ 开启气瓶应使用专用扳手。

⑪ 开启瓶阀要缓慢操作，关闭时亦不能用力过猛或强力关闭。

⑫ 气瓶出口端应设置针型阀调节氯流量，不允许使用瓶阀直接调节。

⑬ 作业结束后应立即关闭瓶阀，并将连接管线残存氯气回收处理干净。

⑭ 使用液氯气瓶处应有遮阳棚，气瓶不应露天曝晒。

⑮ 空瓶返回生产厂时，应保证安全附件齐全。

⑯ 液氯气瓶长期不用，因瓶阀腐蚀而形成"死瓶"时，用户应与供应厂家取得联系，并由供应厂家安全处置。

3）贮存安全

① 气瓶不应露天存放，也不应使用易燃、可燃材料搭设的棚架存放，应贮存在专用库房内。

② 空瓶和充装后的重瓶应分开放置，不应与其他气瓶混放，不应同室存放其他危险物品。

③ 重瓶存放期不应超过三个月。

④ 充装量为 500kg 和 1000kg 的重瓶，应横向卧放，防止滚动，并留出吊运间距和通道。存放高度不应超过两层。

4）急救和防护用品的管理

① 防护用品应定期检查、定期更换。防护用品放置位置应便于作业人员使用。

② 若吸入氯气，应迅速脱离现场至空气新鲜处，保持呼吸道通畅。呼吸困难时给输氧，给予 $2\%\sim4\%$ 碳酸氢钠溶液雾化吸入，立即就医。

10.2.2 供水管网安全相关技术规程

风险评估和控制工作是供水管网安全管理和应急管理工作的重要组成部分。建立风险评估机制，就要做到预防与处置并重、评估与控制结合，使应急处置管理能有预见性、针对性和主动性。

（1）安全预警

1）各种管网事故（水质、破损、爆管等）的统计和分析是管网日常运行、维护、管网评估和管网更新改造的基础，做这项工作必须持之以恒，实行专人管理，针对每一次事故进行统计分析，通过长期积累相关资料，形成历史档案；有条件的也可建立管网事故的统计分析数据库，或管网事故分析系统，结合其他管网管理系统，综合进行管网管理。

2）供水管网风险源调查一般采用调查表调查、实地调查和事故致因理论分析法调查等方法，对管线历史事故资料进行分析，辨识管线事故风险的影响因素，通过对风险承受力分析和风险控制力分析，确定风险的大小。风险源调查就是对产生风险源头的调查，可将调查的结果，运用事故致因理论、事故树、系统安全理论等方法进行归纳，分析得出最后的结论，确定风险源。一般供水管网出现的风险由两部分组成：风险事件出现的频率，风险事件出现后的后果严重程度及损失的大小。

（2）应急处置

1）国家一般将各种突发事件都分为四个级别，各城市、各地区的突发事件也分为四个级别，各级别的程度和影响范围不同。各地区供水单位的供水管网突发事件分级也应根据当地的实际情况，按照影响范围的大小、影响用户和人口的多少、突发事件的性质、管径的大小、突发事件处置时间的长短等因素来划分本单位管网突发事件的四个级别。

2）当出现水质突发事件时，供水单位应将出现水质问题的管道从运行管网中隔离开，隔断污染源，防止污染面扩大，并及时通知受影响区域内的用户和上级主管部门，尽量减少危害程度，同时应尽快查明原因，迅速制定事件影响范围内的管网排水和冲洗方案，及时采取措施排除污染源和受污染管网水，并对污染管段冲洗消毒，经水质检验合格后，尽快恢复供水。当冲洗、消毒无效时，应果断采取停水及换管等措施。

3）突发事件评估报告应包括以下内容：

① 突发事件发生的原因；

② 过程处置是否妥当；

③ 执行应急处置预案是否及时和正确；

④ 宣传报道是否及时、客观和全面；

⑤ 善后处置是否及时；

⑥ 受突发事件影响的人员和单位对善后处置是否满意；

⑦ 整个处置过程的技术经济分析和损失的报告；

⑧ 应吸取的教训等。

10.2.3 常见供水事故应急预案

无论是水厂调度，还是中心调度，作为调度岗位员工都应该熟悉各种供水事故的应急预案，对于供水过程中出现的各种事故，要明确自身的职责，根据应急预案主动调度生产或配合相关部门调节生产，减少事故对供水的影响。

（1）供水事故应急预案应包含的内容

1）编制目的

供水事故种类繁多，针对不同供水事故，处理的侧重点有所不同，不同应急预案的编制必须明确其不同的目的。

2）适用范围

供水事故应急预案，是针对供水过程中出现的各种突发事故而专门制定的事故处理方案，是针对性非常强的一种文案，一个应急预案一般只适用于一种或一类供水事故的处置，应急预案的编制必须明确其适用范围。

3）信息来源

随着供水系统信息化程度的不断提高，供水事故一般都会在相关信息采集系统上有所表现，也有少部分在信息采集系统上无法反映出来的。无论何种供水事故，都应及时获取事故现场的具体情况，确保信息来源的可靠性，避免误判。

4）处置程序

处置程序是针对不同供水事故而制定的具体处理流程，主要包括信息传递流程、事故处理步骤、事故后的生产恢复步骤。

（2）供水事故应急预案举例

1）原水油污染事故应急预案

① 编制目的

为了在水源水质遭受油污染突发事件发生时，能够及时有效地实施合理控制，最大限度地减小和消除其危害，保障公众身体健康与生命安全，满足人民生活、社会生产及经济发展的需要，让全市人民喝上放心水，结合水厂实际，制定本工作程序。

② 适用范围

适用于水厂水源水质遭受油污染突发事件发生时的处理过程。

③ 信息来源

接环保、海事和公司通报上游有船舶事故，可能造成原水油污染或本厂例行巡视发现净水构筑物或净水生产工艺过程中发现存在油污染。

④ 处置程序

当班人员例行巡视发现原水遭受油污染后，应及时通知水厂调度值班人员，水厂调度值班人员应向水厂生产负责人和中心调度值班人员汇报，水厂生产负责人和中心调度值班人员应向相应的负责领导和部门汇报。

⑤ 水源油污染应急处理操作指南

如取水口有油污，如由当值人员发现，则应按照汇报程序上报给相关负责部门，联系海事部门在取水口设置隔油栏，还应派专人巡视、监测。

若油已进入沉淀池，在沉淀池出口处加设隔油栏，由厂领导指挥生产技术人员，组织人力用吸油棉去除池面油污。

若油已进入滤池，则立即关闭滤池，对滤池进行高强度反冲洗，在沉淀池出口处加设隔油栏，由厂领导指挥生产技术人员，组织人力用吸油棉去除池面油污。

若油已进入清水池，汇报相关负责部门和领导后，根据实际情况进行处理。

⑥ 检测工作

水厂自发现问题起每小时用玻璃瓶采集原水、出厂水水样 1L，连续采集并保留 24h。化验人员在此期间应增加检测频率和检测项目，具体要求为：污染期间原水、出厂水不少于每两小时一次，项目不少于：总碱度、pH、氨氮、亚硝酸盐、溶解氧、耗氧量。

⑦ 物资储备

水厂应根据本程序申请采购相应物资，集中存放备用。

⑧ 处置终止与材料回收处理

经处置与检测，发生的水源油污染情况已好转，水厂制水与供水水质符合国家和地方相关规定时，经相关部门批准，处置终止。在处置过程中使用的应急物质应立即撤离现场、回收利用、处置销毁。

2）沉淀池出水超标事故应急预案

① 编制目的

沉淀是自来水生产工艺中最重要的工序，其关系着能否将浑浊的原水转化为适合过滤的沉淀池出水，一旦出现问题，可能导致出厂水浊度超标，为了让人们喝上放心水，结合水厂实际，制定本工作程序。

② 适用范围

适用于水厂沉淀池出水浊度超标时的处理过程。

③ 信息来源

沉淀池出水浊度在线检测仪表。

水厂生产人员日常巡视。

④ 处置程序

a. 检查浊度仪是否故障，如故障应及时检修；

b. 检查加矾系统是否正常，加矾管道有无堵塞现象，如有问题及时处理；

c. 观察反应区水质情况，观察其混凝效果，如发现比较浑浊，矾花颗粒较小，则加矾量偏小，需增加投矾量；

d. 观察出口水水质情况，如较浑浊，则是投矾量小，如果发现跑大矾花，则投矾量偏大，需适当调节；

e. 适当延长排泥机运行时间或排泥阀排泥时长；

f. 对于已经超标进入滤池后的水，要在滤池上做好相应的调整措施，最大限度减少超标沉淀水对出厂水质的影响。

3）水厂因故减产或停产事故应急预案

① 编制目的

为了在水厂突发供水事故、影响二泵房正常供水时，能够及时有序地采取调度措施，最大限度地减小和消除其对供水的影响，特制定本调度预案。

② 适用范围

本预案适用于水厂因电气、工艺设备故障，造成二泵房在用机泵停运时的突发性事故，主要包括：

a. 二泵房机泵、变频器设备突发故障；

b. 水厂供电线路、变电所设备故障影响二泵房供电；

c. 其他因素造成二泵房在用机泵突然跳闸。

③ 信息来源

调度 SCADA 系统监控。

当出现以下现象之一时，初判水厂内发生故障：

a. 事发单位通信正常，泵房出水压力陡降，供水流量降低，运行机组台时信号缺失，供水区域测压点压力明显下降；

b. 事发单位通信突然中断，供水区域测压点压力明显下降。

事发单位报告。

④ 处置程序

调度值班员发现故障现象后，应立即联系事发单位值班人员，确认故障情况。

事发单位可以启用备用设备或已经排除故障时，调度值班员应立即安排恢复二泵房正常台时；不具备恢复条件或 20min 内无法恢复的，调度值班员应立即采取水厂减产调度应急措施。事发单位排除故障恢复供水台时前，需报中心调度同意。

影响管网水压时，中心调度值班员应及时通知调度部门负责人、对外服务部门和公司值班领导。

事发单位 30min 内未能及时排除故障恢复供水的，负责人应汇报主管领导。

调度值班员做好大事记录，待故障排除后，根据管网压力恢复正常调度。

4）大口径供水干管爆管事故应急预案

① 编制目的

为了在大口径供水管道发生爆裂等突发供水事故时，能够及时有序地采取调度措施，最大限度地减小和消除其对供水的影响，特制定本调度预案。

② 适用范围

本预案适用于大口径供水管道发生爆裂，明显影响管网供水压力的突发供水事故，主要包括：水厂输水干管爆裂、增压站进出水管爆裂、管网其他供水干管爆裂

③ 信息来源

调度 SCADA 系统监控。

当出现以下现象时，初判供水管道发生故障：

a. 水厂出水压力陡降，出水流量陡增；

b. 区域性管网水压陡降。

管线管理部门报告。

④ 处置程序

中心调度值班员发现供水管道故障、造成区域性水压下降时，应立即通知相关水厂、站库管理部门和对外服务部门，并向中心调度负责人和公司值班领导汇报，阀门关闭前，控制好水厂、增压站水池水位。

中心调度负责人根据爆管影响程度通知管线管理部门，并按突发事件汇报程序向公司领导汇报。

待管线管理部门确定爆管位置、阀门关闭后，中心调度值班人员应立即采取相应调度应急措施，降低对供水的影响。

停水抢修影响水厂、增压站供水能力时，采取水厂、增压站减产调度应急措施。停水抢修影响增压站进水压力时，启用增压站水库降低影响。

10.2.4 电气安全相关技术措施

变电站、配电室应建立岗位责任、交接班、巡回检查、倒闸操作、安全用具管理和事故报告等规章制度。并应做好运行、交接、传事、设备缺陷故障、维护检修以及操作票、工作票等各项原始记录。变电所、配电室应具备电气线路平面图、布置图、隐蔽工程竣工图以及一、二次系统接线图等有关技术图纸。变电所、配电室应设置符合一次线路系统状况的操作模拟板（模拟图或微机防误装置、微机监控装置）。

变电所、配电室安全用具必须配备齐全，并保证使用安全可靠；试验周期应符合现行行业标准《电业安全工作规程（发电厂和变电所电气部分)》DL 408—1991 的规定。值班人员应定时进行高压设备的巡视检查；在巡视检查中应遵守现行行业标准《电业安全工作规程（发电厂和变电所电气部分)》DL 408—1991 的各项规定。

高压设备全部或部分停电检修时，必须遵守工作票制度，工作许可制度，工作监护制度，工作间断、转移和终结制度。高压设备全部或部分停电检修时，必须按要求在完成停电、验电、装设接地线、悬挂标示牌和装设遮拦等保证安全的技术措施后，方可进行工作。

倒闸操作，在继电保护、仪表等二次回路上的操作，电气设备进行各项试验，电力电缆的维护检修或新电力电缆的敷设，保证安全的组织措施，应符合现行行业标准《电业安全工作规程（发电厂和变电所电气部分)》DL 408—1991 的有关规定。临时用电或施工用电，必须符合现行行业标准《电力建设安全工作规程 第 3 部分：变电站》DL 5009.3—2013 的有关规定。

(1) 防雷和接地

供电系统正常运行时，因为某种原因导致电压升高危及电气设备绝缘，这种超过正常状态的高电压称为过电压。过电压的出现对供电系统的正常运行造成了一定的威胁和危害，在供电系统中，过电压按其产生的原因不同，可以分为内部过电压和大气过电压两大类。

内部过电压是由于系统内部原因引起的过电压，按其性质可以分为操作过电压和谐振过电压。操作过电压和谐振过电压的能量均来自电网，其幅值一般不超过电网额定电压的 3~3.5 倍，且电气设备和线路在设计时，其绝缘强度留有一定的裕度，内部过电压对供电系统的危害不大。

大气过电压又称雷电过电压，是由于电力系统内部的设备或建筑物遭受雷击或雷电感应而产生的过电压。因引起大气过电压的能量来自电力系统的外部，故又称外部过电压。大气过电压所形成的雷电冲击波，其电流幅值可达几十万安，电压幅值可高达 1 亿伏，对供电系统危害极大，必须加以防护。

大气过电压常见的形式是直击雷过电压、感应雷电压、雷电波侵入过电压和雷击电磁脉冲。

① 直击雷过电压是指雷云直击对电气设备、线路、建筑物放电，其过电压引起强大的雷电流通过这些物体入地，产生危害极大的热破坏作用和机械破坏作用。

② 感应雷过电压是指雷云直击对电气设备、线路、建筑物产生静电感应或电磁感应而引起的过电压，感应过电压数值很大，可达几十万伏，对供电系统威胁相当大。

③ 如果感应过电压沿线路侵入变（配）电所，会导致电气设备绝缘击穿和烧坏，这种感应过电压沿线路侵入变（配）电所的现象，称为雷电波侵入或高电压侵入。据统计，城市雷害事故中，有 50%～70% 是由雷电波侵入所引起的，因此对其防护应给予足够重视。

④ 雷击电磁脉冲是指电网或建筑物受到雷击而产生的高压脉冲，是一种干扰源，随着当前电子产品和计算机应用的普及，这种雷电的危害越来越引起人们的重视。

雷电的破坏作用主要是雷电流引起的。它的危害基本可以分为两种类型：一是雷直接击在建筑物上发生的热效应和电动力效应；二是雷电的二次作用，即雷电流产生的静电感应和电磁感应。

雷电流是一个幅值很大、陡度很高的冲击波电流，半余弦波形的雷电波可分为波头和波尾两部分，一般在主放电阶段 $1\sim4\mu s$ 内即可达到雷电流幅值。凡有雷电活动（包括见到闪电和听到雷声）的日子称为雷暴日，由当地气象台统计，多年雷暴日的年平均值称为年平均雷暴日数。年平均雷暴日数不超过 15d 的地区称为少雷区，多于 40d 的地区称为多雷区，年平均雷暴日数越多，对防雷要求越高，防雷措施越须加强。

建筑物应根据其重要性、使用性质、发生雷击事故的可能性和后果，按防雷要求分为三类。

1）防雷设备

接闪器就是专门用来直接接受雷击的设备。接闪器有避雷针、避雷线、避雷网、避雷带、避雷器或用作接闪的金属屋面和金属构件。

① 避雷针

避雷针采用圆钢或焊接钢管，针长 1m 以下时，圆钢直径不小于 12mm，钢管直径不小于 20mm；针长 1～2m 时，圆钢直径不小于 16mm，钢管直径不小于 25mm；装在烟囱顶端时，圆钢直径不小于 20mm。通常安装在构架、支柱或建筑物上，下端要经引下线与接地装置连接。

避雷针的功能实质上是引雷。由于避雷针安装的高度高于被保护物，因此当雷电先导临近地面时，能使雷电场畸变，改变雷电先导的通道方向，吸引到避雷针本身，然后经与避雷针相连接的引下线和接地装置将雷电流泄放到大地中去，使被保护物免受直接雷击。

避雷针能否有效地对保护物进行保护，要看被保护物是否在其有效的保护范围内。避雷针的保护范围，是指避雷针下方免受直接雷击的安全空间。

② 避雷线

避雷线的功能和原理与避雷针基本相同，它架设在架空线路的上面，以保护架空线路或其他物体（包括建筑物）免遭直接雷击。由于避雷线既是架空，又是接地，因此又称架空地线。避雷线一般采用截面积不小于 $35mm^2$ 的镀锌钢绞线。

③ 避雷带和避雷网

避雷带和避雷网是用来保护高层建筑物免遭直击雷和感应雷的防雷设备。避雷带和避雷网宜采用圆钢和扁钢，优先采用圆钢，圆钢直径不小于 8mm，扁钢截面积应不小于 $48mm^2$，其厚度应不小于 4mm。当烟囱上采用避雷环时，其圆钢直径应不小于 12mm，扁

钢截面积应不小于 $100mm^2$，其厚度应不小于 4mm。

接闪器应镀锌或涂漆，在腐蚀性较强的场所，应适当加大截面积或采用其他措施，接闪器均应经引下线与接地装置连接。引下线应采用圆钢或扁钢，优先采用圆钢，其尺寸要求与避雷带（网）相同，防腐措施与接闪器相同。引下线应沿建筑物外墙敷设，并经最短路径接地，因建筑艺术要求时，也可暗敷设，但截面积要加大一级。

④ 避雷器

雷电波侵入通常是造成变（配）电所变（配）电设备及建筑物雷害事故的主要原因，而对于雷电波侵入过电压的防护，最主要的措施是变（配）电所内装避雷器，以限制设备上的过电压幅值。避雷器因与被保护设备并联，当线路上出现危及设备绝缘的雷电过电压时，避雷器的电阻急剧降低，使过电压对地放电，从而保护设备绝缘。

避雷器有阀式避雷器、排气式避雷器、保护间隙、金属氧化物避雷器。

⑤ 低压电涌保护器（SPD）

低压电涌保护器（SPD），又称浪涌保护器、浪涌过电压保护器，是一种限制瞬间过电压和泄放电涌电流的器件，在低压电源线路、电子设备与计算机系统中装设，用于对雷电过电压和其他过电压产生的雷击电磁脉冲或电磁干扰的防护。SPD 是一个非线性元件，当系统正常时，保护器处于高阻抗状态，当电网因雷击或其他原因而产生过电压时，保护器则迅速导通，使浪涌电流迅速泄放到大地中，而不通过电源或用电器。因此在有信息系统的建筑物中应装设 SPD，其作用主要是钳压和泄流。

2）变（配）电所的防雷保护

① 变（配）电所防直击雷保护

装设避雷针可保护整个变（配）电所建筑物免遭直击雷。避雷针可以单独立杆，也可利用户外配电装置的构架。

② 变（配）电所进线防雷保护

35kV 电力线路一般不采用全线装设避雷线来防直击雷，但为防止变电所附近线路在受到雷击时，雷电压沿线路侵入变电所内损坏设备，须在进线 1～2km 段内装设避雷线，使该段线路免遭直接雷击。为使避雷线保护段以外的线路在受到雷击时侵入变电所内的过电压有所限制，一般可在避雷线两端处的线路上装设避雷器。3～10kV 配电线路的进线防雷保护可以在每路进线终端装设避雷器，以保护线路断路器及隔离开关。

③ 配电装置防雷保护

为防止雷电冲击波沿高压线路侵入变（配）电所，对设备造成危害，特别是价值最高但绝缘相对薄弱的电力变压器，应在变（配）电所每段母线上都装设一组避雷器，并尽量靠近变压器，距离一般不应大于 5m，避雷器的接地线应与变压器低压侧接地中性点及金属外壳连在一起接地。

3）接地方式

接地，一般是指电气设备为达到安全和功能的目的而采用接地系统与大地做电气连接的方式。接地的类型可分为以下几种。

① 工作接地

为了保证电网的正常运行或为了实现电气设备的固有功能，提高其可靠性而进行的接地。例如电力系统正常运行需要的接地（如电源中性点接地）。

② 保护接地

为了保证电网故障时人身和电气设备的安全而进行的接地。电气设备外露可导电部分和设备外导电部分在故障情况下可能带电压，为了降低此电压，减少对人身的危害，应将其接地。例如电气设备金属外壳的接地等。

③ 防雷接地

为了防止雷电过电压对电气设备和人身安全的危害而进行的接地。例如避雷针、避雷器等的接地。

④ 防静电接地

为了消除静电对电气设备和人身安全的危害而进行的接地。例如输送某些液体或气体的金属管道的接地。

⑤ 屏蔽接地

将功能性与保护性接地结合在一起的接地，应首先满足保护性接地的要求。为了防止电磁干扰，在屏蔽体与地或干扰源的金属壳体之间所做的永久良好的电气连接称为屏蔽接地。

保护接地通常有两种形式：一种是将设备的外壳通过公共的 PE 线或 PEN 线接地；另一种是将设备的外壳通过各自的接地体与大地紧密相接。前者我国过去称为保护接零，现属于 TN 系统；后者我国过去称为保护接地，现属于 IT 系统和 TT 系统。这几种系统构成的接地故障保护有各自的特点和要求。

TN 系统中，为确保公共 PE 线或 PEN 线安全可靠，除了中性点进行工作接地外，还必须在 PE 线或 PEN 线的一些地方进行多次接地，这就是重复接地。

等电位连接是接地故障保护的一项基本措施，是使电气设备外露可导电部分和设备外导电部分电位基本相等的一种电气连接。其作用一方面可以在发生接地故障时，显著降低电气设备外露可导电部分的预期接触电压，减少保护电器动作不可靠的危害性；另一方面可以消除或降低从建筑物外部窜入电气设备外露可导电部分上的危险电压的影响。

4）电气设备接地的要求和装设

应当接地的部分有以下几项。

① 电动机、变压器、开关设备、照明灯具、移动式电气设备、电动工具的金属外壳或构架。

② 电气传动装置。

③ 电压互感器和电流互感器的二次线圈（继电保护另有要求时除外）。

④ 室内外配电装置、控制台等金属构件以及靠近带电部位的金属遮栏和金属门。

⑤ 电缆终端盒外壳、电缆金属外皮和金属支架。

⑥ 安装在配电线路杆塔上的电气设备，如避雷器、保护间隙、熔断器、电容器等的金属外壳和钢筋混凝土杆塔等。

无需接地的部分有以下几项。

① 在有不良导电地面（木质、沥青等）的干燥房间内，当交流电压为 380V 及以下和直流额定电压为 400V 及以下时，电气设备金属外壳无需接地。但当维护人员因某种原因同时可触及其他电气设备中已接地的其他物体时，则应当接地。

② 在干燥地方，当交流电压为 36V 及以下和直流电压为 110V 及以下时，电气设备外壳无需接地，但遇有爆炸危险的除外。

③ 电压为 220V 及以下的蓄电池室内的金属框架。

④ 如电气设备与机床的机座间能可靠地接地，可只将机床的机座接地。

⑤ 在已接地的金属构架上和配电装置上可以拆下的电器。

电力设备和电力线路接地电阻一般要求不大于 4Ω，计算机系统接地电阻要求不大于 1Ω，详细要求可参考相关材料。

在设计和安装接地装置时，首先应充分利用自然接地体，以节约投资，节约钢材。如果实地测量所利用的自然接地体电阻已能满足接地电阻要求，而且又满足热稳定条件，可不必再安装人工接地装置，否则应安装人工接地装置作为补充。

建筑物的钢结构和钢筋、行车的钢轨、埋地的金属管道（可燃液体和可燃可爆气体的管道除外）以及敷设于地下而数量不少于两根的电缆金属外皮等，均可作为自然接地体。变（配）电所则可用它的建筑物钢筋混凝土基础作为自然接地体。利用自然接地体时，一定要保证良好的电气连接。

人工接地体有垂直埋设和水平埋设两种基本结构形式，最常用的垂直埋设接地体为直径 50mm、长 2.5m 的钢管或 50mm×5mm 的角钢。为了减小外界温度对流散电阻的影响，埋入地下的垂直埋设接地体上端距地面不应小于 0.5m。

（2）电气安全的技术措施

在全部停电或部分停电的电气设备上工作，必须完成下列措施：

1）停电；

2）验电；

3）装设接地线；

4）悬挂标示牌和装设遮栏。

上述措施由值班员执行。对于无经常值班人员的电气设备，由断开电源人执行，并应有监护人在场。

1）停电

① 工作地点，必须停电的设备如下：

a. 检修的设备；

b. 与工作人员在进行工作中正常活动范围的距离小于表 10-3 规定的设备；

表 10-3 工作人员工作中正常活动范围与带电设备的安全距离

电压等级（kV）	安全距离（m）
10 及以下（13.8）	0.35
20～35	0.60
44	0.90
60～110	1.50
154	2.00
220	3.00
330	4.00
500	5.00

c. 在 44kV 以下的设备上进行工作，上述安全距离虽大于表 10-3 规定，但小于表 10-4 规定，同时又无安全遮栏措施的设备；

表 10-4　设备不停电时的安全距离

电压等级（kV）	安全距离（m）
10 及以下（13.8）	0.70
20～35	1.00
44	1.20
60～110	1.50
154	2.00
220	3.00
330	4.00
500	5.00

　　d. 带电部分在工作人员后面或两侧无可靠安全措施的设备。

　　② 将检修设备停电，必须把各方面的电源完全断开（任何运行中的星形接线设备的中性点，必须视为带电设备）。禁止在只经断路器（开关）断开电源的设备上工作。必须拉开隔离开关（刀闸），使各方面至少有一个明显的断开点。与停电设备有关的变压器和电压互感器，必须从高、低压两侧断开，防止向停电检修设备反送电。

　　③ 断开断路器（开关）和隔离开关（刀闸）的操作能源，隔离开关（刀闸）操作把手必须锁住。

　　2）验电

　　① 验电时，必须用电压等级合适而且合格的验电器，在检修设备进出线两侧各相分别验电。验电前，应先在有电设备上进行试验，确证验电器良好。如果在木杆、木梯或木架构上验电，不接地线不能指示者，可在验电器上接地线，但必须经值班负责人许可。

　　② 高压验电必须戴绝缘手套。验电时应使用相应电压等级的专用验电器。

　　330kV 及以上的电气设备，在没有相应电压等级的专用验电器的情况下，可使用绝缘棒代替验电器，根据绝缘棒端有无火花和放电噼啪声来判断有无电压。

　　③ 表示设备断开和允许进入间隔的信号、经常接入的电压表等，不得作为设备无电压的根据。但如果指示有电，则禁止在该设备上工作。

　　3）装设接地线

　　① 当验明设备确已无电压后，应立即将检修设备接地并三相短路。这是保护工作人员在工作地点防止突然来电的可靠安全措施，同时设备断开部分的剩余电荷，亦可因接地而放尽。

　　② 对于可能送电至停电设备的各方面或停电设备可能产生感应电压的都要装设接地线，所装接地线与带电部分应符合安全距离的规定。

　　③ 检修母线时，应根据母线的长短和有无感应电压等实际情况确定地线数量。检修 10m 及以下的母线，可以只装设一组接地线。在门型架构的线路侧进行停电检修，如工作地点与所装接地线的距离小于 10m，工作地点虽在接地线外侧，也不另装接地线。

　　④ 检修部分若分为几个在电气上不相连接的部分〔如分段母线以隔离开关（刀闸）或断路器（开关）隔开分成几段〕，则各段应分别验电接地短路。接地线与检修部分之间不得连有断路器（开关）或熔断器（保险）。降压变电所全部停电时，应将各个可能来电侧的部分接地短路，其余部分不必每段都装设接地线。

⑤ 在室内配电装置上，接地线应装在该装置导电部分的规定地点，这些地点的油漆应刮去，并划下黑色记号。

所有配电装置的适当地点，均应设有接地网的接头。接地电阻必须合格。

⑥ 装设接地线必须由两人进行。若为单人值班，只允许使用接地刀闸接地，或使用绝缘棒合接地刀闸。

⑦ 装设接地线必须先接接地端，后接导体端，且必须接触良好。拆接地线的顺序与此相反。装、拆接地线均应使用绝缘棒和戴绝缘手套。

⑧ 接地线应用多股软裸铜线，其截面应符合短路电流的要求，但不得小于 25mm²。接地线在每次装设以前应经过详细检查，损坏的接地线应及时修理或更换。禁止使用不符合规定的导线作接地或短路之用。

接地线必须使用专用的线夹固定在导体上，严禁用缠绕的方法进行接地或短路。

⑨ 高压回路上的工作，需要拆除全部或一部分接地线后才能进行工作者〔如测量母线和电缆的绝缘电阻，检查断路器（开关）触头是否同时接触〕，如：拆除一相接地线；拆除接地线，保留短路线；将接地线全部拆除或拉开接地刀闸。

必须征得值班员的许可（根据调度员命令装设的接地线，必须征得调度员的许可），方可进行。工作完毕后立即恢复。

⑩ 每组接地线均应编号，并存放在固定地点。存放位置亦应编号，接地线号码与存放位置号码必须一致。

⑪装、拆接地线，应做好记录，交接班时应交代清楚。

4）悬挂标示牌和装设遮栏

① 在一经合闸即可送电到工作地点的断路器（开关）和隔离开关（刀闸）的操作把手上，均应悬挂"禁止合闸，有人工作！"的标示牌。

如果线路上有人工作，应在线路断路器（开关）和隔离开关（刀闸）操作把手上悬挂"禁止合闸，线路有人工作！"的标示牌，标示牌的悬挂和拆除，应按调度员的命令执行。

② 部分停电的工作，安全距离小于规定距离以内的未停电设备，应装设临时遮栏。临时遮栏与带电部分的距离，不得小于规定数值。临时遮栏可用干燥木材、橡胶或其他坚韧绝缘材料制成，装设应牢固，并悬挂"止步，高压危险！"的标示牌。

35kV 及以下设备的临时遮栏，如因工作特殊需要，可用绝缘挡板与带电部分直接接触。但此种挡板必须具有高度的绝缘性能。

③ 在室内高压设备上工作，应在工作地点两旁间隔和对面间隔的遮栏上和禁止通行的过道上悬挂"止步，高压危险！"的标示牌。

④ 在室外地面高压设备上工作，应在工作地点四周用绳子做好围栏，围栏上悬挂适当数量的"止步，高压危险！"标示牌，标示牌必须朝向围栏里面。

⑤ 在工作地点悬挂"在此工作！"的标示牌。

⑥ 在室外架构上工作，则应在工作地点邻近带电部分的横梁上，悬挂"止步，高压危险！"的标示牌。此项标示牌在值班人员的监护下，由工作人员悬挂。在工作人员上下铁架和梯子上应悬挂"从此上下！"的标示牌。在邻近其他可能误登的带电架构上，应悬挂"禁止攀登，高压危险！"的标示牌。

⑦ 严禁工作人员在工作中移动或拆除遮栏、接地线和标示牌。

（3）其他电气安全措施

1）一般电气安全注意事项

① 所有电气设备的金属外壳均应有良好的接地装置。使用中不准将接地装置拆除或对其进行任何工作。

② 任何电气设备上的标示牌，除原来放置人员或负责的运行值班人员外，其他任何人员不准移动。

③ 不准靠近或接触任何有电设备的带电部分，特殊许可的工作，应遵守《电业安全工作规程（发电厂和变电所电气部分）》DL 408—1991 中的有关规定。

④ 湿手不准去摸触电灯开关以及其他电气设备（安全电压的电气设备除外）。

⑤ 电源开关外壳和电线绝缘有破损不完整或带电部分外露时，应立即找电工修好，否则不准使用。

⑥ 发现有人触电，应立即切断电源，使触电人脱离电源，并进行急救。如在高空工作，抢救时必须注意防止高空坠落。

⑦ 遇有电气设备着火时，应立即将有关设备的电源切断，然后进行救火。对可能带电的电气设备以及发电机、电动机等，应使用干式灭火器、二氧化碳灭火器或 1211 灭火器灭火；对油开关、变压器（已隔绝电源）可使用干式灭火器、1211 灭火器等灭火，不能扑灭时再用泡沫式灭火器灭火，不得已时可用干砂灭火；地面上的绝缘油着火，应用干砂灭火。扑救可能产生有毒气体的火灾（如电缆着火等）时，扑救人员应使用正压式消防空气呼吸器。

⑧ 所有工作人员都应学会触电、窒息急救法和心肺复苏法，并熟悉有关烧伤、烫伤、外伤、气体中毒等急救常识。

⑨ 使用可燃物品（如乙炔、氢气、油类、瓦斯等）的人员，必须熟悉这些材料的特性及防火防爆规则。

⑩ 工作人员的工作服不应有可能被转动的机器绞住的部分；工作时必须穿着工作服，衣服和袖口必须扣好；禁止戴围巾和穿长衣服。工作服禁止使用尼龙、化纤或棉、化纤混纺的衣料制作，以防工作服遇火燃烧加重烧伤程度。工作人员进入生产现场禁止穿拖鞋、凉鞋，女工作人员禁止穿裙子、穿高跟鞋。辫子、长发必须盘在工作帽内。做接触高温物体的工作时，应戴手套和穿专用的防护工作服。

⑪ 任何人进入生产现场（办公室、控制室、值班室和检修班组室除外），必须戴安全帽。

2）设备的维护

① 机器的转动部分必须装有防护罩或其他防护设备（如栅栏），露出的轴端必须设有护盖，以防绞卷衣服。禁止在机器转动时，从靠背轮和齿轮上取下防护罩或其他防护设备。

② 对于正在转动中的机器，不准装卸和校正皮带，或直接用手往皮带上撒松香等物。

③ 在机器完全停止以前，不准进行修理工作。修理中的机器应做好防止转动的安全措施，如：切断电源（电动机的开关、刀闸或熔丝应拉开，开关操作电源的熔丝也应取下）；切断风源、水源、气源；所有有关闸板、阀门等应关闭；上述地点都挂上警告牌，必要时还应采取可靠的制动措施。检修工作负责人在工作前，必须对上述安全措施进行检

查，确认无误后，方可开始工作。

④ 禁止在运行中清扫、擦拭和润滑机器旋转和移动的部分，以及把手伸入栅栏内。清拭运转中机器的固定部分时，不准把抹布缠在手上或手指上使用，只有在转动部分对工作人员没有危险时，方可允许用长嘴油壶或油枪往轴承里加油。

⑤ 禁止在栏杆上、管道上、靠背轮上、安全罩上或运行中设备的轴承上行走和坐立，如必须在管道上坐立才能工作时，必须做好安全措施。

⑥ 应尽可能避免靠近和长时间停留在可能受到烫伤的地方，例如：汽、水、燃油管道的法兰盘、阀门，煤粉系统和锅炉烟道的入孔及检查孔和防爆门、安全门、除氧器、热交换器、汽鼓的水位计等处。如因工作需要，必须在这些处所长时间停留时，应做好安全措施。设备异常运行可能危及人身安全时，应停止设备运行。在停止运行前除必需的运行维护人员外，其他清扫、油漆等作业人员以及参观人员不准接近该设备，或在该设备附近逗留。

⑦ 厂房外墙和烟囱等处固定的爬梯，必须牢固可靠，应设有护圈，高百米以上的爬梯，中间应设有休息的平台，并应定期进行检查和维护。上爬梯必须逐档检查爬梯是否牢固，上下爬梯必须抓牢，并不准两手同时抓一个梯阶。

3）工具的使用

① 一般工具

a. 使用工具前应进行检查，不完整的工具不准使用。

b. 大锤和手锤的锤头需完整，其表面需光滑微凸，不得有歪斜、缺口、凹入及裂纹等情形。大锤及手锤的柄需用整根的硬木制成，不准用大木料劈开制作，应装得十分牢固，并将头部用楔栓固定。锤把上不可有油污。不准戴手套或用单手抡大锤，周围不准有人靠近。

c. 用凿子凿坚硬或脆性物体（如生铁、生铜、水泥等）时，须戴防护眼镜，必要时装设安全遮栏，以防碎片打伤旁人。凿子被锤击部分有伤痕不平整、沾有油污等，不准使用。

d. 锉刀、手锯、木钻、螺丝刀等的手柄应安装牢固，没有手柄的不准使用。

e. 砂轮必须进行定期检查。应无裂纹及其他不良情况。必须装有用钢板制成的防护罩，其强度应保证当砂轮碎裂时能挡住碎块。防护罩至少要把砂轮的上半部罩住，禁止使用没有防护罩的砂轮（特殊工作需要的手提式小型砂轮除外）。使用砂轮研磨时，应戴防护眼镜或装设防护玻璃。用砂轮磨工具时应使火星向下，不准用砂轮的侧面研磨。无齿锯应符合上述各项规定。使用时操作人员应站在锯片的侧面，锯片应缓慢地靠近被锯物件，不准用力过猛。

f. 使用钻床时，需把钻眼的物体安设牢固后，才可开始工作。清除钻孔内金属碎屑时，必须先停止钻头的转动。不准用手直接清除铁屑，使用钻床不准戴手套。

g. 使用锯床时，工件必须夹牢，长的工件两头应垫牢，并防止工件锯断时伤人。

② 电气工具和用具

a. 电气工具和用具应由专人保管，每六个月需由电气试验单位进行定期检查；使用前必须检查电线是否完好，有无接地线；坏的或绝缘不良的不准使用；使用时应按有关规定接好漏电保护器和接地线；使用中发生故障，需立即找电工修理。

b. 不熟悉电气工具和用具使用方法的工作人员不准擅自使用。

c. 使用电钻等电气工具时需戴绝缘手套。

d. 在金属容器（如汽鼓、凝汽器、槽箱等）内工作时，必须使用 24V 以下的电气工具，否则需使用 II 类工具，装设额定动作电流不大于 15mA、动作时间不大于 0.1s 的漏电保护器，且应设专人在外不间断地监护。漏电保护器、电源连接器和控制箱等应放在容器外面。

e. 使用电气工具时，不准提着电气工具的导线或转动部分。在梯子上使用电气工具，应做好防止坠落的安全措施。在使用电气工具工作中，因故离开工作场所或暂时停止工作以及遇到临时停电时，必须立即切断电源。

f. 用压杆压电钻时，压杆应与电钻垂直，如压杆的一端插在固定体中，压杆的固定点需十分牢固。

g. 使用行灯必须注意下列事项。

行灯电压不准超过 36V。在特别潮湿或周围均属金属导体的地方工作时，如在汽鼓、凝汽器、加热器、蒸发器、除氧器以及其他金属容器或水箱等内部，行灯的电压不准超过 12V。

行灯电源应由携带式或固定式的降压变压器供给，变压器不准放在汽鼓、燃烧室及凝汽器等的内部。

携带式行灯变压器的高压侧，应带插头，低压侧带插座，并采用两种不能互相插入的插头。

行灯变压器的外壳需有良好的接地线，高压侧最好使用三线插头。

h. 电气工具和用具的电线不准接触热体，不要放在湿地上，并避免载重车辆和重物压在电线上。

③ 风动工具

a. 不熟悉风动工具使用方法和修理方法的工作人员，不准擅自使用或修理风动工具。

b. 风动工具的锤子、钻头等工作部件，应安装牢固，以防在工作时脱落。工作部件停止转动前不准拆换。

c. 风动工具的软管必须和工具连接牢固。连接前应把软管吹净。只有在停止送风时才可拆装软管。

d. 在移动的梯子上使用风动工具时，必须将梯子固定牢固。

④ 喷灯

a. 不熟悉喷灯使用方法的人员不准擅自使用喷灯。

b. 喷灯必须符合下列要求，才可以点火：

油筒不漏油，喷火嘴无堵塞，丝扣不漏气；

油筒内的油量不超过油筒容积的 3/4；

加油的螺丝塞拧紧。

c. 用喷灯工作时，应遵守下列各项：

点火时不准把喷嘴正对着人或易燃物品；

油筒内压力不可过高；

工作地点不准靠近易燃物品和带电体；

尽可能在空气流通的地方工作，以免燃烧气体充满室内；

不准把喷灯放在温度高的物体上；

禁止在使用煤油或酒精的喷灯内注入汽油；

喷灯用毕后，应放尽压力，待冷却后，方可放入工具箱内。

d. 喷灯的加油、放油以及拆卸喷火嘴或其他零件等工作，必须待喷火嘴冷却泄压后再进行。

参 考 文 献

［1］ 严煦世，范瑾初. 给水工程（第四版）［M］. 北京：中国建筑工业出版社，2012.

［2］ 张维佳. 水力学［M］. 北京：中国建筑工业出版社，2012.

［3］ 姜乃昌. 泵与泵站（第五版）［M］. 北京：中国建筑工业出版社，2012.

［4］ 中华人民共和国住房和城乡建设部. 城镇供水厂运行、维护及安全技术规程（CJJ 58—2009）［Z］. 2009-11-24.

［5］ 中华人民共和国住房和城乡建设部. 城镇供水管网运行、维护及安全技术规程（CJJ 207—2013）［Z］. 2013-11-08.

［6］ 中华人民共和国国家质量监督检验检疫总局，中国国家标准化管理委员会. 氯气安全规程（GB 11984—2008）［Z］. 2008-12-23.

［7］ 孙平. 电气控制与 PLC［M］. 北京：高等教育出版社，2004.

［8］ 王全亮，李义科. 工厂供配电技术［M］. 重庆：重庆大学出版社，2009.

［9］ 李颖峰. 工厂供电［M］. 重庆：重庆大学出版社，2009.

［10］ 姚锡禄. 工厂供电［M］. 北京：电子工业出版社，2007.

［11］ 彭勇，常文平. 企业供用电技术［M］. 河南：河南科学技术出版社，2010.

［12］ 陈卫，张金松. 城市水系统运营与管理（第二版）［M］. 北京：中国建筑工业出版社，2010.

［13］ 《城市给水计算机辅助调度系统应用指南》编写组. 城市给水计算机辅助调度系统应用指南［M］. 北京：学苑出版社，2002.

［14］ 中国城镇供水协会. 供水调度工［M］. 北京：中国建材工业出版社，2005.

［15］ 乐嘉谦. 仪表工手册（第二版）［M］. 北京：化学工业出版社，2003.

［16］ 中国城镇供水协会. 供水仪表工［M］. 北京：中国建材工业出版社，2005.

［17］ 王树青，乐嘉谦. 自动化与仪表工程师手册［M］. 北京：化学工业出版社，2010.